南大西洋两岸深水油气藏定量表征与开发优化关键技术

段太忠　王光付　廉培庆　张文彪　陆文明　等著

石油工业出版社

内 容 提 要

本书重点介绍了作者及研究团队"十三五"期间在南大西洋两岸深水油气藏开发方面取得的技术进展，包括岩相与储层参数测井定量评价技术、复杂油气藏地球物理预测技术、基于动静态资料的油藏综合建模技术、开发井位及生产制度优化技术等，并针对安哥拉深水浊积岩油藏、巴西深水盐下微生物岩油藏、尼日利亚海上断块砂岩油藏三类典型油气藏进行了实例剖析。

本书可供油气田开发及相关工程技术人员使用，也可供高等院校相关专业师生参考使用。

图书在版编目（CIP）数据

南大西洋两岸深水油气藏定量表征与开发优化关键技术/段太忠等著.—北京：石油工业出版社，2022.10
ISBN 978-7-5183-5581-5

Ⅰ.南… Ⅱ.①段… Ⅲ.①南大西洋 - 油气藏 - 研究 Ⅳ.① P618.130.6

中国版本图书馆 CIP 数据核字（2022）第 169678 号

出版发行：石油工业出版社
　　　　　（北京安定门外安华里 2 区 1 号　　100011）
　　　　　网　　址：www.petropub.com
　　　　　编辑部：（010）64523708
　　　　　图书营销中心：（010）64523633
经　　销：全国新华书店
印　　刷：北京中石油彩色印刷有限责任公司

2022 年 10 月第 1 版　2022 年 10 月第 1 次印刷
787×1092 毫米　开本：1/16　印张：20.5
字数：520 千字

定价：180.00 元
（如出现印装质量问题，我社图书营销中心负责调换）

《南大西洋两岸深水油气藏定量表征与开发优化关键技术》
编写组

主　　编：段太忠　王光付　廉培庆　张文彪　陆文明

编写人员：苏俊磊　王　桐　赵　磊　张德民　高　震

　　　　　徐　睿　胡　瑶　李　蒙　马琦琦　刘彦锋

　　　　　赵华伟　李林地　陈桂菊　叶双江　王离迟

　　　　　邹友龙　李景叶　孙赞东　李俊健　赵晓明

　　　　　曹仁义　李少华　等

前　言

　　随着我国国民经济的快速发展和能源需求的增加，国内油气资源供需矛盾日益突出。为端牢能源饭碗，一方面要加大国内油气资源勘探开发力度，另一方面要积极参与国际油气合作开发，鼓励石油公司"走出去"，建立稳定的海外原油生产基地，多渠道、多形式获取油气资源，保障我国能源安全。

　　目前，陆上及陆架浅水区油气发现的高峰期已经过去，大型和巨型油气田发现的数量越来越少，新的油气发现规模亦越来越小。深水区、超深水区作为油气勘探的新领域，出现了一系列重大突破，全世界海上主要油气发现约一半位于深水区，深水将是未来全球油气战略接替的主战场。

　　南大西洋两岸涵盖了 29 个盆地，面积约 $300 \times 10^4 km^2$，深水油气资源丰富，其中尼日尔三角洲、下刚果、坎波斯和桑托斯均属于大型含油气盆地，油气可采储量约占被动陆缘盆地总储量的 50%。作为重要的原油产区，该地区吸引了大量国际油公司的投资。中国油公司在南大西洋两岸拥有近 30 个开发区块，权益油产量超过 $1000 \times 10^4 t$，该地区已成为我国油公司重要的海外油气生产基地。

　　深水油田勘探开发投资大、风险高，面临复杂且陌生的环境，地质油藏认识、开发政策、油藏管理都存在着较大的风险和不确定性。例如，大坎波斯盆地深水油气藏受巨厚盐岩遮挡，地震分辨率低，优质储层预测难，气顶中高含 CO_2 且分布广泛，开发方案设计部署难度大。下刚果盆地深水浊积水道迁移叠置关系复杂，相变快，探井评价井少，砂体间接触关系描述不清，大井距下开发优化难。尼日尔三角洲断裂系统复杂，同时发育泥底辟，断裂体系及断块划分难度大，部分油藏具有大气顶、底水，初期强采造成气窜、水锥严重。

　　作者及研究团队长期支撑中国石化海外油气田开发。2016 年起，在国家"十三五"重大专项课题《复杂油气藏定量表征与开发优化技术》（编号：2016ZX05033-003）的支撑下，对南大西洋两岸不同类型复杂油气藏开发技术进行了攻关，形成了巴西深水盐下微生物岩油藏、安哥拉深水浊积岩油藏、尼日利亚海上断块砂岩油藏开发技术系列，支撑了中国石化南大西洋两岸海上油气田有效开发。

　　本书重点介绍了作者及研究团队在深水油气开发方面取得的技术进展，包括岩相与储层参数测井定量评价技术、复杂油气藏地球物理预测技术、基于动静态资料的油藏综合建模技术、开发井位及生产制度优化技术等，并针对巴西深水盐下微生物岩油藏、安哥拉深水浊积岩油藏、尼日利亚海上断块砂岩油藏三类典型油气藏进行了实例剖析，以期对其他深水油气田开发具有一定的指导和借鉴意义。

本书共分为九章。第一章由王光付、段太忠、廉培庆编写；第二章由苏俊磊、胡瑶、邹友龙等编写；第三章由段太忠、马琦琦、李蒙、孙赞东、李景叶等编写；第四章由段太忠、张文彪、赵磊、刘彦锋、李少华等编写；第五章由陆文明、廉培庆、李俊健等编写；第六章由廉培庆、张德民、赵华伟、曹仁义等编写；第七章由王光付、王桐、高震、陈桂菊、叶双江、王离迟等编写；第八章由张文彪、王光付、陆文明、徐睿、赵晓明、李林地、廉培庆等编写。全书由段太忠、王光付、廉培庆统稿。

在本书编写过程中，得到了中国石化石油勘探开发研究院前院长郑和荣，中国石油化工股份有限公司副总地质师、中国石化石油勘探开发研究院院长郭旭升院士，33专项项目长、常务副院长冯志强，集团公司首席专家计秉玉，院长助理、海外重点项目技术支持中心经理孙建芳，以及陈志海、李军、张忠民、苏玉山、高君、杨秀祥、李发有、袁井菊、项云飞、商晓飞、黄渊、滕彬彬、吴双、苑书金、李苗、陈占坤、姜凤光、赵巍、田淼等领导、同事的支持和帮助，在此表示衷心感谢。另外，本书编写过程中参考了众多学者、专家的研究著作、论文，在此一并表示感谢。

由于笔者水平有限，书中难免存在问题与不足之处，敬请读者批评指正。

目 录

第一章　南大西洋两岸被动陆缘盆地油气藏概况

南大西洋两岸被动陆缘盆地是全球储量的重点发现区域之一，其中 10 个盆地已经发现大型油气田，尼日尔三角洲、下刚果、坎波斯和桑托斯均属于大型含油气盆地，油气可采储量约占被动陆缘盆地总储量的 50%，未来仍然是储量增长的核心地区。由于地处深海，投资高，风险大，加上油藏地质特征复杂，存在多种油藏类型，实现有效开发仍面临严峻挑战，迫切需要对油藏表征和开发技术开展攻关。

第一节　南大西洋两岸油气藏分布

南大西洋两岸涵盖 29 个盆地，面积约 $300 \times 10^4 km^2$，油气资源丰富，近些年来一直是油气勘探的热点，南美东侧陆缘的大坎坡斯盆地以及西非海岸的尼日尔三角洲、下刚果等盆地持续获得世界级的勘探成果（图 1-1）。伴随着南大西洋的裂解，该盆地群经历了裂谷期、过渡期和漂移期等构造演化阶段，发育相似的沉积储层，具有相似的生储盖条件。但由于后期局部构造和差异沉积的影响，现今盆地发育的构造样式和沉积建造有一定区别，形成了不同的成藏组合，使得不同盆地的勘探效果存在较大差异[1]。

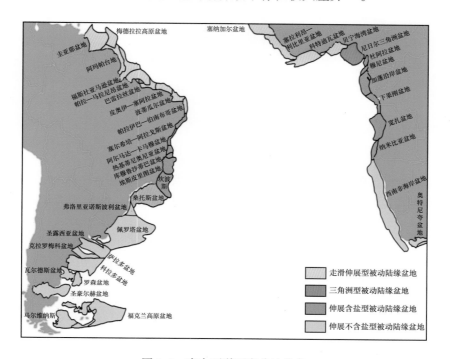

图 1-1　南大西洋两岸盆地分布

在早白垩世阿普特期（Aptian），南大西洋两岸的盆地仍连在一起，共同经历裂谷期和过渡期，到晚白垩世阿尔布（Albian）早期，盆地随着板块的裂解而分开，各自经历了漂移期。过渡期早白垩世阿普特初期盆地都发育了蒸发盐岩沉积，可将盆地沉积地层划分为盐上、盐下两套沉积序列。盐下裂谷期主要发育河—湖相沉积，岩性主要为砂岩、泥岩、碳酸盐岩；盐上漂移早期陆架边缘区发育海相碳酸盐岩沉积，陆上及浅水区主要发育滨、浅海碎屑岩沉积，自早白垩世开始，盆地主要发育半深海—深海相泥岩背景下的浊流砂岩沉积。

一、东巴西裂谷系和大坎坡斯盆地

东巴西裂谷系是南大西洋裂谷系东支的北段。在晚侏罗世以前，南美洲与非洲相邻，同属冈瓦纳超级大陆，后来由于大西洋的展开而最终到达现在的位置。非洲与南美洲的分离在巴西东部产生了被动陆缘上的东巴西裂谷系，成为巴西的主要油气产地，如图 1-2 所示。

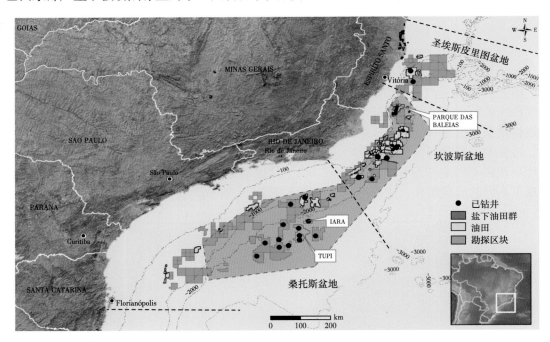

图 1-2 巴西深海油田分布

大坎坡斯盆地（桑托斯、坎波斯与圣埃斯皮里图 3 个盆地的合称）是东巴西裂谷系中产油最多的盆地，盆地面积 $10.0 \times 10^4 km^2$，水深大于 200m 的面积大于 70%，最深达 3400m。该盆地第一个油田发现于 1974 年，到 1989 年已发现储量大于 $14 \times 10^8 bbl$ 的油田 30 余个。近 10 余年来，勘探向深海推进，陆续发现了 Marlim 等巨型油田[5]。盆地内地层主要发育下白垩统裂谷层系陆相碎屑岩和火山岩、阿普特期过渡相蒸发岩、阿尔布期海侵层序碳酸盐台地和新生代海退层序碎屑岩[2]。

盆地内下白垩统暗色页岩为主要烃源岩，储层主要为盐层以上的上白垩统至中新统深海扇浊积砂，以及盐层以下的下白垩统湖相微生物碳酸盐岩。烃源岩和储层间被盐层分割，裂谷期的断层允许油气从烃源岩运移到盐层底部的多孔地层中。所有碎屑岩储层都与海底扇体系有关，地层圈闭起重要作用。圣保罗海底高原是深海油田的主要产出区域[3]。

二、西非沿岸裂谷系和尼日尔三角洲

西非沿岸裂谷系由位于非洲西南部海外和近岸的一系列盆地组成，自北向南主要有下刚果、宽扎和纳米比亚等盆地，北部是与西非裂谷系同样具裂谷作用成因的尼日尔三角洲盆地。西非裂谷系是近年来深海油气勘探最受关注的地区，它们具有一些共同的特征，如都位于大河系的出海口处，在新生代总体海退的背景下，这些大河系将非洲地盾的大量剥蚀物输送到大西洋边缘沉积下来，在河口形成建设型三角洲，是有利的油气地质条件之一，西非下刚果盆地和尼日尔三角洲盆地就属于这种类型。

下刚果盆地：位于西非海域含油气盆地群的中段，面积约为 $15.7 \times 10^4 km^2$，其中海域面积约为 $13 \times 10^4 km^2$，北与加蓬盆地接壤，南与宽扎盆地相邻（图1-3）。自中生代晚侏罗世以来，伴随南美洲和非洲板块的分离以及南大西洋的开启而形成一个叠合盆地。早白垩世巴雷姆（Barremian）时期下刚果盆地快速裂陷，在盆地东北部发育多条 NW—SE 走向的阶梯式断层，造成东北部地区 NE—SW 向陡峭的地形，并形成水体较深的湖盆，同时该区紧邻东部前寒武系基底花岗岩物源区，这些地质条件有利于重力机制的浊流形成，因此，浊积岩是深海区域的重要储层类型，可采储量约占深海区域的 45%[4]。

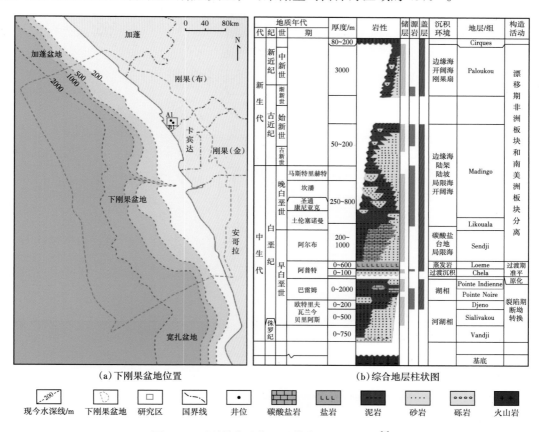

图1-3　下刚果盆地位置及综合地层柱状图 [4]

尼日尔三角洲盆地：早白垩世开始发育的被动大陆边缘盆地，包括裂谷期和漂移期两个演化阶段。始新世以来，长期海退形成了现今的尼日尔三角洲，自下而上发育阿卡塔组、阿格巴达组和贝宁组 3 个岩性地层单元。三角洲前积推进过程中，在大陆边缘重力作用下，自北向南形成了尼日尔三角洲伸展构造区、底辟构造区和逆冲推覆构造区。深海区的大型底辟—逆冲构造圈闭和陆地—浅海伸展构造区的深层大型断块圈闭、断鼻构造圈闭、构造翼部的大型岩性圈闭是尼日尔三角洲盆地今后寻找大油气田的主要地区，如图 1-4 所示[5]。

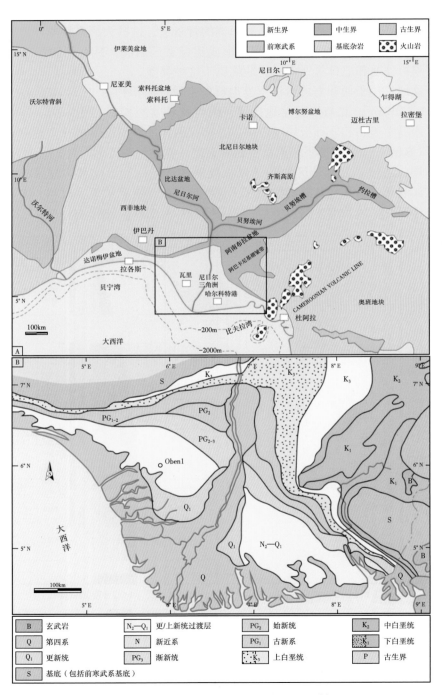

图 1-4 尼日尔三角洲及邻区地质简图[5]

第二节　南大西洋两岸油气藏开发面临的挑战

随着我国国民经济的快速发展和能源需求的增长，我国原油产量已无法满足消费需求，建立稳定的海外原油生产基地，多渠道、多形式获取油气资源，已成为保障我国石油供应安全的必然战略选择。作为重要的原油产区，中国石化、中国石油、中国海油等油公司在南大西洋两岸拥有近 30 个开发区块；权益油产量超过 $1000×10^4$t，南大西洋两岸已成为我国油公司重要的海外油气生产基地。加强南大西洋两岸海上已开发项目开发技术攻关，增加原油产量，可有效缓解国内油气供给不足的局面[6]。

海上油气田，尤其是深海油气田，开发技术复杂，投资高，风险大，因此油气田开发方案不仅要考虑社会效益，还要兼顾经济效益。由于海上工程建造、完井和生产操作费用很高，因此要求开发方案中生产设施要尽量简化，开发井数少、单井产能高，生产期短，经济效益要尽量高。南大西洋两岸油气藏地质条件复杂，主要储层包括微生物碳酸盐岩、三角洲砂岩和浊积砂岩三种类型。由于海上油田钻井少，储层非均质性强，油气藏定量表征和精细建模难度大，油田开发方案编制完成后，如没有把握取得经济效益，须慎重决策。

大坎波斯盆地深海盐下微生物碳酸盐岩油气藏受盐岩遮挡，地震分辨率低，优质储层预测精度差；微生物岩的岩性、岩相复杂，孔隙结构多样，传统岩相识别方法适用性差，储层参数评价误差大；桑托斯盆地盐下油藏气顶中高含 CO_2 且分布广泛（图 1-5），Lula 油田、Sapinhoa 油田和 Atapu 油田的 CO_2 含量均在 0~20% 之间；Libra 油田的 CO_2 含量在西北区平均为 45%，中区平均为 67%，东区平均为 99%；Jupiter 油田的 CO_2 含量介于 55%~80%[7]。针对这类高含 CO_2 流体的储层开发对策有待研究，开发方案部署难度大。

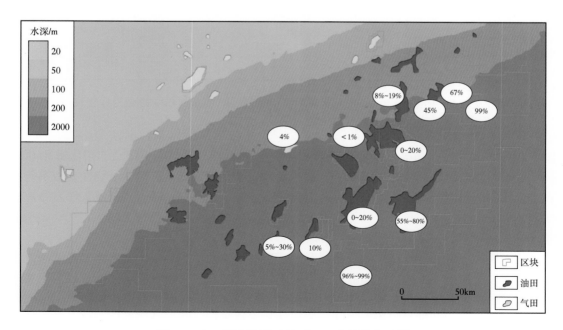

图 1-5　巴西桑托斯盆地盐下 CO_2 含量分布图[7]

　　下刚果盆地深海浊积水道迁移叠置关系复杂，相变快，探井评价井少，砂体间接触关系描述不清，导致地质模型不确定性大。图 1-6 为下刚果盆地安哥拉地区浊积岩发育模式图，在陆坡陡缓的影响下，发育了多套沉积砂体。三维地震属性难以有效识别流体变化，四维地震是深海油田监测剩余油分布的关键手段，但核心技术被国外油公司垄断，亟须开展自主攻关；如何降低开发过程中的不确定性，获取最大经济效益，亟须攻关一套深海油田开发优化方法。

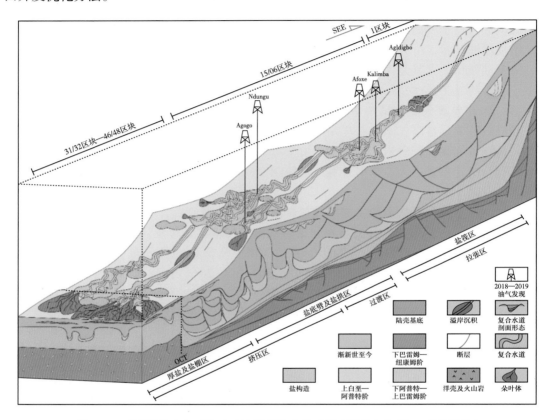

图 1-6　下刚果盆地安哥拉地区浊积岩发育模式图（据重大专项 33 项目报告）

　　尼日尔三角洲断裂系统复杂，同时发育泥底辟，断裂体系及断块划分难度大[8]。图 1-7 为尼日尔三角洲喀麦隆区块断裂和泥底劈平面图，在泥底劈附近，可见放射状断裂。受流体及砂岩放射性特征影响，沉积相及砂岩岩相识别划分、薄储层物性参数准确计算难度大，三角洲储层空间格架准确构建具多解性和不确定性；砂岩内部隔夹层发育造成储层非均质性强，油田长期天然能量开发，由于部分油藏具有大气顶、底水，初期强采造成气窜、水锥严重，储量动用不均匀，剩余油分布复杂，开发效果较差。

　　综上所述，南大西洋两岸油气藏复杂，定量地质建模不确定性大，剩余油预测和方案设计存在较大风险。因此，迫切需要建立微生物碳酸盐岩、三角洲砂岩、浊积砂岩三类典型油气藏的定量表征与开发优化技术，为实现产量目标提供技术支撑。同时，海上油田开发是一项集油藏—井筒—集输（FPSO）为一体的系统工程，受海外资源国合同条款及法律法规限制，如何制定好合同条款及海工条件共同约束下的油藏开发技术政策，目前仍处于研究起步阶段，尚未形成相应的技术优化流程。本书以中国石化操作及合资区块为依托，开展了三类典型油气藏开发技术攻关，有效指导该地区同类油气藏的有效开发，并对国内外相似类型油气藏开发具有一定的指导和借鉴意义。

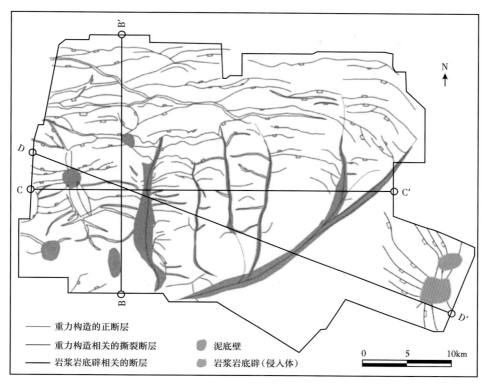

图 1-7　尼日尔三角洲喀麦隆区块断裂和泥底劈平面图[8]

参 考 文 献

[1] 张功成，屈红军，赵冲，等. 全球深水油气勘探 40 年大发现及未来勘探前景 [J]. 天然气地球科学，2017，28（10）：1447-1477.

[2] 陶崇智，邓超，白国平，等. 巴西坎波斯盆地和桑托斯盆地油气分布差异及主控因素 [J]. 吉林大学学报（地球科学版），2013，43（6）：1753-1761.

[3] 马中振. 典型大西洋型深水盆地油气地质特征及勘探潜力：以巴西桑托斯盆地为例 [J]. 中南大学学报（自然科学版），2013，44（3）：1389-1396.

[4] 余烨，蔡灵慧，尹太举，等. 下刚果盆地早白垩世 Pointe Indienne 组湖相浊积岩特征及石油地质意义 [J]. 岩性油气藏，2020，32（6）：12-21.

[5] 苏玉山，王桐，李程，等. 尼日尔三角洲的沉积—构造特征 [J]. 岩石学报，2019，35（4）：1238-1256.

[6] 冯志强，孔祥宇，褚王涛. 中国油气供应安全面临新挑战——新形势下中国石油企业"走出去"发展战略思考 [J]. 国际石油经济，2019，27（10）：8-15.

[7] 庞旭，邵大力，王红平，等. 超临界状态 CO_2 含量半定量评价及流体识别：以巴西桑托斯盆地盐下为例 [J]. 海相油气地质，2021，26（2）：179-184.

[8] 苏玉山，陈占坤，李日俊，等. 南大西洋东岸尼日尔三角洲大型重力滑动构造东南缘的断裂和泥构造 [J]. 地质科学，2020，55（2）：615-625.

第二章 岩相与储层参数测井定量评价技术

测井储层参数是油藏定量评价的基础，本章以巴西深海盐下微生物碳酸盐岩油藏为研究对象，利用薄片、压汞等岩心分析资料，结合常规测井、成像测井、核磁共振测井建立了一套较为完整的岩相识别、储层参数评价、含油饱和度评价等方法，为油田定量表征和开发优化提供支撑。

第一节 岩石物理相人工智能自动识别

优势岩相、沉积微相是油气富集的必备条件，单井的岩相、沉积微相及岩石类型测井识别是高精度地质建模的基础，巴西深海盐下微生物碳酸盐岩岩性、岩相复杂，孔隙结构多样，由于不同岩相、沉积微相之间测井响应接近，常规的交会图法、神经网络法、主成分分析法难以准确识别，因此岩相及沉积微相识别是巴西深海盐下微生物碳酸盐岩开发亟待解决的问题[1]。

一、微生物碳酸盐岩岩相自动识别

（一）微生物碳酸盐岩分类

结合巴西盐下多个油田的露头观测、岩心观察及薄片岩性鉴定结果，参考前人分类标准，按照"成分+结构、构造+成因"的分类原则，将微生物碳酸盐岩分为3大类及15个亚类[2]。

1. 微生物碳酸盐岩类

微生物碳酸盐岩岩相类型包括：叠层石（MF1）、球状微生物岩（MF2）、层纹岩（MF3）等类型（图2-1）。

（1）叠层石（MF1）：叠层石主要分布于BVE100段。按照形态的不同，可进一步划分为树状叠层石（MF1a）和灌木状叠层石（MF1b）。

（2）球状微生物岩（MF2）：球状微生物岩主要分布于BVE200及其以上层位。大小不一，最大直径接近2mm，圆度高，正交偏光镜下十字消光现象典型，球状结构间充填泥晶基质。

（3）层纹岩（MF3）：层纹岩呈明暗相间纹层结构，是研究区盐下微生物碳酸盐岩的主要类型之一，主要分布于BVE200及其以下层位。根据纹层结构、形态、起伏幅度等因素，将层纹岩分为微齿状层纹岩（MF3a）和平滑状层纹岩（MF3b）。平滑状层纹岩进一步分为灰褐色平滑状层纹岩（MF3b）和黄褐色平滑状层纹岩（MF3c）。

图 2-1 微生物碳酸盐岩类岩心照片

2. 颗粒碳酸盐岩类

颗粒碳酸盐岩类包括泥晶灰岩（MF4）、粒泥灰岩（MF5）、泥粒灰岩（MF6）、颗粒灰岩（MF7）、介壳灰岩（MF8a）、砾屑灰岩（MF8b）等类型（图2-2）。

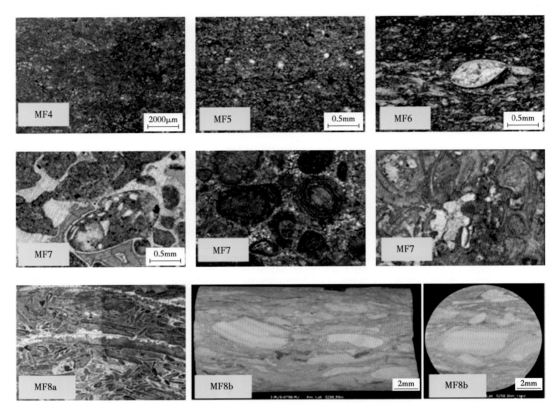

图2-2　颗粒碳酸盐岩类岩心照片

（1）泥晶灰岩：主要分布于BVE300及其以下层位。岩心上多显灰褐色、灰黑色等还原色；单层厚度薄，一般为厘米级纹层。方解石晶体细小，泥—微晶级，偏光显微镜下，晶体形态和结构不可辨。古生物化石稀少，缺乏典型沉积结构、构造特征。

（2）粒泥灰岩：主要分布于BVE300及其以下层位，部分井BVE200也偶见。岩心上多呈灰褐色等还原色，单层厚度整体较薄，但较泥晶灰岩层变厚。岩性及颗粒成分均以石灰岩为主，颗粒含量低，直径较小（约0.05mm）；方解石基质晶体细小，泥—微晶级。古生物化石稀少，偶见介形虫等小型广盐度生物化石，缺乏典型的指相构造。

（3）泥粒灰岩：主要分布于BVE300U及其以下层位。岩心上多呈灰色、深灰色等浅还原色，单层厚度开始变厚，部分层段达到中层级别。岩性及颗粒成分均以石灰岩为主，颗粒类型以介形虫、双壳类等广盐度生物碎屑为主；方解石基质晶体较小，泥—粉晶级。

（4）颗粒灰岩：主要分布于BVE300U，ITP等层段。按照生物碎屑成分的不同可细分为内碎屑灰岩、鲕粒灰岩、生物碎屑灰岩。内碎屑灰岩主要分布于BVE300U段，颗粒类型主要为半固结内碎屑再沉积形成。由于未成岩阶段的搬运作用，内碎屑大小不一、形态不规则，内碎屑间主要为亮晶方解石胶结物。鲕粒灰岩主要分布于ITP段，平面分布整体较局限。

（5）砾屑灰岩：主要分布于 ITP 段，另在部分井 BVE100 段偶见，ITP 段砾屑灰岩（MF8a）颗粒类型以广盐度双壳类为主，颗粒间被亮晶方解石胶结，代表了浅水高能环境。BVE 段砾屑灰岩（MF8b）成分主要为各类微生物岩，尤以叠层石为主，颗粒间泥晶胶结物为主。

3. 结晶碳酸盐岩类

结晶碳酸盐岩包括结晶灰岩（MF9）、结晶白云岩（MF10）、硅化硅质岩（MF11）类型（图 2-3）。按照岩性不同，将研究区结晶碳酸盐岩分为结晶灰岩（MF9）、结晶白云岩（MF10）和硅化硅质岩（MF11）三类。整体而言，各类结晶碳酸盐岩所占地层比例低，平面及纵向分布规律差。

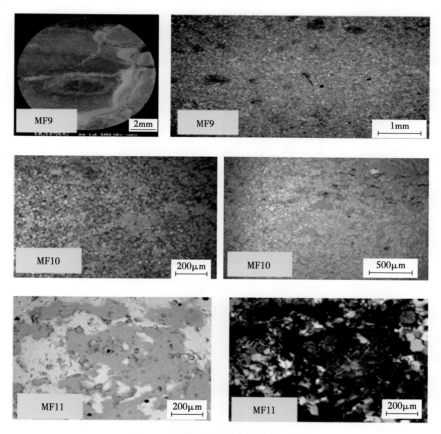

图 2-3　结晶碳酸盐岩类岩心照片

（二）基于交会图—决策树方法的岩相自动识别

1. 不同岩相测井"四性"关系分析

基于岩心的岩相分类，利用测井资料开展岩相识别，明确岩相在单井上的连续和平面上的展布。基于常规测井反映化学组分，成像测井反映结构，选取典型取心段，在岩心深度归位的基础上，结合岩心、薄片、CT 等资料，对比分析了不同岩相在成像测井、常规测井及核磁共振测井的测井响应特征及分布规律，建立了叠层石灰岩、球粒灰岩、层纹岩、颗粒灰岩等 5 个亚类的响应模板库，见表 2-1。叠层石在声成像上可见规则的波形层状结构，倾角一般大于 30°；颗粒灰岩在声成像呈块状或颗粒结构，溶蚀孔比较发育；球粒灰岩在声成像测井呈块状结构，部分可见球状颗粒；层纹岩在声成像测井呈明暗相间的细密纹层结构。

表 2-1　不同类型岩相在各种资料上的表征

岩相类型	岩心	薄片	井壁成像 静态+动态	常规测井 HSGR 0 API 150；AC 140 μs/ft 40；HUPR 0 110；AT90 0.2 Ω·m 20000 HCGR 0 API 150；RHOZ 1.95 g/cm³ 2.95；HTLR 0 5；AT60 0.2 Ω·m 20000 GR 0 API 150；NPHI 0.45 v/v −0.15；HTPR 0 50；AT10 0.2 Ω·m 20000
叠层石	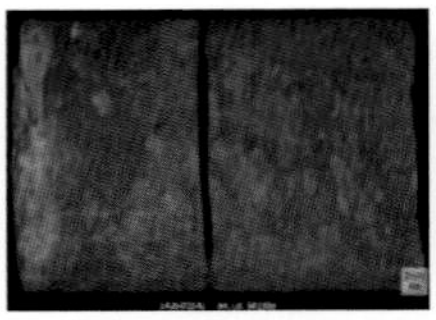	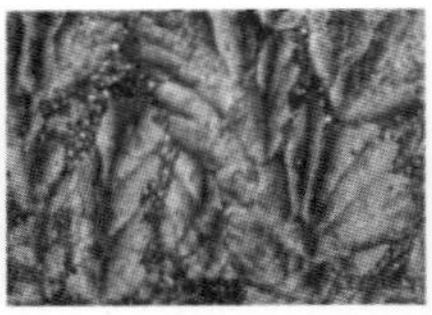	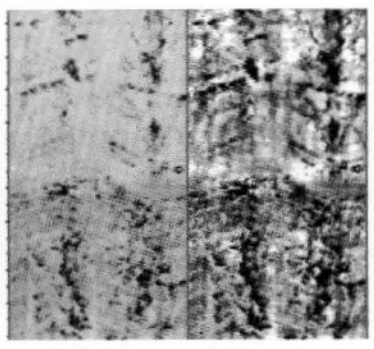	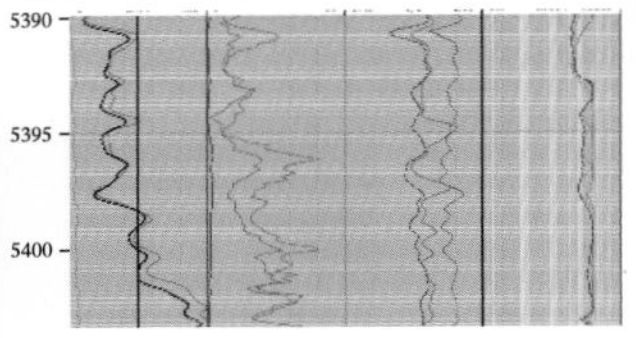
球粒灰岩	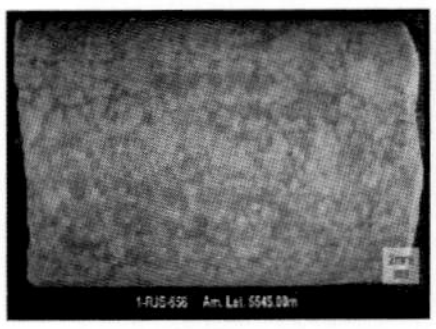	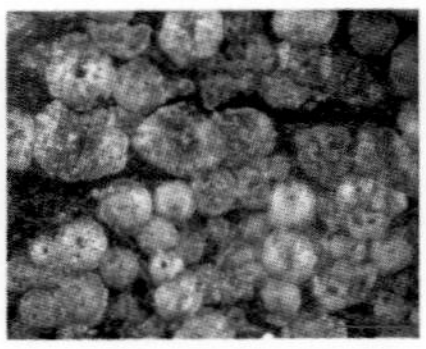	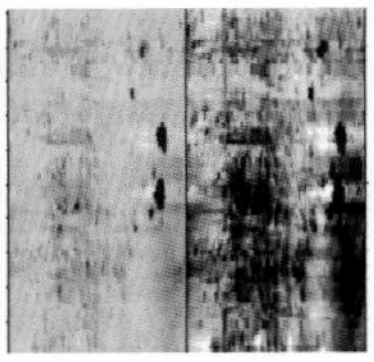	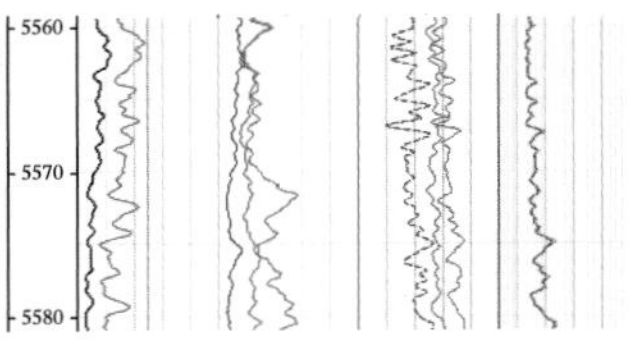
层纹岩	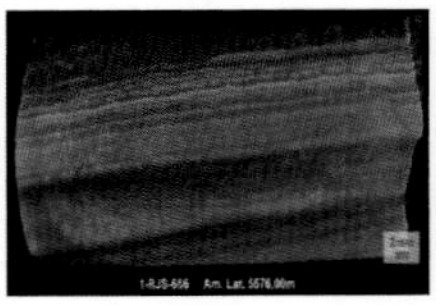		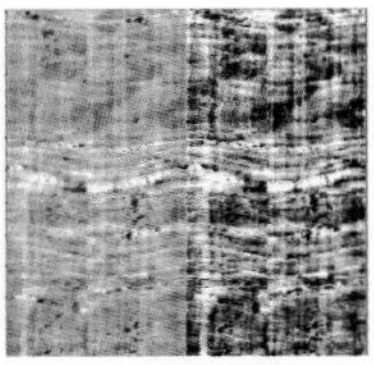	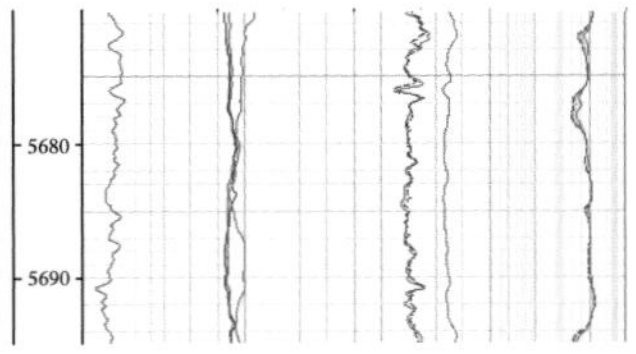
颗粒灰岩	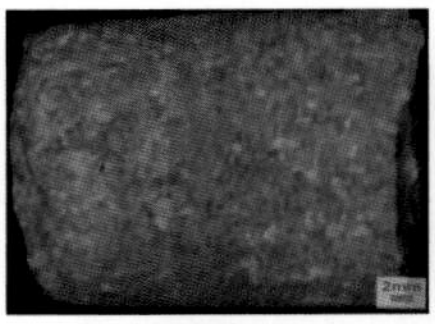	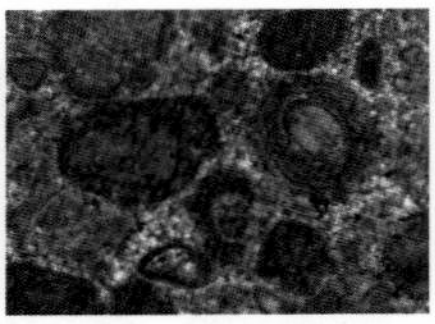	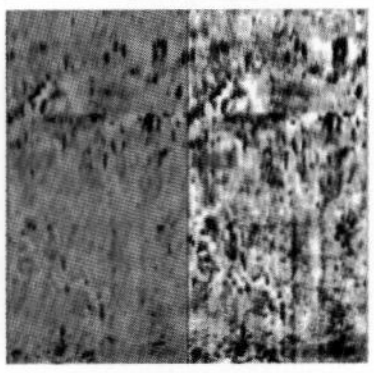	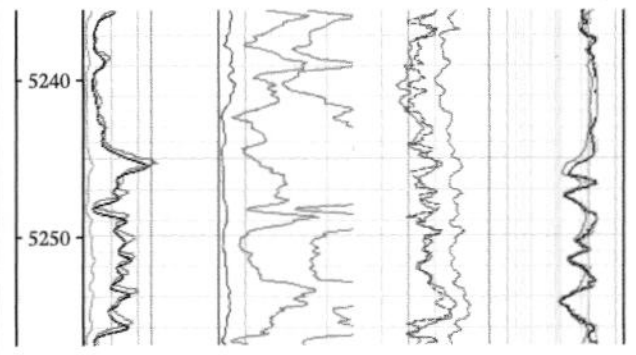
粒泥灰岩		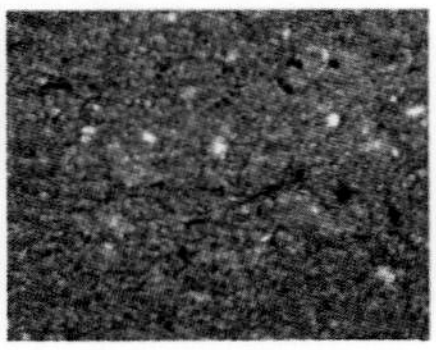	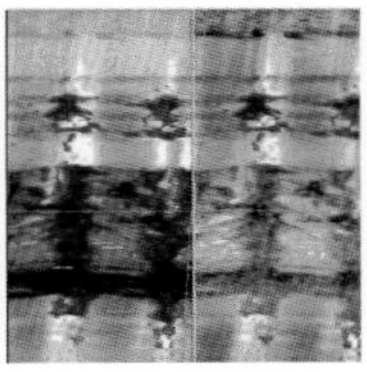	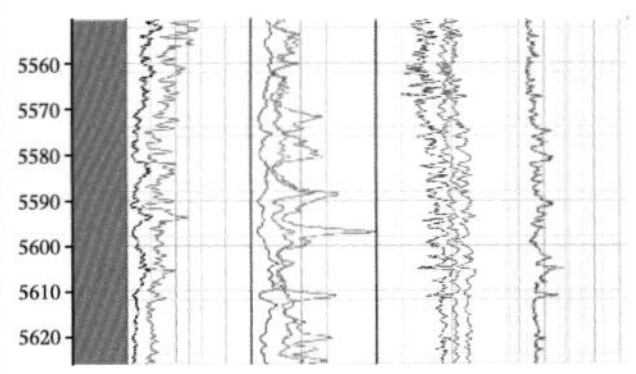

如图 2-4 所示，不同岩相在孔隙度上差异较小，渗透性有一定的差异。其中叠层石灰岩和颗粒灰岩渗透性最好，球状微生物灰岩基本呈现正常的孔渗关系，而层纹岩呈现相对复杂的孔渗关系，部分层纹岩有高孔低渗的特征，与取心描述对比，基本为平滑状层纹岩，在微观上表现为无效孔隙多；并且在层纹岩有部分裂缝发育，一定程度上改善了储层渗透性。

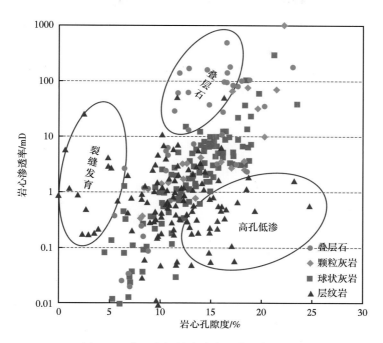

图 2-4　典型岩相的孔隙度—渗透率交会图

如图 2-5 所示，叠层石灰岩以大孔隙为主，而颗粒灰岩与球状微生物灰岩以中等孔隙为主，层纹岩以微孔隙—中等孔隙为主，微观上孔喉结构的差异导致了宏观上不同岩相的不同物性特征。

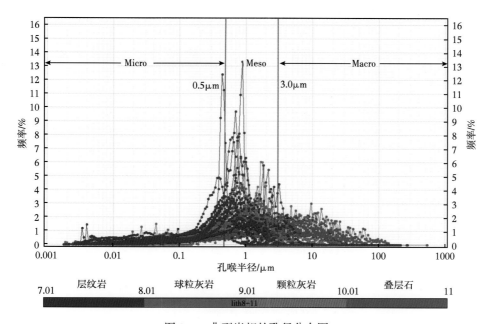

图 2-5　典型岩相的孔径分布图

2. 不同岩相测井响应特征

为了分析不同岩相的常规测井响应差异，筛选出核磁共振有效孔隙度（CMRP_3MS）、核磁共振可动流体孔隙度（CMFF）、密度（DEN）、电阻率（RT）、补偿中子（CNL）、光电吸收截面指数（PE）、核磁共振渗透率（KTIM）为岩相识别的敏感曲线。图 2-6 是不同岩相的常规测井响应直方图，通过分析可得到如下结果：

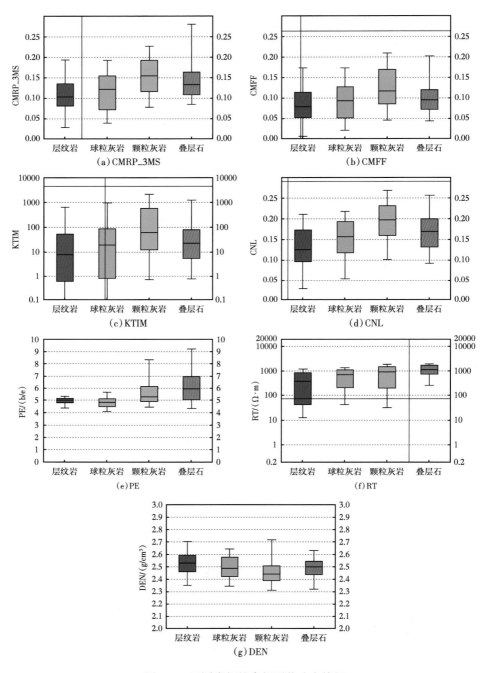

图 2-6　不同岩相的常规测井响应特征

（1）4类岩相的7种测井响应分布范围总体重叠现在严重；

（2）基于不同岩相测井响应的平均值差异明显：①从层纹岩、球粒灰岩、叠层石到颗粒灰岩，CMRP_3MS、CMFF、KTIM、CNL逐渐增大，物性逐渐变好；②从层纹岩、球粒灰岩、颗粒灰岩到叠层石，PE、RT曲线逐渐增大；③密度曲线的测井响应，颗粒灰岩最低、层纹岩最高，球粒灰岩与叠层石灰岩介于二者之间，且变化不大。

因此，直接利用交会图法开展岩相识别效果差，无法满足勘探开发的需求。

3. 决策树算法

决策树算法是一种树状结构的机器学习算法，算法中引入信息论，用信息熵衡量非叶节点的信息量的大小，通过决策树的构建，对训练样本所属的类别进行分类[3]。决策树类似流程图的树形结构，其中决策树最高层为根节点，每个内部节点代表一个测井属性、分支代表不同的判决条件、每个叶节点表示样本实例所属的岩相类别[4]，其示意图如图2-7所示。

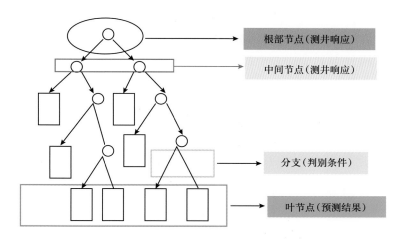

图 2-7　决策树示意图

CART算法是在决策树方法基础上采用的交叉决策树算法[5]。假设当前有样本集 D，离散属性 α 有 N 个可能的取值 $\{\alpha_1, \alpha_2, \alpha_3, \cdots, \alpha_n\}$，使用 α 对样本集合进行划分，则会产生 N 个分支节点。其中第 i 个分支节点包含了 D 中所有在属性 α 熵取值为 α_i 的样本，记为 D^i，得到信息增益表达式为

$$\text{Gain}(D, \alpha) = H(D) - \sum_{i=1}^{N} \frac{|D^i|}{|D|} H(D^i) \tag{2-1}$$

其中 $H(D)$ 可由下式得到

$$H(X) = -\sum_{x \in X} p(x) \lg p(x) \tag{2-2}$$

式中，$p(x)$ 代表 X 可取值为 x 的概率。

采用基尼系数选择划分属性，数据集 D 的基尼系数定义为

$$\text{Gain}(D) = \sum_{k=1}^{n} p_k(1 - p_k) = 1 - \sum_{k=1}^{n} p_k^2 \tag{2-3}$$

基尼系数代表从数据集 D 中随机抽取两个不同的样本，其类别不同的概率，基尼系数越小，数据集 D 的纯度越高。

在属性 α 下集合 D 的基尼系数定义为

$$\mathrm{Gain}(D,\ \alpha) = \sum_{i=1}^{N} \frac{|D^i|}{|D|}\mathrm{Gini}(D^i) \tag{2-4}$$

属性 α 的某个值将 D 分为 D^1、D^2 两部分，此时基尼系数为

$$\mathrm{Gain}(D,\ \alpha) = \frac{|D^1|}{|D|}\mathrm{Gini}(D^1) + \frac{|D^2|}{|D|}\mathrm{Gini}(D^2) \tag{2-5}$$

具体在算法执行的过程中，选取具有最小基尼系数的属性，通过对决策树的节点进行分裂，基尼系数越小，采用决策树进行分类效果也越好。CART 算法主要是针对高度倾斜和多态的数值数据、有序或无序的类别属性数据进行快速处理。CART 分类数在生成过程对每个特征仅进行二分，不进行多分，最终得到二叉树（当判定条件为真时判定为左分支。否则判定为右分支）[6-9]。一个特征值可能在多个节点中出现，因此根据式（2-5）进行选择。若样本个数小于截止值、没有特征值或者基尼系数小于截止值则停止划分。

4. 岩相识别效果分析

基于以上方法，对桑托斯盆地 A 油田开展岩相识别，图 2-8 是 A-1 井基于交会图—决策树方法岩相识别成果图，第 8 道为岩相识别结果，其中黑色杆状线为薄片分析的岩

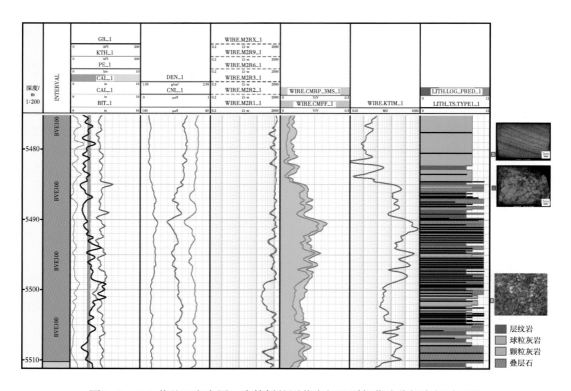

图 2-8　A-1 井基于交会图—决策树的测井岩相识别与薄片分析岩相对比图

相结果，建立了基于薄片分析的岩相指示曲线（TYPE 1=11 为叠层石；TYPE 1=10 为颗粒灰岩；TYPE 1=9 为球粒灰岩；TYPE 1=8 为叠层石）。由图可知，交会图—决策树方法识别的岩相结果与薄片分析结果吻合较好。5475~5485m 岩性基本稳定，为层纹岩；5490~5500m 发育大段的叠层石灰岩，为本井物性最好的储层段。

筛选出巴西桑托斯盆地 A 油田 BVE 段岩心薄片、测井资料及地质资料齐全的 9 口井作为基准井，以岩性薄片分析数据标定后的岩相作为监督数据建立岩相识别模型，对 9 口井开展岩相识别结果，采用 10 折交叉验证方法检验模型性能。与薄片岩相对比，基于交会图—决策树算法岩相识别成功率为 81.5%，基于交会图—决策树及成像测井岩相识别成功率为 89.8%。

表 2-2　交会图—决策树模型在测试集上的应用效果

岩相类别	数据条数	识别结果		识别准确率	
		交会图—决策树	交会图—决策树+成像	交会图—决策树	交会图—决策树+成像
叠层石	53	49	50	92.45%	94.34%
球状灰岩	252	183	216	72.62%	85.71%
颗粒灰岩	40	29	34	72.50%	85.00%
层纹岩	468	407	423	86.97%	90.38%

（三）基于机器学习的岩相自动识别

利用大数据人工智能技术建立井剖面用于表征岩性，通过更精确的训练数据集来优化机器学习工作流程，从而推动模型的持续学习和提高。

1. 数据建设

在机器学习领域，机器学习模型的数据越多，机器学习预测效率就越高。当模型数据量达到一定级数后，不同算法都有相近的高准确度。于是诞生了机器学习界的名言：成功的机器学习应用不是拥有最好的算法，而是拥有最多的数据。因此，本章将数据建设放在了机器学习的重要位置。

本次数据建设收集的数据资料包括区块井数据、分层数据、岩心资料以及测井数据，见表 2-3，其中 8 口井具有岩性数据，5 口井具有常规岩心数据，14 口井都具有测井数据，测井文件以 LAS 和 DLIS 为主。

表 2-3　项目数据收集清单

序号	数据	数据量	数据格式	数据描述	数据用途
1	区块井数据	14 口井	Excel 文件	East、West、Central 三个区块，14 口井基本信息	通过井号实现各类数据关联
2	分层数据	14 口井，约 57 条记录	Excel 文件	14 口井 BVE100、BVE200、BVE300 以及 ITP 的顶底深度	按层提取测井数据
3	井壁取心资料	8 口井岩心资料，约 1268 条记录	Excel 文件	8 口井在不同深度点的岩性、孔隙度、渗透率以及颗粒密度	建立岩性识别、储层分类样本
4	测井数据	14 口井，约 2 万个文件，75GB	LAS、DLIS、pdf 为主	常规测井、核磁共振测井、声测井、电成像测井，元素测井（ECS）、阵列声波测井等测井数据	建立智能识别样本参数

原始测井数据包括常规测井、核磁共振测井、声测井、电成像测井，元素测井（ECS）、阵列声波测井等，测井文件以 LAS、DLIS 为主。14 口井共有 819 个 LAS 文件，395 个 DLIS 文件。测井数据面临测井系列多、文件多、曲线命名不统一、重复曲线不一致等问题。因此，在构建样本之前，需要对测井文件进行预处理。测井数据整理流程如图 2-9 所示。

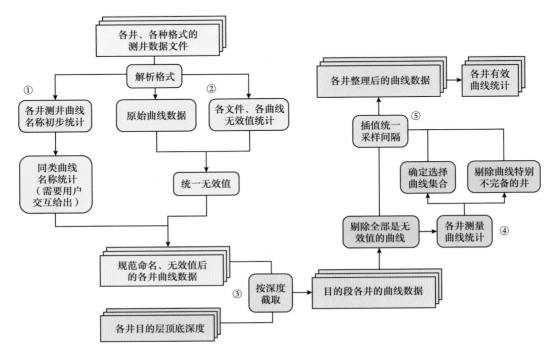

图 2-9　测井曲线整理流程

首先进行测井文件解析，包含以下两方面内容：

（1）测井文件整理。将原始测井数据按照区块、井号分开存储。每口井包括日报（Daily Reports）、井设计（Well Planing）、录井（Mud Logging）、随钻测试—测井（MWD-LWD）、测井（Wireline）、岩心（Core）、产能测试（Flow Tests）、分析报告（Analysis Reports）、最终报告（Final Reports）、公文（Official Documents）等目录。

（2）测井数据文件以 LAS 和 DLIS 为主，其中 LAS 约 1559 个，DLIS 约 964 个。本次选择 LAS 测井文件。14 口井约 1559 个 LAS 文件，对文件内容重复的测井文件进行删除后剩余 819 个文件；然后再根据分层数据，选择目标层的测井文件，最终保留 259 个文件。

其次，需要对测井曲线标准化，包含以下两个方面的标准化：

（1）测井文件头解析与统计。对 259 个测井文件头信息进行解析，统计每个测井文件的起始深度、终止深度、采样间隔、空值、曲线数量、采样点个数、曲线名称等信息，见表 2-4。

（2）测井曲线名称统一。通过表 2-4 可以看出，不同井相同曲线的命名不统一。例如，CAL、CALI、HCAL 都表示井径。测井曲线的命名不统一，加重了测井数据处理的工作量。

因此，需要对测井曲线命名进行统一，建立原始测井曲线名称与标准名称之间的映射关系见表 2-5。

表 2-4　LAS 测井文件头信息统计（部分）

井号	起始深度 / m	终止深度 / m	采样间隔 /m	空值	曲线数量 / 条	采样点个数	曲线名称
J-1	3310.13	5341.01	0.1524	-999.25	10	13327	DEPTH、SROP、SGRC、SEXP、SESP、SEMP、SEDP、SFXE、DTC、TVD
J-1	5334.0	5590.95	0.1524	-999.25	13	1687	DEPTH、SROP、SDGR、SEXP、SESP、SEMP、SEDP、SFXE、MSIG、MPHT1、MFFI、MPRM、TVD
J-1	5334.0	5660.00	0.1524	-999.25	13	2140	DEPTH、SROP、SDGR、SEXP、SESP、SEMP、SEDP、SFXE、MSIG、MPHT1、MFFI、MPRM、TVD
J-1	3310.13	5339.48	0.1524	-999.25	8	13317	DEPTH、SROP、SGRC、SEXP、SEDP、SFXE、DTC、TVD
J-1	5457.75	6074.66	0.1524	-999.25	15	4049	DEPT、C1_OBMT、C2_OBMT、DF、DT1、DT2、DT4P、DT4S、DTST、GR_EDTC、HAZIM、HD1_PPC1、HD2_PPC1、SDEVM、TENS
J-1	5321.20	5570.98	0.1524	-999.25	15	1640	DEPT、C1_OBMT、C2_OBMT、DF、DT1、DT2、DT4P、DT4S、DTST、GR_EDTC、HAZIM、HD1_PPC1、HD2_PPC1、SDEVM、TENS
J-2	5499.96	5869.98	0.1524	-999.25	13	2429	DEPTH、PHIE、PHIT、SWT、SWE、BVWE、VSH、VCL、VSALT、VANHY、FTEMP、RESFLAG
J-2	3160.01	5875.01	0.1524	-999.25	6	17816	DEPTH、DENE、DTE、DTSE、VP、VS
J-3	3666.93	5688.97	0.1524	-999.25	6	13269	DEPTH、DTE、DTSE、DENE、VP、VS
J-4	5395.11	5854.75	0.1524	-999.25	10	3017	DEPTH、TENS、ITTT、MDT、DXDT、DYDT、GR、YSBP、XSBP、MSBP
J-4	2315.0	5751.00	1.0	-999.25	12	3437	DMEA、TVD、HYDC3、GASS1、METH、ETH、PRP、IBUT、NBUT、IPEN、NPEN、CO_2
J-5	2252.32	6040.06	0.0762	-999.25	6	49709	DEPTH、GR、SPD、TEN、TTEN、WTBH
J-5	2251.33	6034.35	0.0762	-999.25	6	49647	DEPTH、GR、SPD、TEN、TTEN、WTBH
J-5	2300.02	6030.01	0.0762	-999.25	3	48951	DEPTH、GR、WTBH

表2-5　测井文件统一符号与别名映射表

序号	统一符号	别名	井数	描述
1	CAL	CAL、CALI、HCAL	14	Caliper；Caliper；HRCC Cal. Caliper {F13.4}
2	DEN	DEN、RHOB、ZDEN、RHOZ、DENE、RHO8	14	Bulk Density；Edited Standard Resolution Formation Density
3	GR	GR、HGR	14	Total Gamma Ray；HiRes Gamma-Ray {F13.4}
4	M2R3	AT30、M2R3、RT30、RMED	14	Vertical 2-foot resolution matched resistivity，30-inch DOI
5	M2R9	AT90、M2R9、RT90、RDEP	14	Vertical 2-foot resolution matched resistivity，90-inch DOI
6	AC	DT、DT24、DTCO、DTCO1、DTCO2、DTCO3、DTE	14	Compressional Acoustic Slowness
7	M2R2	AT20、M2R2、RT20、RSHA	13	Vertical 2-foot resolution matched resistivity，20-inch DOI
8	BS	BS	13	Bit Size {F13.4}
9	CMFF	CMFF	12	NMR free fluid
10	CMRP_3MS	CMRP_3MS	12	NMR effective porosity（3ms cutoff）
11	TCMR	TCMR	12	NMR Total porosity
12	HTHO	HTHO、THOR、TH	12	HNGS Formation Thorium Concentration {F13.4}
13	K	K、HFK、POTA	11	Potassium content；HNGS Formation Potassium Concentration {F13.4}
14	NPOR_VV	NEU、HNPO、TNPH	11	Neutron Porosity；Thermal Neutron Porosity {F13.4}
15	NPOR_PU	NPHI、NPOR、CNC	11	Thermal Neutron Porosity（Ratio Method）{F13.4}
16	PE	PE、PEF、PEF8、PEFZ、PEB、PEGE	11	Photo electric cross-section；Photoelectric Factor，Bottom {F13.4}
17	PER-KTIM	KTIM	11	NMR Timur/Coates permeability
18	PHIE	PHIE	11	Effective Porosity
19	SW	SW、SWE	11	Sw；Water Saturation
20	VCL	VCL	11	Volume dry clay
21	PER-KSDR	KSDR	10	NMR SDR permeability
22	BVW	BVW	9	Bulk Volume water（Phie x SW）
23	DENC	DENC	9	Density correction
24	M2R1	AT10、M2R1、RT10	9	Vertical 2-foot resolution matched resistivity，10-inch DOI
25	M2R6	AT60、M2R6、RT60	9	Vertical 2-foot resolution matched resistivity，60-inch DOI
26	PHIT	PHIT	9	Total Porosity
27	TENS	TENS	9	Cable Tension {F13.4}
28	URAN	URAN、HURA	9	HNGS Formation Uranium Concentration {F13.4}
29	VP	VP	9	Sonic Compressional velocity
30	ANHYV	ANHYV	8	Volume anhydrite
31	DTS	DTS、DTSE、DTSM、DTSH、DTST	8	Shear Sonic travel time
32	ROP	ROP	8	Rate of penetration
33	T2LM	T2LM、T2LM_PV	8	T2 Logarithmic Mean {F13.4}
34	TVD	TVD	8	True Vertical Depth
35	VSALT	VSALT	8	Volume Salt
36	VSH	VSH	8	Volume shale

　　最后对测井文件可用性分析。一口井包括多个测井系列，例如常规测井、核磁共振测井、声测井、电成像测井，元素测井、阵列声波测井等。为了分析不同深度的测井特征参数，需要将一口井的多个测井文件按照深度进行合并。在合并之前，首先进行重复曲线检测。基于残差的数据项重复检验技术，不需要考虑物理背景，仅仅说明在残差数值上这些曲线相似。残差是因变量的观测值 Y_i 与根据估计的回归方程求出的预测 Y_i' 差，用 e 表示，反映了用估计的回归方程去预测 Y_i 而引起的误差。第 i 个观察值的残差为 $e_i = Y_i - Y_i'$。图 2-10 是 J-7 井原始数据项残差热力图，残差指数截止值等于 1 的曲线是完全重复曲线。

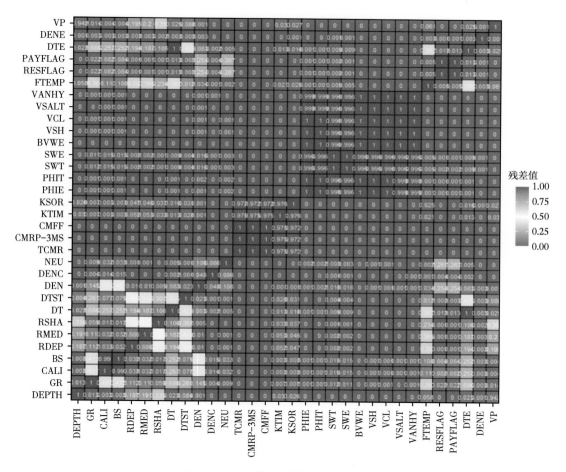

图 2-10　J-7 井原始数据项残差热力图

　　不同时期测井仪器不同、刻度器标准不同、操作方式不同等原因，导致同一口井不同系列的测量数据存在由仪器性能和刻度不一致引起的误差。因此，将多个测井文件合并之前，需要对重复曲线的一致性进行分析。如果两个文件中重复曲线一致性大于 0.85，则认为两个文件是可以按照深度合并的；否则，需要根据具体情况，进行深度校正等操作。对 14 口井 259 个测井文件进行一致性检验，以 J-6 井为例，该井共有 23 个测井文件，不同文件之间存在重复曲线，表 2-6 为 J-6 井不同文件重复曲线的检测结果。

表2-6　J-6井文件重复曲线一致性检验结果

	文件1	文件2	文件3	文件4	文件5	文件6	文件7	文件8	文件9	文件10
文件1	CMFF: 1.000; CMRP 3MS: 1.000; GR: 1.000; PER-KSDR: 1.000; T2CUTOFF: 1.000; T2LM: 1.000; TCMR: 1.000; TENS: 1.000	CMFF: 1.000; CMRP 3MS: 1.000; GR: 1.000; PER-KSDR: 1.000; T2CUTOFF: 1.000; T2LM: 1.000; TCMR: 1.000; TENS: 1.000	GR: .937	CMFF: .917; CMRP 3MS:.903; GR: .935; PER-KSDR: .992; T2LM: .982; TCMR: .891	GR: .601	GR: .691	GR: .937	CMFF: .927; CMRP 3MS: .887; GR: .667; PER-KSDR: .851; T2LM: 1.000; TCMR: .859; TENS: .014	PER-KSDR: .992	
文件2		CMFF: 1.000; CMRP 3MS: 1.000; GR: 1.000; PER-KSDR: 1.000; T2CUTOFF: 1.000; T2LM: 1.000; TCMR: 1.000; TENS: 1.000;	GR: .947;	CMFF: .896; CMRP 3MS:.884; GR: .946; PER-KSDR: .998; T2LM: .999; TCMR: .870	GR: .601	GR: .691	GR: .947		PER-KSDR:.998	
文件3			AC: 1.000; CAL: 1.000; DEN: 1.000; GR: 1.000; M2R1: 1.000; M2R2: 1.000; M2R3: 1.000; M2R6: 1.000; M2R9: 1.000; NPOR_PU: 1.000; PE: 1.000	AC: 1.000; CAL: 1.000; DEN: 1.000; GR: 1.000; M2R1: 1.000; M2R2: 1.000; M2R3: 1.000; M2R6: 1.000; M2R9: 1.000; NPOR_PU: .827; PE: 1.000	CAL: .603; DEN: .218; .213; GR: .643; NPOR_PU: .761; .725; PE: .532; .445	GR: .735	AC: 1.000; CAL: 1.000; DEN: 1.000; GR: 1.000; M2R1: 1.000; M2R2: 1.000; M2R3: 1.000; M2R6: 1.000; M2R9: 1.000; NPOR_PU: .833; PE: 1.000	GR: .971		
......										......
文件10			AC: .448; .455; DEN: 389	AC: .448; .455; DEN: 390	DEN: -.185; -.178		AC: .448; .455; DEN: 389			AC: 1.000; .997; 1.000; DEN: 1.000

对于重复曲线满足一致性阈值的测井文件，可以直接合并，并删除重复曲线。对于重复曲线不满足一致性阈值的测井文件，需要具体问题具体分析。例如同一口井不同文件的同一测井曲线形态一致，但是存在偏移，可通过深度校正来解决，J-8 井的多条 RT90 曲线深度校正前后对比如图 2-11 所示。

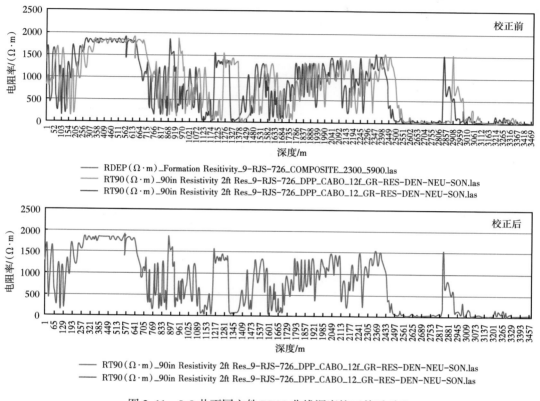

图 2-11　J-8 井不同文件 RT90 曲线深度校正前后对比

通过重复曲线一致性分析，对 14 口井 259 个测井文件按照阈值进行分组（表 2-7），将同一组的测井文件按照深度进行合并，对于重复曲线需要根据有效数据的深度范围进行拼接。设曲线 A 和 B，两者拼接后的曲线记为 C，曲线 A 的起始深度为 AS，终止深度为 AE，曲线 B 的起始深度为 BS，终止深度为 BE，曲线 A、B 的采样间隔为 Interval，选择的曲线拼接位置为 x（$BS \leqslant x \leqslant AE$），曲线起始位置到曲线拼接位置的采样点数记为 N_A，曲线拼接位置到曲线 B 的终止深度的采样点数记为 N_B（不包含曲线拼接点的采样点），则有

$$N_A = \frac{S_A - x}{l_{ev}} + 1, \quad N_B = \frac{x - E_B}{l_{ev}} \qquad (2-6)$$

曲线拼接后曲线 C 的采样点数记为 N_C，则 $N_C = N_A + N_B$。

2. 人工智能算法选择

人工智能算法在大数据分析技术中占据着重要的地位，包括无监督学习（聚类分析、PCA、LDA 等）和有监督学习（决策树、随机森林、支持向量机、神经网络、贝叶斯等）。针对岩性识别，如何选择一个合适的机器学习算法获得最佳的预测精度是一个周而复始的处理计算过程[10]。通过反复处理选择模型、选择参数，进而分析模型的有效性。

表 2-7　J-6 测井文件分组信息（部分）

井号	分组号	文件数	文件列表
J-6	0	7	3-RJS-682A_8[1].5_CMR-ECS-GR_principal.las 3RJS682A_8.5in_5162-5595_CMR-ECS-GR_principal_Pablo.las 3RJS682A_DDP_Cabo_8.5in_5399-5978m_GR-CAL-SL-NEU-DEN-SON-RES.las 3RJS682A_Original_Logs.las 3RJS682A_Perfil_Cabo_8.5in_5399-5978m_GR-CAL-CN-ZDL-SON-RES_20110216.las 3RJS682A_Processed_Logs.las 3RJS682A_Perfil_Cabo_8.5in_5595-5981m_Principal_CMR-GR_20110216.las
J-6	1	2	3RJS682A_LWD_MEM_14in_5418-3180m_GR-RES-SON.las 3RJS682A_LWD_RT_14in_5418-3200m_GR-RES-SON_20101223.las
J-6	2	1	3RJS682A_LWD_MEM_8.5in_m_GR-RES_20110114.las
J-6	3	2	3RJS682A_LWD_RT_8.5in_5472-5419m_GR-RES-RNM_20110103.las 3RJS682A_LWD_RT_8.5in_5489-5419m_GR-RES-RNM_20110104.las
J-6	4	6	3RJS682A_LWD_RT_8.5in_5600-5973m_GR-RES-RNM_20110212.las 3RJS682A_LWD_RT_8.5in_5719-5600m_GR-RES-RNM_20110207.las 3RJS682A_LWD_RT_8.5in_5772-5600m_GR-RES-RNM_20110108.las 3RJS682A_LWD_RT_8.5in_5829-5600m_GR-RES-RNM_20110209.las 3RJS682A_LWD_RT_8.5in_5902-5600m_GR-RES-RNM_20110210.las 3RJS682A_LWD_RT_8.5in_5963-5600m_GR-RES-RNM_20110211.las
J-6	5	1	3RJS682A_LWD_RT_8.5in_5639-5570m_GR-RES-RNM_20110118.las
J-6	6	2	3RJS682A_Perfil_Cabo_14in_5422-3083m_GR-CN-ZDL-WGI.las 3RJS682A_Perfil_Cabo_14in_5422-5384m_GR-MREX.las
J-6	7	1	3RJS682_LWD_RT_8.5in_5542-5418m_20110111.las
J-6	8	1	Petrobras_3-RJS-682A_VSP_Processed_Logs_TVDSS.las

　　无监督学习是一种对不含标记的数据建立模型的机器学习范式，最常见的是聚类算法。聚类就是对大量未知标注的数据集，按数据的内在相似性将数据集划分为多个类别，使类别内的数据相似度较大而类别间的数据相似度较小[11]。

　　K-means 算法是一种最广泛使用的聚类算法。K-means 以 K 作为参数，把数据分为 K 个组，通过迭代计算过程，将各个分组内的所有数据样本的均值作为该类的中心点，使得组内数据具有较高的相似度，而组间的相似度最低。K-means 聚类，适用于连续型数据集，在计算数据样本之间的距离时，通常使用欧式距离作为相似性度量。K-means 支持多种距离计算，还包括 maximum、manhattan、pearson、correlation、spearman、kendall 等[12]。

　　基于测井数据，使用 K-means 算法划分岩性。由于研究工区岩性类别有 8 类，分别是叠层石灰岩、白云岩、颗粒灰岩、球状微生物灰岩、硅化岩、层纹岩、泥粒灰岩、结晶灰岩。因此，设置 K 值为 8，聚类结果见表 2-8。可以看出：采用聚类技术，并不能很好地划分岩性。

　　为了更加直观地展示聚类结果，采用可视化技术进行展示。本次研究输入的测井数据是多条测井曲线，输入维度高，采用降维处理后进行可视化，如图 2-12 所示。图 2-12 横、纵坐标分别表示降维后的第一主成分和第二主成分，两者的共同解释了约 60%（17.7%+42.9%）的岩性数据。

表 2-8　岩性聚类结果与真实岩性对比（部分数据）

井号	真实岩性	聚类划分类别
J-9	层纹石灰岩	3
J-9	层纹石灰岩	3
J-9	层纹石灰岩	5
J-2	层纹石灰岩	3
J-8	层纹石灰岩	2
J-8	层纹石灰岩	3
J-8	层纹石灰岩	1
J-9	叠层石灰岩	5
J-10	叠层石灰岩	2
J-10	叠层石灰岩	2
J-10	叠层石灰岩	2
J-2	叠层石灰岩	4
J-8	叠层石灰岩	4
J-8	硅化岩	4

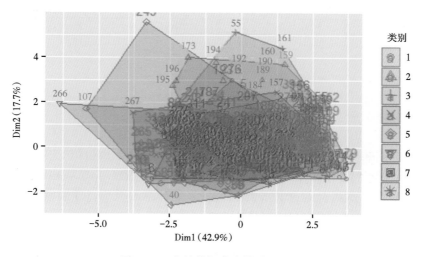

图 2-12　岩性数据聚类结果可视化

　　相比于无监督学习，有监督学习中的训练数据是有标签的。通过已有的训练样本得到一个最优模型（这个模型属于某个函数的集合），再利用这个模型将所有的输入映射为相应的输出，对输出进行判断从而实现分类的目的。有监督学习常见的是分类和回归，本次研究对象是岩性，使用分类算法。常见的分类算法包括随机森林、神经网络、支持向量机、梯度提升树等。

1）随机森林系列算法

随机森林（random forest，简写为 RF）是一种分类器集成学习算法，随机森林 = 决策树 +bagging。随机森林算法的基础为决策树算法，决策树算法根据训练集中的数据特征，对样本空间进行递归分割，形成一系列递归的 IF-THEN 规则并以树结构进行组织。随机森林利用随机模拟的思想，构建出 N 棵随机决策树形成"森林"，并综合"森林"中各决策树的预测结果做出最终的预测。随机森林算法思路如图 2-13 所示。

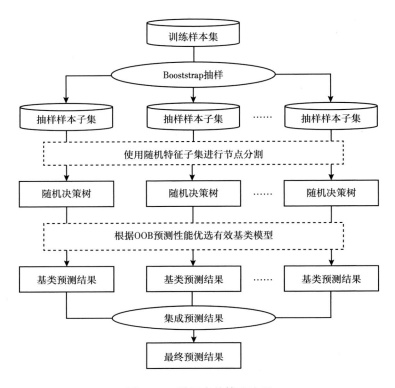

图 2-13　随机森林算法流程

针对每一个抽样样本子集，在特征中随机抽取一部分特征构建随机决策树。在决策树生成过程中，一般根据特征选择准则划分数据集，例如信息增益、信息增益率和基尼指数。

经验熵：对于样本集合 D 来说，随机变量 X 是样本的类别，即假设样本有 k 个类别，每个类别的概率是 $\dfrac{|C_k|}{|D|}$，其中 $|C_k|$ 表示类别 k 的样本个数，$|D|$ 表示样本总数，则样本集合 D 的经验熵为

$$H(D) = -\sum_{k=1}^{K} \frac{|C_k|}{|D|} \log_2 \frac{|C_k|}{|D|} \tag{2-7}$$

信息增益：特征 A 对数据集 D 的信息增益 $g(D, A)$，定义为集合 D 的经验熵 $H(D)$ 与特征 A 给定的条件下 D 的经验熵 $H(D|A)$ 之差，即 $g(D, A) = H(D) - H(D|A)$，其中 $H(D|A)$：

$$H(D|A) = \sum_{i=1}^{n} \frac{|D_i|}{|D|} H(D_i) = -\sum_{i=1}^{n} \frac{|D_i|}{|D|} \sum_{k=1}^{K} \frac{|D_{ik}|}{|D_i|} \log_2 \frac{|D_{ik}|}{|D_i|} \tag{2-8}$$

信息增益率：特征 A 对数据集 D 的信息增益率定义为

$$g_R(D,A) = \frac{g(D,A)}{H_A(D)} \tag{2-9}$$

其中的 $H_A(D)$，对于样本集合 D，将当前特征 A 作为随机变量（取值是特征 A 的各个特征值），求得的经验熵。

基尼指数：表示在样本集合中一个随机选中的样本被分错的概率。基尼指数为样本被选中的概率与样本被分错的概率之积：

$$\mathrm{Gini}(D) = 1 - \sum_{k=1}^{K} \left(\frac{|C_k|}{|D|} \right)^2 \tag{2-10}$$

随机森林是目前广泛使用的高维度数据分析方法，对数据进行处理的时候，同时给出参数重要性评分，据此进行参数选择。在该方法中，特征变量重要性评分通常用于评估特征对预测类别的贡献，该评分可以由计算该变量的基尼指数获得。

随机森林算法有很多变种，例如 WSRF、RRF、Ranger 等。不论哪种算法，随机森林都有一个重要的参数 mtry，即随机选择变量的个数。默认情况下 mtry 为数据集变量个数的二次方根（分类模型）或三分之一（预测模型），一般是需要进行人为的逐次挑选，确定最佳值。CForest（conditional inference random forest，条件推断森林），对 RF 的随机置换算法进行改进，得到条件变量重要性得分，能够解决在变量取值划分多、共线性等情况下估计不精确的缺点。RRF（regularized random forest，正则化随机森林），将树正则化（tree regularization）框架应用于 RF，通过调整特征变量重要性评分测算公式实现特征变量选择，从而提升算法的预测效果。WSRF（weighted subspace random forest，加权子空间随机森林）通过将输入变量进行加权，从而确保每个筛选出来的子集总是能包含相关变量。R 语言中的 Ranger 包相较于其他方法，Ranger 占用的内存最小，且大大缩短了运行时间。并且与其他基于随机森林的模型不同，Ranger 中有参数可以控制每个变量或特征被选入节点参与节点划分的可能性。

2）梯度提升树系列

梯度提升算法（gradient boosting machine）= 决策树 +boosting，也是一种常用的集成学习算法，例如 GBDT、XGB 等。当样本维度较大的时候，只有一棵决策树，则可能会出现过拟合。采用 GBM 算法，可以抑制单棵树的复杂性，通过梯度提升的方法结合多个弱分类器来解决过拟合问题。DART 利用了深度神经网络中 dropout 设置的技巧，随机丢弃生成的决策树，然后再从剩下的决策树集中迭代优化提升树。

3）神经网络系列

从单层神经网络（感知机）开始，到包含一个隐藏层的两层神经网络，再到多层的深度神经网络，随着信息科学的发展，神经网络的层数也随之不断增加和复杂，如图 2-14 所示。

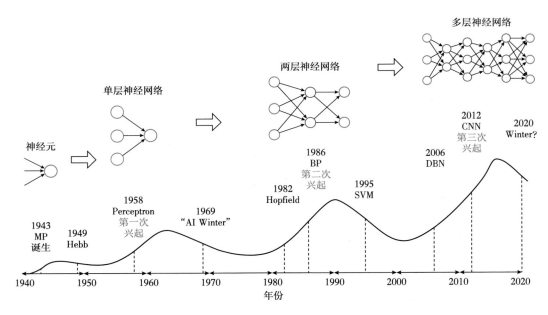

图 2-14　神经网络发展历程

神经网络的核心包括网络结果、激励函数、损失函数和梯度下降。神经网络结构主要包括输入层、隐含层和输出层，并且隐含层的层数是可以设置的。神经网络的激励函数为神经网络提供规模化的非线性能力，主要有 sigmoid 函数、tanh 函数、ReLU 函数，其中 ReLU 函数综合性能优良，普适性较高，是目前最为常用的激励函数。损失函数是神经网络预测值与实际值的差值平均，其越小越好，神经网络训练的最终目的就是使得其训练的损失函数最小，一般利用梯度下降法求取损失函数最小值。神经网络的训练过程主要是利用反向传播的原理来进行的网络梯度下降寻优，对于给定的初始值 W，b，$g(x)$ 等，利用梯度下降法的原理来进行损失函数求最小值，然后在不断地梯度下降中同时调节每一层的参数（此为一次调节），最终找到最好的模型参数。

为了选择最优的算法建立测井相识别模型，首先建立公共数据集。以岩性识别为例，将 8 口具有岩心分析资料的井资料，经过测井曲线完整性统计、空缺值删除、冗余曲线删除等，最终形成 1248 个多井分析样本。采用分层抽样技术，将 1248 个样本点按照 0.75∶0.25 的比例划分为训练集和测试集。训练集用于训练模型参数，测试集用于检验模型泛化能力。分层抽样的特点是将科学分组法与抽样法结合在一起，分组减小了各抽样层变异性的影响，抽样保证了所抽取的样本具有足够的代表性。数据集划分结果见表 2-9。

表 2-9　机器学习算法分析数据集划分

岩性类别	训练数	测试数	合计
叠层石灰岩	90	30	120
白云岩	7	3	10
颗粒石灰岩	199	67	266

续表

岩性类别	训练数	测试数	合计
球状微生物石灰岩	253	85	338
硅化岩	16	6	22
层纹石灰岩	279	93	372
泥粒石灰岩	2	1	3
结晶灰岩	87	30	117
岩性类别总数：8 类	训练集总数：933	测试集总数：315	样本总数：1248

在相同的数据集上，分别从准确率、Kappa、建模时间等指标评价随机森林算法、梯度提升树算法、神经网络算法、支持向量机算法的模型性能，见表 2-10。

表 2-10　不同机器学习算法在岩性识别数据集上的性能结果

算法系列		最优参数	准确率	Kappa	建模时间
随机森林系列	ranger	mtry=9，splitrule=extratrees min.node.size=2	90.79%	0.881	1 分 54.12 秒
	RRFglobal	mtry=6，coefReg=0.98	90.48%	0.877	2 分 35.81 秒
	RF	mtry=4	89.84%	0.8679	0 分 47.64 秒
	wsrf	mtry=1	85.08%	0.8053	5 分 5.53 秒
	cforest	mtry=5	69.84%	0.6014	8 分 16.69 秒
梯度提升树系列	gbm	n.trees=150，interaction.depth=3 shrinkage=0.1 n.minobsinnode=10	73.65%	0.6542	0 分 27.94 秒
	xgbTree	nrounds=145，max_depth=6，eta=0.25，gamma=5.97, colsample_bytree=0.69，min_child_weight=2，subsample=0.57	65.08%	0.5376	6 分 41.5 秒
	rda	gamma=0.28，lambda=0.32	49.52%	0.3503	0 分 9.34 秒
	xgbDART	nrounds=145，max_depth=6，eta=0.25，gamma=5.97，subsample=0.98，colsample_bytree=0.55，rate_drop=0.29，skip_drop=0.81 and min_child_weight=7	65.40%	0.5414	7 分 3.17 秒
神经网络系列	avNNet	size=17，decay=0.06376703 and bag=FALSE	65.40%	0.543	1 分 53.81 秒
	mlpML	layer1=17，layer2=19 and layer3=19	55%	0.4115	0 分 59.38 秒

3. 井剖面岩性智能化识别

试验工区有岩性样本井 8 口，薄片分析岩性样本 820 个，见表 2-11。岩性种类 15 类，其中树状叠层石和微齿状层纹岩只有 1 个样本，灌木状叠层石有 2 个样本，依据岩性分类标准，将 15 种岩性样本归并取舍后还有 9 类岩性，见表 2-11。

表 2-11 归并后岩性样本数据表

岩性名称	白云岩	层纹岩	叠层石灰岩	硅质岩	结晶灰岩	颗粒灰岩	泥粒灰岩	泥岩	球状微生物岩	合计
数量	5	339	81	15	43	135	10	9	183	820

通过对试验工区 8 口具有岩性样本井的测井曲线分布分析，GR、CAL、BS、M2R9、M2R3、AC、DEN、TCMR、CMRP_3MS、CMFF 等 10 条曲线是共有曲线。按井名、深度段和曲线名提取共有测井曲线数据，并检查其合法性后进行统计。

将 8 口具有岩心分析资料的井资料，经过测井曲线完整性统计、空缺值删除、冗余曲线删除等，最终形成 1248 个多井分析样本，标定后的样本数据见表 2-12。

表 2-12 多井岩性识别样本数据表（部分）

井号	深度 /m	GR/API	CAL/in	M2R9	AC/（μs/ft）	DEN/（g/cm³）	TCMR	CMFF	标签
J-10	5417.0	25.3	12.2	346.5	66.5	2.5	0.2	0.1	叠层石灰岩
J-8	5379.5	67.4	12.6	1458.2	51.1	2.4	0.2	0.1	叠层石灰岩
J-8	5379.5	67.4	12.6	1458.2	51.1	2.4	0.2	0.1	叠层石灰岩
J-2	5597.3	31.4	12.2	921.0	74.4	2.4	0.2	0.2	叠层石灰岩
J-8	5482.5	60.0	12.4	1314.5	83.6	2.4	0.2	0.1	叠层石灰岩
J-10	5182.0	20.6	12.7	648.8	75.5	2.3	0.2	0.1	叠层石灰岩
J-7	5089.5	32.6	9.1	259.2	61.1	2.6	0.1	0.1	叠层石灰岩
J-8	5552.5	93.0	12.4	51.4	63.4	2.5	0.1	0.1	叠层石灰岩
J-2	5597.3	31.4	12.2	921.0	74.4	2.4	0.2	0.2	叠层石灰岩
J-10	5157.0	50.5	12.2	1934.5	63.3	2.5	0.2	0.1	叠层石灰岩
J-10	5417.0	25.3	12.2	346.5	66.5	2.5	0.2	0.1	叠层石灰岩
J-8	5478.5	12.9	12.4	1137.0	82.3	2.3	0.2	0.2	叠层石灰岩
J-8	5559.5	53.1	12.4	121.2	68.8	2.5	0.2	0.1	叠层石灰岩
J-8	5478.5	12.9	12.4	1137.0	82.3	2.3	0.2	0.2	叠层石灰岩
J-10	5157.0	50.5	12.2	1934.5	63.3	2.5	0.2	0.2	叠层石灰岩
J-10	5157.0	50.5	12.2	1934.5	63.3	2.5	0.2	0.2	叠层石灰岩
J-8	5482.5	60.0	12.4	1314.5	83.6	2.4	0.2	0.1	叠层石灰岩
J-10	5234.8	19.5	13.0	319.3	64.5	2.1	0.1	0.0	叠层石灰岩
J-8	5536.5	42.4	12.4	1373.7	74.4	2.4	0.2	0.2	叠层石灰岩
J-7	5135.0	50.1	9.2	165.8	63.0	2.5	0.1	0.1	叠层石灰岩
J-8	5559.5	53.1	12.4	121.2	68.8	2.5	0.2	0.1	叠层石灰岩
J-10	5142.0	32.2	12.2	1554.7	76.8	2.3	0.2	0.2	叠层石灰岩

井号	深度 /m	GR/API	CAL/in	M2R9	AC/（μs/ft）	DEN/（g/cm³）	TCMR	CMFF	标签
J-8	5486.5	87.5	12.5	1553.1	96.3	2.2	0.3	0.3	叠层石灰岩
J-2	5621.1	34.8	12.4	694.9	65.1	2.4	0.1	0.1	叠层石灰岩
J-7	5135.0	50.1	9.2	165.8	63.0	2.5	0.1	0.1	叠层石灰岩
J-8	5552.5	93.0	12.4	51.4	63.4	2.5	0.1	0.1	叠层石灰岩
J-8	5379.5	67.4	12.6	1458.2	51.1	2.4	0.2	0.1	叠层石灰岩
J-10	5182.0	20.6	12.7	648.8	75.5	0.2	0.2	0.1	叠层石灰岩
J-10	5142.0	32.2	12.2	1554.7	76.8	2.3	0.2	0.2	叠层石灰岩

采用分层抽样技术，将 1248 个样本点按照 0.75：0.25 的比例划分为训练集和测试集。训练集用于训练模型参数，测试集用于检验模型泛化能力，具体见表 2-13。

表 2-13　训练集和测试集样本统计表

岩性类别	训练数	测试数	合计
叠层石灰岩	90	30	120
白云岩	7	3	10
颗粒石灰岩	199	67	266
球状微生物石灰岩	253	85	338
硅化岩	16	6	22
层纹石灰岩	279	93	372
泥粒石灰岩	2	1	3
结晶灰岩	87	30	117
岩性类别总数：8 类	训练集总数：933	测试集总数：315	样本总数：1248

4. 模型建立与性能评价

岩性标签 8 类，即叠层石灰岩、颗粒灰岩、球状微生物岩、层纹岩、结晶灰岩、白云岩、泥粒灰岩、硅化岩。测井曲线 8 条，分别是 GR、CAL、M2R9、AC、DEN、TCMR、CMFF、CMRP_3MS。

将 1248 个多井样本，划分为学习和测试样本，其中学习样本 933 个，测试样本 315 个。采用随机森林算法建立岩性识别模型，敏感曲线分别是 GR、CAL、M2R9、AC、CMRP_3MS，如图 2-15（a）所示。模型精度分布如图 2-15（b）所示。表 2-14 为随机森林测试混淆矩阵，岩相识别召回率为 0.9，与决策树—交会图方法相比，识别的岩相类别更多，描述岩性变化更细致。

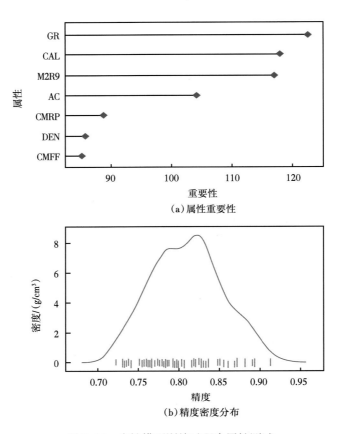

（a）属性重要性

（b）精度密度分布

图 2-15 岩性模型训练过程中属性测试

表 2-14 RF 模型测试混淆矩阵

混淆矩阵	叠层石灰岩	白云岩	颗粒灰岩	球状微生物灰岩	硅化岩	层纹石灰岩	泥粒灰岩	结晶灰岩	识别精度
叠层石灰岩	24	0	0	0	0	0	0	0	1.00
白云岩	0	2	0	0	0	0	0	0	1.00
颗粒灰岩	1	1	61	4	0	2	0	0	0.88
球状微生物岩	5	0	3	76	0	3	1	1	0.85
硅化岩	0	0	0	0	5	0	0	0	1.00
层纹岩	0	0	2	5	1	88	0	2	0.90
泥粒灰岩	0	0	0	0	0	0	0	0	
结晶灰岩	0	0	1	0	0	0	0	27	0.96
召回率	0.80	0.67	0.91	0.89	0.83	0.95	0	0.9	0.90

图 2-16 和图 2-17 分别是 I 油田 J-7 井和 J-8 井的岩性识别测试成果图，其中，第 6 道为薄片的岩性鉴定结果，第 7 道为机器学习的岩相识别结果，由图可知，二者基本一致，只是在岩性变化快速的边界处，产生识别误差。

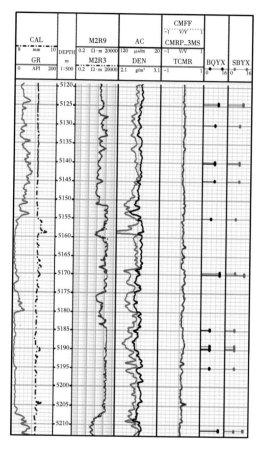

图 2-16　J-7 岩性识别测试　　　　图 2-17　J-8 岩性识别测试

二、沉积微相测井人工智能自动识别

以深海盐下微生物碳酸盐岩油藏为例，基于所述机器学习自动识别岩相的思路，利用随机森林法开展沉积微相的人工智能识别。

（一）深海盐下微生物碳酸盐岩沉积微相类型

基于 300 余张岩心照片的 600 余张薄片照片的观察分析，结合常规测井、成像测井以及地球物理相关资料，在研究区内划分出碳酸盐岩台地（浅湖）亚相和半深湖—深湖亚相两种沉积亚相，并将碳酸盐岩台地（浅湖）亚相划分为 8 种微相（表 2-15）。

（二）沉积微相数据建设

对岩心、常规测井资料进行分析，利用电阻率测井及补偿中子测井、密度测井、声波时差测井，利用常规测井值大小和曲线形态，通过测井值和取心井段的对比标定，识别出不同微相组合，得出沉积微相样本分布在 5 口井、146 个层段，见表 2-16。

表 2-15　A油田盐下段沉积相及岩石类型

亚相	微相	岩相类型
碳酸盐岩台地亚相	介壳滩微相	介壳灰岩、泥晶颗粒灰岩、泥晶灰岩
	颗粒滩微相	颗粒灰岩、层纹岩、叠层石
	球粒滩微相	球状微生物岩、层纹岩
	微生物礁微相	叠层石、球状微生物岩、颗粒灰岩
	台内洼地微相	泥晶灰岩、层纹岩、颗粒泥晶灰岩、泥晶颗粒灰岩
浅湖亚相	台间洼地微相	泥晶灰岩
半深湖—深湖亚相	半深湖—深湖灰泥微相	泥岩、泥晶灰岩
	风暴滩微相	砾屑灰岩

表 2-16　沉积微相样本分布表

序号	井号	顶深 /m	底深 /m	样本段数	微相类型
1	J-7	5050	5266	16	6
2	J-6	5421	5877.4	35	7
3	J-11	5257.5	5780	56	7
4	J-10	5116.5	5858.5	14	4
5	J-8	5341	5885	25	6

由于每口井中的测井系列的差异，开展单井沉积微相识别，分析出不同井沉积微相敏感因素，见表 2-17。

表 2-17　单井沉积微相敏感曲线分布（部分）

井号	曲线个数	样本集	平均精度 /%	参数重要性（前5）
J-7	26	样本总数: 1306 70% 训练: 914 30% 测试: 392	92	GR、AC、M2R9、CMFF、CMRP_3MS
J-6	21	样本总数: 2209 70% 训练: 1521 30% 测试: 688	91	TTEN、CAL、M2R9、SW、UT2LM
J-11	90	样本总数: 2632 70% 训练: 1837 30% 测试: 795	93	RPTHM、TENS、AWBK、SDEV、HAZIMFZ
J-10	36	样本总数: 1135 70% 训练: 795 30% 测试: 340	91	KTH、AC、DEN、M2R9、CMFF
J-8	38	样本总数: 2443 70% 训练: 1706 30% 测试: 737	98	GRDF、GOCF、TENS、CS、UKRT

（三）模型构建与性能评价

统计单井敏感曲线在 5 口样本井中分布。为了确保多井建模时样本的完整性，选择完整度较好的 7 条曲线：GR、BS、M2R9、AC、DEN、CMRP_3MS 和 CMFF，利用随机森林系列算法开展沉积微相识别。

多井沉积微相类别为 7 类，分别是台内洼地微相、球粒滩微相、微生物礁微相、颗粒滩微相、台间洼地微相、介壳滩微相、半深湖—深湖灰泥微相。将 4955 个多井样本，划分为学习样本和测试样本，其中学习样本 3463 个，测试样本 1492 个。采用随机森林系列算法建立岩性识别模型，敏感曲线分别是 CAL、M2R3、GR、AC、CMFF，如图 2-18（a）所示，模型精度分布如图 2-18（b）所示。

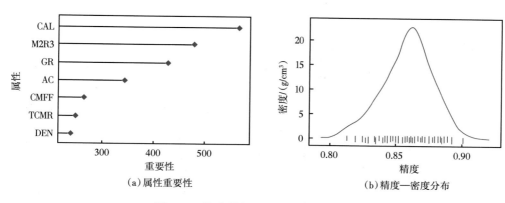

(a) 属性重要性　　　　　　　(b) 精度—密度分布

图 2-18　沉积微相训练过程中属性测试

将该模型应用于测试数据集（1492 个样本点），平均精度约 86%。模型混淆矩阵见表 2-18。球粒滩的召回率最大，为 0.84；台间洼地的召回率最小，为 0.74。台内洼地的识别精度最大，为 0.889，颗粒滩的识别精度最小，为 0.791。模型的整体精度为 0.86。

表 2-18　多井沉积微相识别 RF 模型评价混淆矩阵

沉积微相	微生物礁	介壳滩	颗粒滩	球粒滩	台间洼地	台内洼地	半深湖—深湖灰泥微相	精度
微生物礁	87	2	8	5	0	0	0	0.853
介壳滩	4	89	4	3	0	5	0	0.848
颗粒滩	5	9	121	14	3	0	0	0.791
球粒滩	5	13	25	485	12	15	0	0.865
台间洼地	0	0	0	0	47	4	5	0.839
台内洼地	1	3	6	7	21	367	8	0.889
半深湖—深湖灰泥微相	0	0	3	0	2	9	87	0.853
召回率	0.77	0.8	0.68	0.84	0.74	0.82	0.79	0.86

（四）沉积微相的单井相识别

基于多井沉积微相样本数据对沉积微相进行自动识别，图 2-19 和图 2-20 分别是 J-6 井和 J-8 井的沉积微相识别对比图，其中 BQCJ 是样本标签沉积微相类型，SBCJ 为沉积微相识别模型计算的沉积微相类型。如果 SBCJ 的杆状图与 BQCJ 的杆状图相同，说明模型识别沉积微相类型与样本标签沉积微相类型相同；否则，表示模型识别出的沉积微相类型与样本标签沉积微相类型不同。

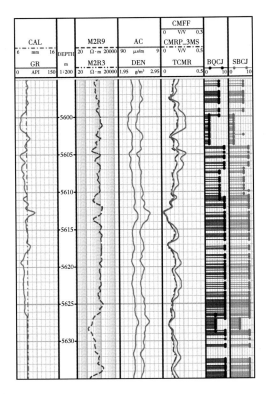 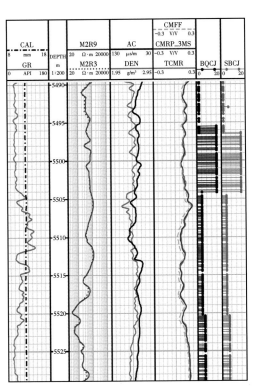

图 2-19　J-6 井沉积微相处理成果对比　　　　图 2-20　J-8 井沉积微相处理成果对比

三、基于流动单元法的岩石类型自动识别

（一）流动单元法原理

流动单元是经常用来表征岩石类型的方法，流动单元亦称岩石物理流动单元、储层流动单元和水动力流动单元，是垂向及横向上连续的、影响流体流动的、岩石物理性相似的储集岩体[13]。流动单元往往受矿物成分和结构控制，根据孔喉特征可以把储层划分为不同流动单元。流动带指标（*FZI*）反映储层的微观孔隙结构特征，与其他方法相比，流动带指标法具有划分指标量化、标准统一、在实际工作中应用广泛的特点[14,15]。

由修正的 Kozeny-Carman 方程得到

$$K = \frac{\phi_e^3}{(1-\phi_e)^2} \frac{1}{F_s S_{gv}^2 \tau^2} \tag{2-11}$$

式中，ϕ_e 为有效孔隙度；F_s 为形状因子，当横截面为圆形时，$F_s=2$，当横截面为方形时，$F_s=1.78$；K 为渗透率；S_{gv} 为颗粒表面积；τ 为迂曲度。

由式（2-11）可得

$$\sqrt{\frac{K}{\phi_e}} = \frac{\phi_e}{1-\phi_e} \frac{1}{\sqrt{F_z}} \frac{1}{\tau S_{gv}} \tag{2-12}$$

其中，储层质量指标为

$$RQI = 0.0314 \sqrt{\frac{K}{\phi_e}} \tag{2-13}$$

标准化孔隙度指标为

$$\phi_z = \frac{\phi_e}{1-\phi_e} \tag{2-14}$$

流动带指数为

$$FZI = \frac{1}{\sqrt{F_s}\, \tau S_{gv}} = \frac{RQI}{\phi_z} \tag{2-15}$$

三者之间存在如下关系：

$$\lg RQI = \lg \phi_z + \lg FZI \tag{2-16}$$

（二）岩心的流动单元划分

利用井壁取心孔隙度和渗透率数据求得的 RQI 和 ϕ_z 关系如下图所示，将岩石类型分为 4 类。四类岩石类型在图 2-21 中平行分布，由图 2-22 可知，不同岩石类型的孔隙度区间基本一致，而渗透率相差 4~5 个数量级，其中一类岩石类型（FZI-1）最好，四类岩石类型（FZI-4）最差。

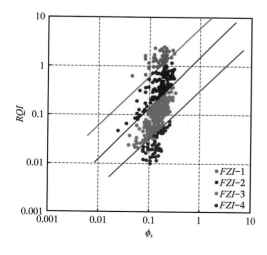

图 2-21 RQI 与 ϕ_z 交会图

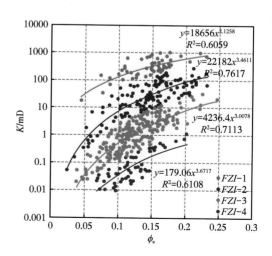

图 2-22 孔隙度与渗透率交会图

（三）井剖面流动单元自动划分

为了将岩心的岩石类型分类推广至单井上，采用机器学习的方法开展井上岩石类型的划分，其中建模算法为随机森林（RF），样本数据维度为 2906 行、7 列。其中学习样本维度为 2032 行、7 列，测试样本维度为 874 行、7 列。建模过程中进行属性特征重要性筛选，从图 2-23（a）可知，对流动单元类型敏感的属性依次为 TCMR、M2R3、DEN、AC、CAL 和 GR。图 2-23（b）给了模型精度密度分布，模型精度主要分布在 0.8~0.95，在 0.86 处取得最大值。

表 2-19 为模型测试的混淆矩阵，可以看出，一类流动单元的召回率最小，为 0.77；四类流动单元的召回率最大，为 0.91。二类流动单元的识别精度最小，为 0.75；四类流动单元的识别精度最大，为 0.98。模型整体精度为 0.84。

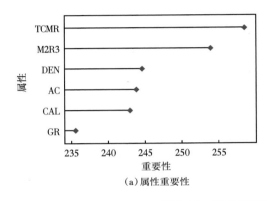
（a）属性重要性

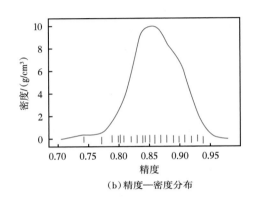
（b）精度—密度分布

图 2-23　岩石类型训练过程中属性测试

表 2-19　模型测试混淆矩阵

储层流动单元	1	2	3	4	识别精度
1	164	22	14	7	0.79
2	33	168	13	9	0.75
3	14	24	199	3	0.83
4	2	1	2	199	0.98
召回率	0.77	0.78	0.87	0.91	0.84

图 2-24 为 J-11 井流动单元处理成果，第 9 道为岩心流动单元类别（黑色离散点线）与测井确定流动单元对比（红色连续曲线）；第 10 道为计算渗透率与岩心分析渗透率的对比，其中粉红色线为基于不同流动单元计算储层渗透率，与岩心分析渗透率吻合较好，间接验证了岩石类型识别的准确性。单井的岩石类型划分，为地质建模中储层的空间展布提供支撑。

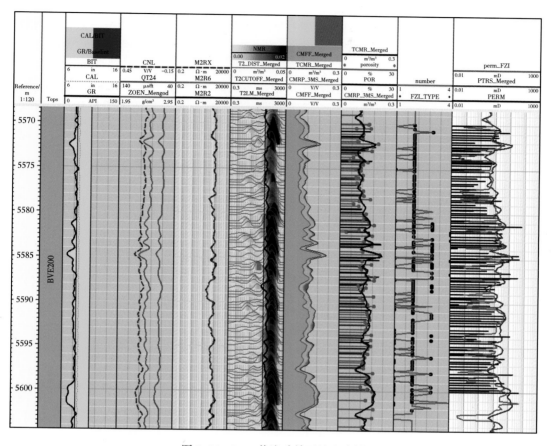

图 2-24 J-11 井流动单元处理成果

第二节 基于核磁共振测井的储层参数评价方法

孔隙度是反应地层存储流体能力的参量，渗透率则是反应地层允许流体流动和产出能力的参量。自 1927 年测井技术形成以后，测井工作者利用常规测井系列逐步形成了一套比较完善的计算孔隙度、油水识别以及计算含水饱和度的测井评价体系。该体系对于地层电阻率的测量以及通过中子测井、密度测井和声波测井等获取的孔隙度具有非常大的依赖性。随着油气勘探开发的深入，这些常规的测井解释方法在复杂油气藏中的适用性越来越值得商榷[16]。核磁共振测井（NMR）作为一种新型的测井方法，近年来有着非常迅速的发展。核磁共振测井其探测对象是与岩石骨架无关的孔隙流体信息，因此 NMR 可以提供两大类储层信息：储层的特征参数以及储层孔隙中的流体性质参数，并且通过移谱、差谱等技术还能够将孔隙中的油气水加以区分[17]。本节主要研究 NMR 提供的储层特征参数。

一、核磁共振测井回波串反演处理技术

岩石孔隙是由不同大小的孔隙组成的，不同尺寸的孔隙具有不同的特征弛豫时间，所以，岩石中核磁共振弛豫是一种多指数弛豫过程。现代核磁共振测井以岩层中的氢核为

对象，采用 CPMG 自旋回波方法来获得地层中氢核发生核磁共振后的横向弛豫时间信号。要想从弛豫衰减回波串信号中得到储层岩石性质和流体信息，必须对回波串进行多指数反演得到 T_2 谱[18-23]。

（一）T_2 谱反演模型

图 2-25 是核磁共振测井回波串反演 T_2 谱示意图，右图的 Y 轴为区间孔隙度分量，X 轴为 T_{2i} 分量。由核磁共振仪器测井的工作原理可知，仪器观测到的弛豫信号 $M(t)$ 与弛豫时间谱 $P(T_2)$ 的关系式为

$$M(t) = \int_{T_{2\min}}^{T_{2\max}} P(T_2) \exp\left(-\frac{t}{T_2}\right) dT_2 \tag{2-17}$$

$P(T_2)$ 为弛豫时间谱，又称 T_2 谱，反映孔隙相对大小及分布。$T_{2\min}$ 与 $T_{2\max}$ 是测量的信号所能分辨的最短与最长弛豫时间。

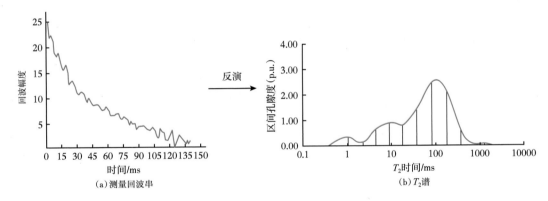

图 2-25　核磁共振测井回波串反演 T_2 谱示意图

把式（2-17）进行离散化处理，可得

$$Ax = y \tag{2-18}$$

式中，$x(i) = P(T_{2i})$，代表第 i 种弛豫分量在 T_2 分布谱上的比例；y 为测量回波串幅度；A 为系数矩阵，且 $A \in \mathbf{R}^{m \times n}$，$a_{i,j} = e^{-\frac{t_i}{T_{2j}}}$，$T_{2j}$ 为第 j 个弛豫分量对应的横向弛豫时间；t_i 为时间，且在数值上为回波间隔 TE 的倍数。

（二）T_2 谱反演参数的选择

利用回波串反演 T_2 谱需要选择的参数主要有三个：布点范围、布点方式和布点数。布点范围由 T_2 谱分布左边界 $T_{2\min}$ 与右边界 $T_{2\max}$ 决定。左边界 $T_{2\min}$ 应大于仪器能测量到的最小弛豫时间，且布点范围要充分反映不同孔隙特征。

由于随着弛豫时间的增大，T_2 组分所占的比例会逐渐减小，应采用先密后疏的布点方式：通用的有 2 的幂次方布点、对数均匀布点两种方式。

2 的幂次方布点的计算方法为：$T_{2,j} = 2^{j+1}$。j 的初始值的选取与仪器有关，j 的最大值与弛豫组分的多少有关。弛豫组分选的少，则 T_2 谱不光滑，弛豫组分选的多，就超出仪器能测量到的最大弛豫时间。一般而言，使用幂次布点的布点数不超过 12。

对数均匀布点的计算公式为：$T_2 = T\left(\dfrac{T_{2max}}{T_{2min}}\right)^{\frac{i-1}{i_{num}-1}}_{2min}$。其中，$T_{2min}$ 是 T_2 布点的最小值，

T_{2max} 是 T_2 布点的最大值，i_{num} 是布点的个数。

总之，在核磁共振测井数据的 T_2 谱反演中，布点要保证一定的点数和数值范围，一般布点数为 10~30 个、布点区间跨越 3 个以上数量级。

（三）改进的模平滑方法

核磁共振数据反演可归结为求解如下形式的线性方程组：

$$A_{m \times n} f_{n \times 1} = b_{m \times 1} \tag{2-19}$$

其中，$A = U_{m \times n} S_{n \times n} V_{n \times n}^T$，$S = \mathrm{diag}(s_i)$，$i = 1, \cdots, n$

在数据测量过程中往往存在测量误差，所以通常需要求解的不是式（2-19），而是

$$A(f + \Delta f) = (b + \Delta b) \tag{2-20}$$

式中，f 和 b 分别代表没有测量误差的理想解和理想数据向量，而 Δf 和 Δb 分别代表解的偏差和数据向量的测量误差。

为了能够同时满足式（2-19）和式（2-20），则需满足：

$$A\Delta f = \Delta b \tag{2-21}$$

假设矩阵 A 的秩为 n，它在主坐标上用 S 表示。将 f 和 b 变换到主轴上得到 f' 和 b'：

$$f' = V^T f \tag{2-22}$$

$$b' = U^T b \tag{2-23}$$

在主坐标轴上，得到

$$Sf' = b' \tag{2-24}$$

$$S\Delta f' = \Delta b' \tag{2-25}$$

假设数据向量的测量误差不相关，且方差均为 σ^2，即 $\langle \Delta b_i \Delta b_j \rangle = \sigma^2 \delta_{ij}$。则

$$\left\langle \Delta f_i \Delta f_j \right\rangle = \frac{\sigma^2}{s_i^2} \delta_{ij} \tag{2-26}$$

$$\left\langle f_i f_j \right\rangle = \frac{b_i'^2}{s_i^2} \delta_{ij} \tag{2-27}$$

求得良好解的必要条件是 $\langle \Delta f_i \Delta f_j \rangle \ll f_i^2$，则需要满足：

$$\sum_{i=1}^{n} \frac{\sigma^2}{s_i^2} \ll \sum_{i=1}^{n} \frac{b_i'^2}{s_i^2} \tag{2-28}$$

由于有非常小的奇异值存在，且对应的并没有比误差大多少的话，小的奇异值会在求和中占主导地位，从而导致式（2-28）可能不成立。

众所周知，可将最小二乘法的解 $\boldsymbol{f}_{\text{LS}}$ 写成如下形式：

$$\boldsymbol{f}_{\text{LS}} = \boldsymbol{V}\text{diag}\left(\frac{1}{s_i}\right)\boldsymbol{U}^{\text{T}}\boldsymbol{b} = \boldsymbol{V}\text{diag}\left(\frac{1}{s_i}\right)\boldsymbol{b}' \tag{2-29}$$

截断奇异值方法通过放弃一些小的 s_i 来满足上述不等式，其奇异值截止值通常依据下述考虑：选择一个很小的 ϵ 使其满足下式：

$$\sum_{i=1}^{r}\frac{\sigma^2}{s_i^2} = \epsilon^2 \sum_{i=1}^{r}\frac{b_i'^2}{s_i^2} \tag{2-30}$$

通常选择一个与信噪比 SNR 相当的奇异值截止值，即

$$\frac{s_1}{s_r} = \frac{\|\boldsymbol{b}'\|}{\sigma} \approx \frac{\|\boldsymbol{b}+\Delta\boldsymbol{b}\|}{\sigma} \approx SNR \tag{2-31}$$

模平滑方法采用如下形式的目标函数：

$$\min_{f \geqslant 0}\left\{\Psi(f) = \frac{1}{2}\|\boldsymbol{Af}-\boldsymbol{b}\|_2^2 + \frac{\alpha}{2}\|f\|_2^2\right\} \tag{2-32}$$

其解 $\boldsymbol{f}_{\text{NS}}$ 具有与 $\boldsymbol{f}_{\text{LS}}$ 相同的形式：

$$\boldsymbol{f}_{\text{NS}} = \boldsymbol{V}\text{diag}\left(\frac{s_i}{s_i^2+\alpha}\right)\boldsymbol{U}^{\text{T}}\boldsymbol{b} = \boldsymbol{V}\text{diag}\left(\frac{1}{s_{\alpha,i}}\right)\boldsymbol{b}' \tag{2-33}$$

$$s_\alpha = s + \alpha/s \tag{2-34}$$

式中，α 为正则化参数，其取值大小决定解的正则化强度，取值过小难以压制噪声的影响，取值过大会导致解过平滑。

图 2-26 所示为等效奇异值 s_α 与奇异值 s 的关系示意图，其中 $\alpha=1$。固定 α，随 s 增大，

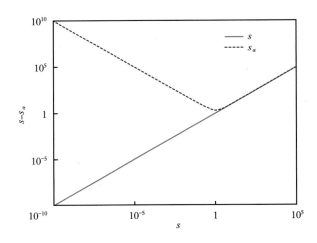

图 2-26　等效奇异值 s_α 随奇异值 s 的变化（$\alpha=1$）

s_α 先减小后增大，在 $s = \sqrt{\alpha}$ 处达到最小值 $s_{\alpha,\min} = 2\sqrt{\alpha}$。与截断奇异值方法舍弃小的奇异值不同，模平滑可以看作是一种"锥形奇异值"的特殊形式，这种锥形变化取决于正则化参数 α。这种锥形化处理使等效奇异值 s_α 被限制在大于最小值 $s_{\alpha,\min}$ 的数值范围内，抑制噪声可能造成的解振荡。

将 $s_{\alpha,1}$ 和 $s_{\alpha,\min}$ 分别替换公式中的 s_1 和 s_r，可得

$$\frac{s_{\alpha,1}}{s_{\alpha,\min}} = \frac{s_1 + \alpha / s_1}{2\sqrt{\alpha}} \approx \text{SNR} \qquad (2-35)$$

式中，SNR 为信噪比。

将满足式（2-35）的 α 作为满足要求的最优正则化参数 α_{opt}，可得

$$\alpha_{\text{opt}} = s_1^2 \left(\text{SNR} - \sqrt{\text{SNR}^2 - 1} \right)^2 \qquad (2-36)$$

与截断奇异值方法直接对奇异值截断不同，模平滑方法保留所有的奇异值，通过降低小的奇异值对解的贡献权重压制噪声的影响，相比截断奇异值方法具有更高的分辨率。

选取最优正则化参数 α_{opt} 至关重要，选取方法很多，包括偏差原理、广义交叉验证、S 曲线和 L 曲线方法等。相对广义交叉验证和 L 曲线方法，偏差原理和 S 曲线方法可以相对容易的执行快速的 α_{opt} 迭代搜索和自动终止操作。这大大提高了计算效率，避免对一些 α 执行不必要、耗时的反演。但偏差原理的反演结果并不稳定可靠，因而实际核磁共振测井数据处理常用 S 曲线方法选取 α_{opt}。

为了检验新 α 取值方法的有效性，本文分别通过数值模拟对其进行测试。为了测试方法的稳定性和有效性，首先构造一个孔隙度为 18pu 的双峰 T_2 谱模型，其 T_2 分布范围为 0.1~10000ms，布点 128 个；然后设置回波间隔为 0.9ms，合成 1666 个回波；最后施加不同噪声水平的高斯白噪声，获得不同信噪比的回波串数据。采用 S 曲线和新方法分别对回波串数据反演，分析数据压缩和信噪比对反演结果的影响。

（1）不同信噪比的影响。为了测试新方法对不同信噪比数据反演结果的有效性，将回波串压缩至 128 个数据后，分别采用 S 曲线和新方法对 SNR 分别为 72、36、18 和 9 的回波串反演，反演的 T_2 谱如图 2-27 所示。针对不同信噪比数据，S 曲线和新方法反演的 T_2 谱均具有一定差异，新方法都能获得相对较好的反演结果。

（2）数据压缩的影响。将回波串压缩至不同数据个数后，不同正则化参数选取方法可能导致反演的 T_2 谱不一致。为了测试新方法对数据个数的敏感性，将奇异值截断值设为 $S_{\max} \times 10^{-6}$，对回波串压缩后得到 20 个数据，其中 $S_{\max}$ 为奇异值的最大值。然后，设置奇异值截断个数分别将回波串压缩至 40、80 和 160 个数据。分别采用 S 曲线和新方法对压缩后的数据反演，反演结果如图 2-28 和图 2-29 所示。S 曲线方法对压缩后数据个数相对敏感，数据个数不同时，T_2 谱反演结果具有一定差异；而新方法对数据个数不敏感，T_2 谱反演结果非常稳定，不受影响。

（四）不同反演方法对比

分别采用截断奇异值分解法、改进的模平滑方法、曲率平滑方法和最大熵方法对

不同噪声水平的回波串数据反演，反演结果如图 2-30 示。模拟结果表明，最大熵方法和改进的模平滑方法具有相近的反演结果，优于曲率平滑方法的反演结果。在低信噪比［图 2-30（c）、（d）］时，截断奇异值分解法易将 T_2 谱双峰结构反演成单峰结构。

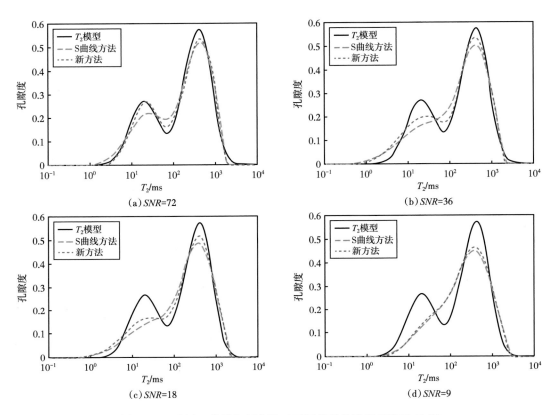

图 2-27　采用 S 曲线和新方法对不同信噪比数据反演的 T_2 谱

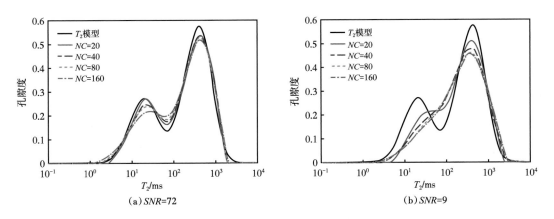

图 2-28　采用 S 曲线方法对压缩后数据反演的 T_2 谱

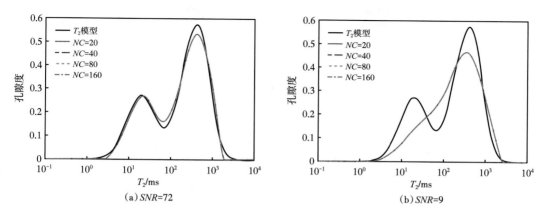

图 2-29　采用新方法对压缩后数据反演的 T_2 谱

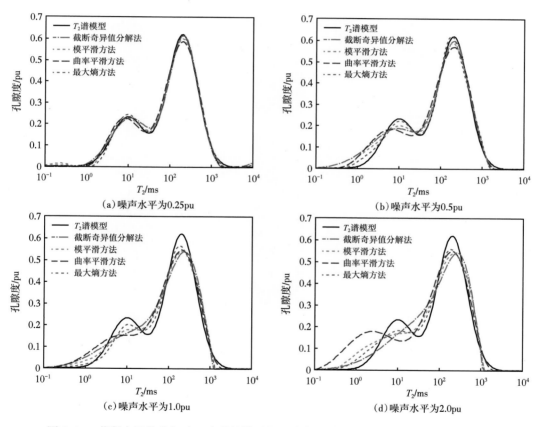

图 2-30　截断奇异值分解法、改进的模平滑、曲率平滑和最大熵方法的反演结果对比

图 2-31 给出了 I 油田某井不同反演方法的处理结果，其中第三道为 A 组回波串，第四道、第五道、第六道、第七道分别为截断奇异值分解法、模平滑方法、最大熵方法和改进的模平滑方法的反演结果，第九道为各反演方法计算的孔隙度。从图 2-31 可以看到，截断奇异值分解法的分辨率相对较低，整个层段的 T_2 谱成单峰形态，并且计算

的孔隙度相对偏低。模平滑方法和最大熵方法反演的 T_2 谱相近，的 T_2 谱分辨率比截断奇异值分解法高，孔隙度精度也有所提高。改进的模平滑方法反演结果的分辨率相比其他方法稍高，孔隙度与岩心孔隙度更接近。在同一台计算机上，对 1500 个深度点的核磁共振数据处理，截断奇异值分解法耗时 4.9 秒，模平滑方法耗时 4.7 秒，曲率平滑方法耗时 36.7 秒，最大熵方法耗时 161.2 秒，改进的模平滑方法具有最快的运算速度，只需耗时 0.9 秒。综合反演结果精度和速度，改进的模平滑方法相对其他反演方法更具优势。

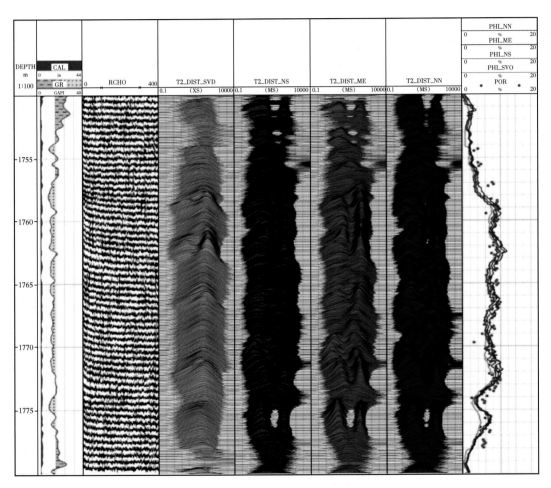

图 2-31　某井采用不同反演方法测井处理结果

二、基于核磁共振测井的孔隙度模型

核磁共振测井观测信号在零时刻的大小与岩石孔隙中的含氢总量成正比，可把零时刻的信号强度标定为岩石的孔隙度。同时，由于弛豫特性上的差异，不同孔径孔隙中的流体具有不同的弛豫时间，对应于 T_2 谱上的不同位置，图 2-32 是孔隙度解释模型，可以区分黏土束缚水、毛细管束缚水及可动流体等各部分。

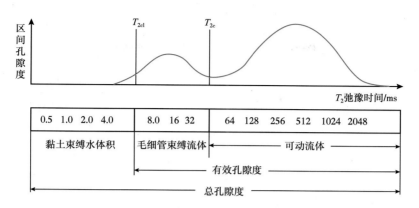

图 2-32　核磁共振测井孔隙度解释模型

核磁总孔隙度 ϕ_{m} 的计算公式为

$$\phi_{\mathrm{m}} = \int_{T_{2\mathrm{min}}}^{T_{2\mathrm{max}}} S(T_2) \mathrm{d}T_2 \tag{2-37}$$

式中，$T_{2\mathrm{min}}$ 为反演所布的最小点；$T_{2\mathrm{max}}$ 为反演所布的最大点；$S(T_2)$ 为对应的 T_2 谱幅度。

在核磁共振测井解释中，假定一个孔隙大小界限值，认为小于该值的所有孔隙中的流体被束缚状态的润湿相流体（一般为水）所充填，在储层压力条件下是不可能流动的，大于这个值的孔隙中的流体都是可动的。这样就把岩石孔隙分布分为束缚水孔隙和可动流体孔隙两部分。该值称为 T_2 截止值（$T_{2\mathrm{c}}$），是储层参数孔隙度解释中要用到的一个关键参数，一般要通过实验室确定。墨西哥湾地区砂岩地层的典型值是 33ms，碳酸盐地层的典型值是 92ms。于是，可动流体孔隙度可由下式计算：

$$\phi_{\mathrm{fm}} = \int_{T_{2\mathrm{c}}}^{T_{2\mathrm{max}}} S(T_2) \mathrm{d}T_2 \tag{2-38}$$

核磁共振测井不仅能够对总孔隙度进行观测，而且还能对束缚流体中的黏土束缚流体和毛细管束缚流体进行区分。只需在 T_2 谱上设定另一截止值 $T_{2\mathrm{cl}}$，$T_{2\mathrm{cl}}$ 通常取 3ms。于是，黏土流体孔隙度可以由下式计算：

$$\phi_{\mathrm{mcl}} = \int_{T_{2\mathrm{min}}}^{T_{2\mathrm{cl}}} S(T_2) \mathrm{d}T_2 \tag{2-39}$$

毛细管束缚流体孔隙度计算公式为

$$\phi_{\mathrm{mb}} = \int_{T_{2\mathrm{cl}}}^{T_{2\mathrm{c}}} S(T_2) \mathrm{d}T_2 \tag{2-40}$$

总孔隙中去除黏土束缚水部分的孔隙度称为有效孔隙度，核磁共振测井计算的有效孔隙度的公式为

$$\phi_{\mathrm{me}} = \phi_{\mathrm{mf}} + \phi_{\mathrm{mb}} \tag{2-41}$$

三、基于不同孔喉体系的核磁渗透率模型

通常认为，岩石的渗透率大小主要取决于其有效孔隙度，即渗透率受岩石骨架颗粒大

小、粒径分布（分选）、排列方向、颗粒充填方式及固结和胶结程度等因素影响。对于常规储层，渗透率与有效孔隙度一般具有较好的相关性；但在复杂岩性储层中，经常出现孔隙度基本一致，其渗透率有数量级上的差别。

（一）核磁共振渗透率的经典模型

1.Coates 模型

最常用的 Coates 模型是基于可动流体体积与束缚水体积的比值来实现的，形式如下：

$$K_{Coates} = \left(\frac{\phi_T}{C_1}\right)^4 \left(\frac{FFI}{BVI}\right)^2 \tag{2-42}$$

式中，FFI 为可动流体的体积，%；BVI 为束缚水体积，%；ϕ_T 为核磁共振总孔隙度；C_1 为地区的经验系数，无量纲，可由岩样实验室核磁共振测量确定。

Coates 模型是由 Coates 在 1991 年提出的，该模型利用核磁共振总孔隙度、可动流体体积以及束缚水体积三者来确定岩石的渗透率，所以，能否准确地确定束缚水体积是该模型能否准确应用的关键。在准确地计算这两者体积的前提下，该模型是核磁共振测井计算渗透率最常用的模型。但是当孔隙中含有轻质油气时，要对束缚水体积和可动流体体积进行油气校正。

2.SDR 模型

Kenyon 等于 1988 年在大量的饱和水岩样核磁共振实验室测量的基础上，提出基于 T_2 几何平均值和束缚水孔隙度的 SDR 渗透率计算模型：

$$K_{SDR} = C_2 \left(\frac{\phi_T}{100}\right)^4 T_{2GM}^2 \tag{2-43}$$

式中，ϕ_T 为核磁共振总孔隙度；T_{2GM} 为 T_2 谱的几何平均值，ms；C_2 为地区经验系数，无量纲，可由岩样实验室核磁共振测量确定。

根据 SDR 模型在核磁共振测井中的大量使用，该模型在仅含水的储层中具有较好的应用效果；当储层中含有油气时，油气会使得 T_2 谱分布的几何平均值发生变化，在这种情况下，SDR 模型估算的渗透率是不可靠的；当储层为含气储层时，相较于冲洗带，原状地层的 T_2 几何平均值太低，造成估算的渗透率小于实际地层的渗透率。

3. SDR-REV 模型

SDR-REV 模型是在 SDR 模型基础上后人经过改进形成的：

$$K_{SDR-REV} = C_3 \left(\frac{\phi_T}{100}\right)^m T_{2GM}^n \tag{2-44}$$

式中，C_3、m、n 为地区经验系数，无量纲，可由核磁共振实验室测量获得。

该模型也存在 SDR 模型中存在的问题，但是由于引入了 m、n 两个参量，使得该公式相较于原来的模型具有更大的灵活性，能够更好地估算渗透率。

以 I 油田为例，图 2-33 是 SDR 模型和 Coates 模型计算的渗透率与岩心渗透率的交会图，从图中可以看出，这两个模型的计算误差较大。仅用 SDR 模型或是 Coates 模型均无法精确表征其孔隙结构复杂程度，局限性在于它们对复杂储层 T_2 分布所反映的孔隙结构及孔喉分布特征无法精确表征。

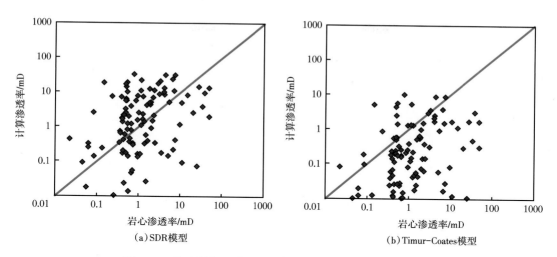

（a）SDR模型　　　　　　　　　　　（b）Timur-Coates模型

图 2-33　核磁共振经典模型计算渗透率与岩心渗透率交会图

（二）渗透率的控制因素分析

基于薄片和压汞实验，表明孔隙结构对渗透率有控制作用储层渗透率受孔隙结构控制，为了分析目的层的孔隙结构，对来自 6 口井的 78 块岩心做了压汞测量，其孔喉分布如图 2-34 所示。由图中可知，岩心孔喉半径分布在 0.01~100μm 之间，具有很宽的变化范围。图 2-35 为 4 块孔隙度类似，渗透率差异的孔喉分布及渗透率贡献对比图。由图中可知，大孔喉对渗透率起到决定性的作用，孔喉半径小于 0.2μm 的孔喉对渗透率的贡献可以忽略。因此，将岩样的孔喉划分成微孔喉、细孔喉、中孔喉和粗孔喉，分别对应小于 0.2μm、0.2~1.0μm、1.0~4.0μm 和大于 4.0μm 的孔喉半径范围。

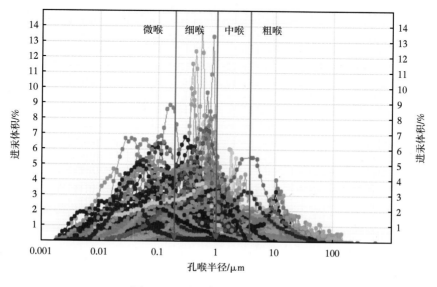

图 2-34　压汞实验岩心孔喉分布

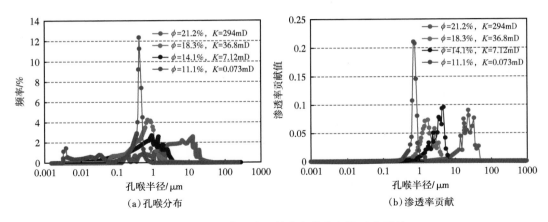

（a）孔喉分布 （b）渗透率贡献

图 2-35　四块典型岩心的孔喉分布和渗透率贡献

基于上述分析，要想准确评价该地区渗透率，必须对储层孔隙结构及孔喉分布特征进行更加准确的表征，以便更精确地表征不同尺寸分布孔隙及喉道对渗透率的贡献，提高渗透率评价效果。

孔隙度和孔隙结构对渗透率的控制，主要是孔喉的大小及其占比。连通孔喉较粗且占比较高，则对应的渗透率较大；连通孔喉较细且占比较高，则对应的渗透率较小。不同喉道对渗透率的贡献可由式（2-45）计算得到

$$\Delta K_i = \frac{r_i^2 \alpha_i}{\sum r_i^2 \alpha_i} \qquad (2\text{-}45)$$

式中，ΔK_i 为第 i 个区间的渗透率贡献值，%；r_i 为孔喉半径，μm；α_i 为第 i 个区间的孔喉半径频率，%。

从压汞实验的毛细管压力曲线中可以看出，不同压力区间的进汞量，代表某一个互相连通的、孔喉大小相近的同一孔喉体系的孔隙体积，岩样达到最大进汞饱和度时的进汞量，则代表了该岩样所有孔喉体系的总体积。对每块岩样，应用它的累计进汞饱和度和累计渗透率贡献值都可做出分布曲线，对于同一类孔喉体系，其累计进汞饱和度曲线与累计渗透率贡献曲线都应为一条近似的直线段。从图 2-36 可以看出，某岩样累计进汞饱和度曲线及累计渗透率贡献曲线由 4 条线段组成，说明该岩样的孔隙空间由 4 类不同的孔喉体系组成。

图 2-37 为同一块岩样核磁共振测井资料得到的累计毛细管压力曲线及累计渗透率贡献曲线。与图 2-36 中压汞资料得到的毛细管压力曲线类似，利用核磁共振测井资料得到的伪毛细管压力曲线也由 4 条线段组成，即反映出 4 类不同的孔喉体系，与压汞毛细管压力曲线有较好的对应关系，即毛细管压力曲线的每一类直线段区间与视毛细管压力曲线的每一类直线段区间反应的是该岩样的同一孔喉体系，证明孔隙半径与横向弛豫时间有很好的对应关系，即每一类孔喉体系的孔隙半径区间对应着横向弛豫时间区间。可以通过上述方法确定研究区储层孔隙空间主要由哪几类孔喉体系组成以及每一类孔喉体系对应的孔喉半径区间和横向弛豫时间区间。

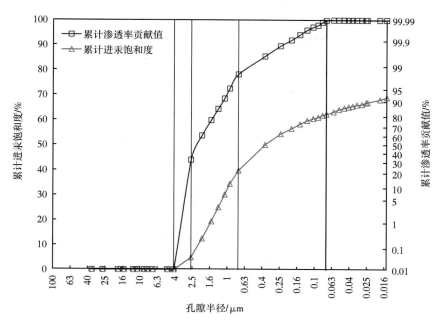

图 2-36 毛细管压力曲线及渗透率贡献曲线图

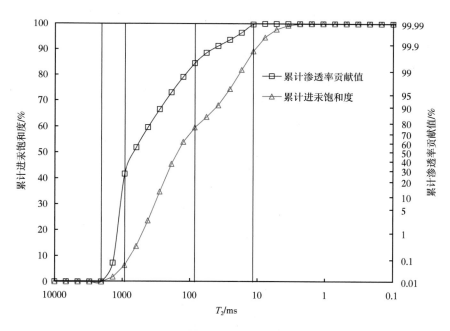

图 2-37 视毛细管压力曲线及渗透率贡献曲线

（三）基于孔喉比的 T_2 谱转换视毛细管压力曲线

采用 T_2 谱转换毛细管压力曲线是测井评价孔隙结构参数最常用的手段。

岩石孔隙中，流体包含三种不同的横向弛豫机制，即自由体弛豫、表面弛豫和扩散弛豫，有以下关系：

$$\frac{1}{T_2} = \frac{1}{T_{2,B}} + \frac{1}{T_{2,s}} + \frac{1}{T_{2,D}} \tag{2-46}$$

式中，$T_{2,B}$ 表示横向体弛豫时间；$T_{2,s}$ 表示横向表面弛豫时间；$T_{2,D}$ 表示扩散弛豫时间。通常情况下 $T_{2,B}$ 和 $T_{2,D}$ 都大于 2 秒，并且满足快扩散条件（$\rho_2 a / D \ll 1$），所以

$$\frac{1}{T_2} \approx \frac{1}{T_{2,s}} \approx \rho_2 \frac{S}{V} \tag{2-47}$$

式中，ρ_2 为横向表面弛豫强度，a 视为孔隙系统特征尺寸，D 为扩散系数，$\frac{S}{V}$ 为孔隙的表面积与体积之比。对于简单形状的孔隙而言，$\frac{S}{V}$ 与孔隙尺寸有关。

因此，T_2 与孔隙半径 R_p 的关系可用下式近似表示：

$$\frac{1}{T_2} \approx \rho_2 \frac{S}{V} \approx \rho_2 \frac{c}{R_p} \tag{2-48}$$

式中，ρ_2 与 c（与孔隙形状有关）均为常数。

毛细管压力表达式为

$$P_c = \frac{2\sigma \cos\theta}{R_t} \tag{2-49}$$

其中，表面张力 σ 与接触角 θ 均为常数，R_t 是孔喉半径，有

$$P_c = \frac{1}{T_2} \cdot \frac{2\sigma \cos\theta}{\rho_2 c} \cdot \frac{R_p}{R_t} = constant \cdot \frac{R_p}{T_2} \cdot \frac{R_p}{R_t} \tag{2-50}$$

传统方法采用线性关系转换两者之间的关系：

$$P_c = \frac{C}{T_2} \tag{2-51}$$

通过岩心测量的 T_2 谱与毛细管压力曲线拟合刻度得到 $C = 20000$。然而，如图 2-38 所示，根据传统方法采用 T_2 谱预测的 P_c 曲线与实际测量的 P_c 曲线误差很大。由式（2-50）可知，主要原因在于，传统方法假定储层中孔隙与喉道半径的比值为一个常数，但在复杂储层中这种假设明显不合理。

在储层孔隙中，由于 $\frac{R_p}{R_t} \geqslant 1$，则可将式（2-50）重新写成如下形式：

$$P_c = \frac{constant}{T_2} \cdot \frac{R_p}{R_t} = \frac{E}{T_2^D}(1+S) \tag{2-52}$$

由于 $S \geqslant 0$ 随着孔隙大小（即 T_2）变化，采用如下公式：

$$S = \frac{A}{(BT_2 + 1)^C} \tag{2-53}$$

最终可得到如下形式的视毛细管压力转换公式：

$$P_c = \frac{E}{T_2{}^D}\left[1 + \frac{A}{(BT_2+1)^C}\right]$$ （2-54）

式中，A、B、C、D 和 E 均为常数。通过岩心实验刻度，A、B、C、D 和 E 分别为 1000、1、1、1 和 10000。新方法通过引入变孔喉比函数解决复杂储层孔喉比可变的问题，变孔喉比方法相比传统方法具有更好的普适性，转换精度更高，预测的 P_c 曲线与测量值吻合很好（图 2-38）。

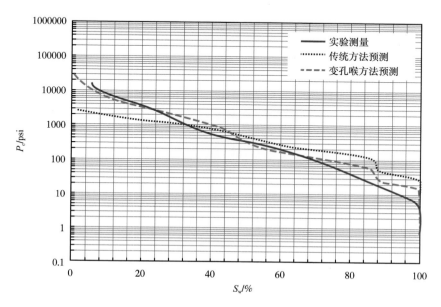

图 2-38　传统方法与新方法预测的 P_c 曲线与实验结果对比

（四）基于不同孔喉体系的渗透率模型

基于核磁共振测井转换后的视毛细管压力曲线，确定不同孔喉体系对应的 T_2 值，其中粗喉、中喉、细喉、微喉对应的 T_2 值分别为 763ms、139ms、38ms 和小于 38ms。

基于前面对孔喉体系的划分，将横向弛豫时间划分为四个区间，记这四个孔喉体系的核磁共振区间孔隙度分别为 P_1、P_2、P_3 及 P_4。分析各个核磁共振区间孔隙度对渗透率的贡献，如图 2-39 所示。从图中可以看出，P_1、P_2、P_3 与渗透率之间都无明显的相关性，而在图 2-39（d）中，随着 P_4 的增大，渗透率也随之增大，这说明 P_4 与渗透率有着良好的正相关关系，而第Ⅳ类孔喉体系对应的核磁共振区间孔隙度是横向弛豫时间大于 763ms 的区间孔隙度，由核磁共振测井原理可知，低横向弛豫时间处的孔隙度对应的是小孔隙的孔隙度，高横向弛豫时间处的孔隙度对应的是大孔隙的孔隙度。因此，第Ⅳ类孔喉体系对应的核磁共振区间孔隙度是这四类孔喉体系对应的核磁共振区间孔隙度里面最大的孔隙的区间孔隙度，这也反映出了地层中的大孔隙对渗透率的贡献是占主导地位的。所以，在构建新的渗透率评价模型时，反映大孔隙的核磁共振区间孔隙度 P_4 是必不可少的参数之一。

通过孔喉体系得到的界限计算区间孔隙度。孔喉体系越好，区间孔隙度与渗透率的关系越明显，大孔喉对应的区间孔隙度与渗透率正相关。

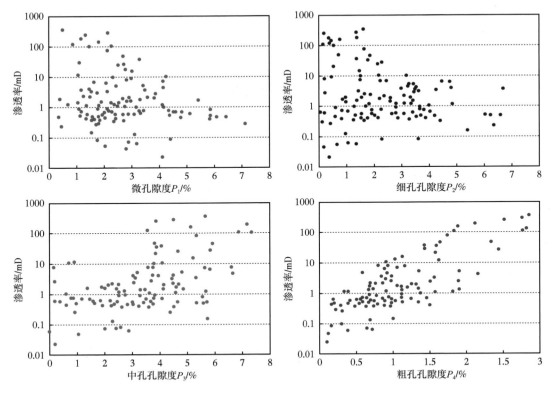

图 2-39　各个核磁共振区间孔隙度对渗透率的贡献

　　在构建新的核磁共振渗透率测井评价模型时，仅仅考虑孔隙类型对渗透率的贡献是不够的，还要考虑孔隙结构对渗透率的影响。利用压汞资料可以计算得到分选系数，最大孔喉半径、中值半径等反映储层孔隙结构的参数，但是，压汞法仅仅是测得了地层中少量的点，无法得到连续地层的孔隙结构参数。有专家学者提出结合压汞实验资料与核磁共振测井资料构建伪毛细管压力曲线，进而得到连续地层的孔隙结构参数。此类方法虽然可行，但是在利用核磁共振测井资料构建伪毛细管压力曲线的过程中，会存在一定的误差，然后在利用伪毛细管压力曲线计算孔隙结构参数的过程中，又会出现误差，即会产生二次误差，使得计算效果比预期的大大降低，达不到理想的效果。本研究提出一个直接利用核磁共振测井资料计算出的能反映孔隙结构的参数，此参数与岩心渗透率相关性良好，可准确评价储层渗透率，减小误差。

　　T_2 谱可以反映地层不同孔隙类型的特征以及孔喉分布的特征，即核磁共振测井 T_2 谱能反映出储层的孔隙结构特征。提出一个新的孔隙结构参数——最大谱面积 NR，其计算公如下：

$$NR = \frac{1}{2} \times \left(P_1 G_1 + P_2 G_2 + P_3 G_3 + P_4 G_4 \right) \tag{2-55}$$

$$G_i = \frac{D_{i-1} + D_i}{2} \tag{2-56}$$

式中，P_1、P_2、P_3以及P_4分别为Ⅰ至Ⅳ类孔喉体系对应的核磁共振区间孔隙度，%；G_1、G_2、G_3、G_4分别为Ⅰ至Ⅳ类孔喉体系对应核磁共振区间的横向弛豫时间中值，ms；D_i为第$i-1$个孔喉体系与第i的孔喉体系的拐点横向弛豫时间，ms。

计算出岩心对应深度点的最大谱面积（NR），将其与岩心渗透率建立关系（图2-40）。从图中可以看出，渗透率与最大谱面积有良好相关性，随着最大谱面积的增大，渗透率也逐渐增大，相关系数R^2达到了0.85。

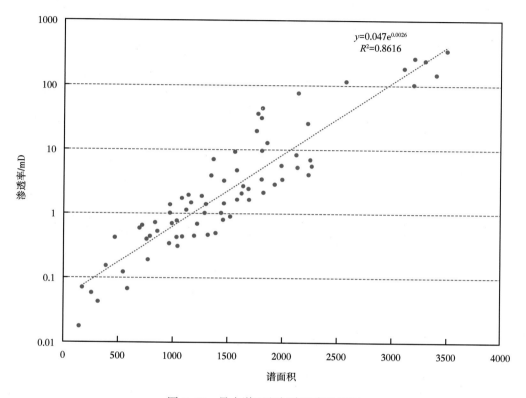

图2-40 最大谱面积与渗透率关系图

优选区间孔隙度P_4与最大谱面积，提出一个既考虑孔隙度又考虑孔隙结构的渗透率预测新模型：

$$K = mP_4^n NR^c \qquad (2-57)$$

式中，m、n、c为拟合常数，无量纲，此模型所用参数分别1.2×10^{-7}、0.128、2.291；K为渗透率，mD；P_4为第Ⅳ类孔喉体系对应的核磁共振区间孔隙度，%；NR为最大谱面积，ms。

将基于不同孔喉体系的渗透率模型在Ⅰ油田某井进行应用，第九道和第十道为计算渗透率与岩心分析渗透率的对比，其中红色线为基于不同孔喉体系计算储层渗透率，与岩心分析渗透率吻合较好（图2-41），证实了渗透率计算方法的准确性。图2-42为新模型计算渗透率与岩心渗透率的对比图，渗透率相对误差为20.6%。该结果与图2-33相对比，其精度提高了30.6%，表明新模型对渗透率的预测效果良好。

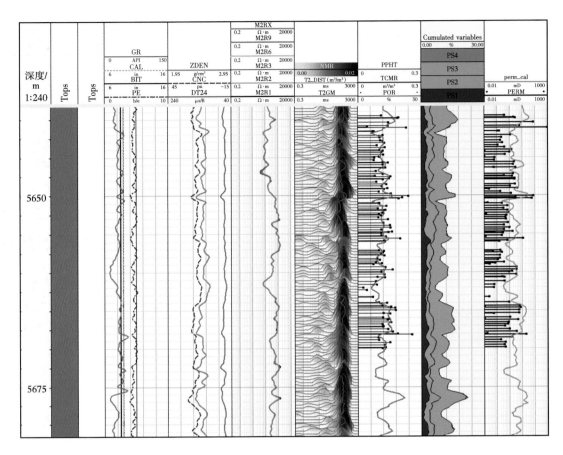

图 2-41　某井渗透率处理成果图

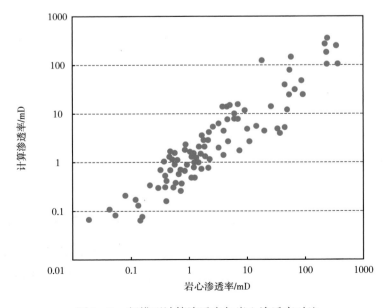

图 2-42　新模型计算渗透率与岩心渗透率对比

第三节　基于孔隙结构的含油饱和度模型

大量实际资料表明，从毛细管压力曲线形态可以定性分析储层岩石孔隙结构特征，这是因为毛细管压力曲线的形态主要受到孔喉的分选性、孔喉体积比两个因素的控制。孔喉分选性指孔喉大小分布的均一程度，孔喉大小分布越集中，则表明其分选性越好，在毛细管压力曲线上就会出现一个近于水平的"平台"，而当孔喉分选较差时，毛细管压力曲线就是倾斜的。当孔喉体积比较小时，进汞曲线和退汞曲线所围的面积就越小，退出效率就越低，反之亦然。

一、基于 J 函数分类的含油气饱和度模型

本次研究在定性基础上进行定量研究，因此参考毛细管压力曲线形态特征，将 I 油田 BVE 储层划分为以下四种类型：

（1）I 类毛细管压力曲线。I 类毛细管压力为高进汞饱和度—中等排驱压力型毛细管压力曲线，代表着孔隙结构最好的储层。孔隙度大于 11%，渗透率大于 20mD。该类毛细管压力曲线位于坐标的左下部，总体上表现为中等排驱压力（小于 100psi❶）、高进汞饱和度（大于 95%），具有明显的平台段与双拐点，中值压力小于 300psi，平均孔喉半径大于 8μm（图 2-43）。I 类毛细管压力曲线反映储层孔隙结构好，储集空间类型以粒间孔为主，岩石粒度相对较粗，分选好，连通性好，孔喉分布均匀，储集性能好，主要集中在礁相。

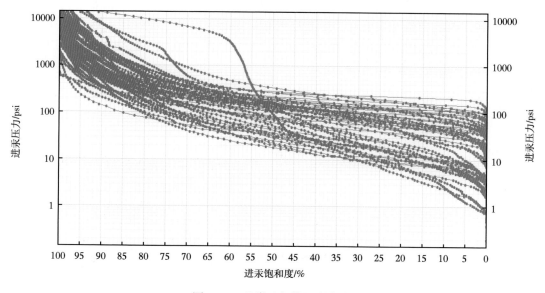

图 2-43　I 类毛细管压力曲线

（2）II 类毛细管压力曲线。II 类毛细管压力为中、高进汞饱和度—中排驱压力型毛细管压力曲线，孔隙度为 12%~20%，渗透率 2~12mD。该类毛细管压力曲线位于坐标的中—

❶ 1psi≈0.0069MPa。

下部，总体上表现为中等排驱压力（介于 50~300psi 之间）、中值压力为 120~300psi，呈斜坡形（图 2-44）。Ⅱ类毛细管压力曲线反映储层孔隙结构相对较好，岩石粒度相对较粗，分选性中等，连通状况中等，储集性能中等。

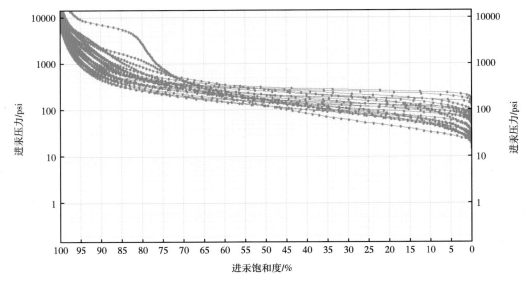

图 2-44　Ⅱ类毛细管压力曲线

（3）Ⅲ类毛细管压力曲线。Ⅲ类毛细管压力为中低进汞饱和度—中高排驱压力型毛细管压力曲线，孔隙度为 8%~18%，渗透率为 0.5~3mD。该类毛细管压力曲线位于坐标的中—上部，呈斜坡形（图 2-45）。Ⅲ类毛细管压力曲线反映储层孔隙结构较差，分选性相对较差，连通性较差，储集性能较差。

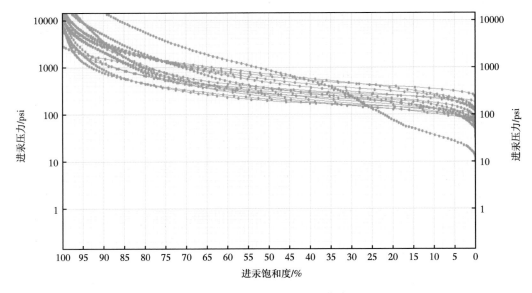

图 2-45　Ⅲ类毛细管压力曲线

（4）Ⅳ类毛细管压力曲线。Ⅳ类毛细管压力为低进汞饱和度—高排驱压力型毛细管压力曲线，孔隙度小于6.5%，渗透率小于0.5mD。该类毛细管压力曲线位于坐标的右—上部，总体上表现为高排驱压力（大于500psi），呈斜坡形或上凸型（图2-46）。Ⅳ类毛细管压力曲线反映储层孔隙结构极差，分选性差，孔喉分布不均匀，连通性差，储集性能很差，基本为非储层。

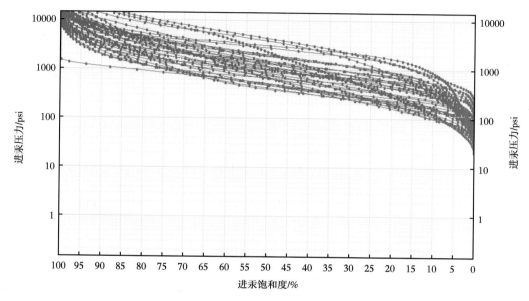

图 2-46　Ⅳ类毛细管压力曲线

为了实现不同孔隙结构的定量分类，筛选孔隙结构分类的敏感参数。如图2-47所示，基于22种不同孔喉半径的对比，优选分选系数 S_p、中值半径 R_{50}、半径均值 D_M 作为最能反映孔隙结构的参数。

结合宏观参数渗透率，结合微观孔隙结构参数分选系数 S_p、中值半径 R_{50}、半径均值 D_M，构建孔隙结构分类指数 FF 进行孔隙结构分类，分类效果如图2-48所示，分类指数 FF 定义如下：

$$FF = \left(K \cdot S_p \cdot R_{50} \cdot D_M \right)^{0.2} \tag{2-58}$$

式中，FF 为孔隙结构分类指数。

基于分类的毛细管压力曲线，分类确定 J 函数，见式（2-56），对不同孔隙结构类别的 J 函数求均值，即可得到不同孔隙结构的平均 J 函数曲线，如图2-49所示。表2-20为不同孔隙结构的饱和度模型，结合含油高度，即可确定含油气饱和度为

$$J = \frac{31.62 P_c \sqrt{K/\phi}}{\sigma \cos \theta} \tag{2-59}$$

式中，P_c 为毛细管压力，MPa；K 为渗透率，mD；ϕ 为孔隙度。

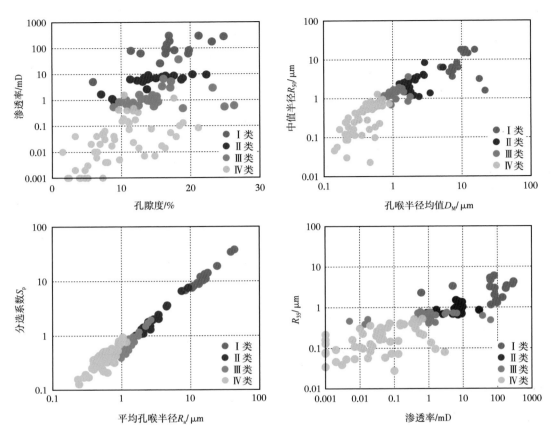

图 2-47 不同孔隙结构参数交会图

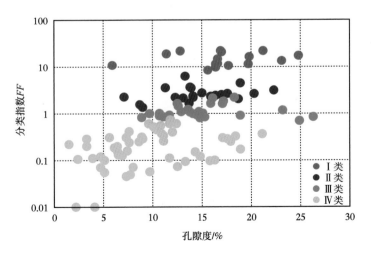

图 2-48 不同孔隙结构分类交会图

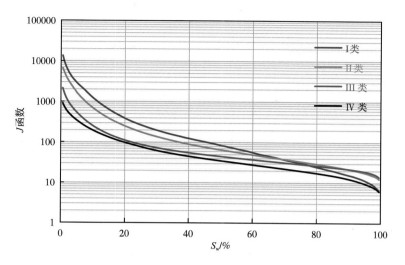

图 2-49 不同孔隙结构的平均 J 函数曲线

表 2-20 不同孔隙结构的饱和度模型

孔隙结构类别	J 函数回归关系	相关关系
I 类	$J=43896 \times S_w^{-1.661}$	0.971
II 类	$J=14043 \times S_w^{-1.391}$	0.987
III 类	$J=2459.8 \times S_w^{-1.032}$	0.995
IV 类	$J=1931.8 \times S_w^{-1.059}$	0.970

二、基于核磁共振体积模型的含油气饱和度模型

利用核磁共振测井定量评价含油气饱和度,前人主要基于哈里伯顿 TDA 与 DIFAN 定量评价含烃饱和度的解剖分析,提出与发展了根据烃与水的 T_1 差异、根据烃与水的 T_2 差异以及根据双 TE 测井的估算含烃饱和度的方法。本次主要采用体积模型法确定含油气饱和度。

对于 T_2 分布,对数平均值 T_{2LM} 由式(2-60)计算:

$$\ln T_{2LM} = \frac{\sum_{i=1}^{m} P_i \ln T_{2i}}{\sum_{i=1}^{m} P_i} \tag{2-60}$$

式中,P_i 为 i 时刻的孔隙组分;T_{2i} 为 i 时刻的横向弛豫时间,ms;m 为孔隙组分个数,无量纲。

对于包含有烃、水两相流体的自由流体信号,式(2-60)可以写成烃、水两相分开之和的平均,即

$$\ln T_{2\text{LM}} = \frac{\sum_{i=1}^{m} P_{ih} \ln T_{2ih} + \sum_{i=1}^{m} P_{iw} \ln T_{2iw}}{\sum_{i=1}^{m} P_i} \qquad (2\text{-}61)$$

式中，P_{ih} 为 i 时刻的烃相的孔隙组分；P_{iw} 为 i 时刻的水相的孔隙组分；T_{2iw} 为 i 时刻的油相横向弛豫时间，ms；T_{2iw} 为 i 时刻的水相横向弛豫时间，ms。

通过是核磁共振实验已经证实，自由水的 T_2 分布是比较陡的单峰分布，轻质油也是单峰分布。因而上述公式可以等效为油峰与水峰两种弛豫成分体积模型组成：

$$\ln T_{2\text{LM}} = S_{\text{of}} * \ln T_{2\text{o}} + (1 - S_{\text{of}}) \ln T_{2\text{W}} \qquad (2\text{-}62)$$

式中，S_{of} 是两相流体中烃的占比。

对于地层，需要考虑岩石表面弛豫的影响。在 T_2 分布可动孔隙部分，岩石影响比较小，表面弛豫作用于烃水可看成相同的，因而须用可动流体的 $T_{2\text{LM}}$ 曲线确定可动流体中烃的含量 S_{of}。

添加束缚水饱和度校正项则可得核磁共振含烃饱和度：

$$S_{\text{o}} = S_{\text{of}} * PMF / (PMF + PMB) \qquad (2\text{-}63)$$

式中，PMF 为可动流体孔隙度；PMB 为束缚流体孔隙度。

该方法可以应用于不同模式下的标准 T_2 分布上，$T_{2\text{o}}$ 与 $T_{2\text{w}}$ 可在 T_2 分布上较易确定，因而操作比分割法（图 2-50）简单有效。该体积模型可应用于 T_2 分布或二维图上可得到水谱与烃谱（图 2-51，表 2-21）。

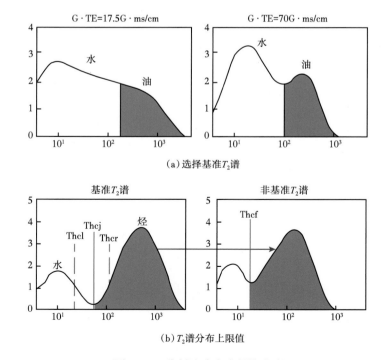

图 2-50　分割法确定含烃饱和度

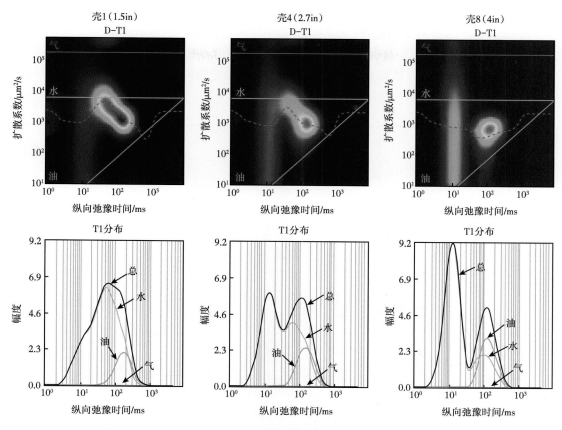

图 2-51　体积模型确定油水谱

表 2-21　体积模型解释的油藏参数

类别	参数	壳 1	壳 4	壳 8
体积（m³/m³）	水	0.0229	0.221	0.211
	束缚水	0.121	0.144	0.17
	自由水	0.108	0.077	0.041
	油	0.04	0.049	0.059
	气	0	0	0
	总	0.259	0.269	0.27
饱和度（m³/m³）	水	0.851	0.819	0.782
	油	0.149	0.181	0.218
	气	0	0	0
渗透率 /mD	Timur/Coates	77.78	39.981	18.588
	SDR	55.95	33.32	17.839
黏度 /（Pa·s）	原油黏度	0.0162	0.0188	0.0211

图 2-52 是体积模型确定的含水饱和度成果图，其中第 5 道为标准 T_2 谱，第 7 道为基于孔隙结构分类的含油气饱和度（SHY1）、基于核磁共振体积模型的含油气饱和度（Sw_nmr）与基于电性计算的含油气饱和度对比（Sw_res），可以看出 SHY1 与 Sw_nmr 基本一致。关于含油气饱和度，依据井况、测井曲线质量等确定饱和度计算方法，并综合多种饱和度计算方法综合确定饱和度。

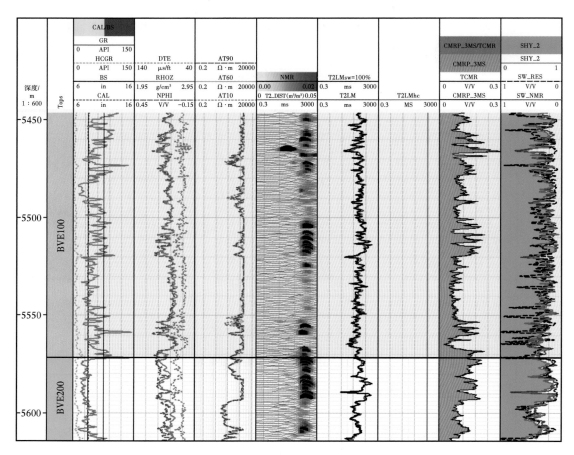

图 2-52　饱和度模型应用成果图

参 考 文 献

[1] 胡瑶，李军，苏俊磊.用地球物理测井方法识别碳酸盐岩储集层的岩性及孔隙结构：以巴西深海 J 油田案例 [J].地球物理学进展，2020，35（2）：735-742.

[2] 张德民，段太忠，张忠民，等.湖相微生物碳酸盐岩沉积相模式研究：以桑托斯盆地 A 油田为例 [J].西北大学学报（自然科学版），2018，48（3）：413-422.

[3] 张波.一种改进 ID3 算法及其在高校党员发展中的应用 [J].电脑与信息技术，2019，27（2）：41-44.

[4] 杜春蕾，张雪英，李凤莲.改进的 CART 算法在煤层底板突水预测中的应用 [J].工矿自动化，2014，40（12）：52-56.

［5］王茵，郭红钰．基于 CART 的社区矫正人员危险性评估［J］．计算机与现代化，2018（8）：73-78.

［6］唐立，李六杏．基于改进 CART 算法的 M-learning 过程中知识掌握程度预测［J］．韶关学院学报，2018，39（9）：26-31.

［7］Han J，Mao K，Xu T，et al. A Soil Moisture Estimation Framework Based on the CART Algorithm and Its Application in China［J］.Journal of Hydrology，2018，25（2）：31-34.

［8］Hamze-Ziabari S M，Bakhshpoori T. Improving the prediction of ground motion parameters based on an efficient bagging ensemble model of M5' and CART algorithms［J］. Applied Soft Computing，2018，68：56-70.

［9］Cheng R，Chen D，Gai W，et al. Intelligent driving methods based on sparse LSSVM and ensemble CART algorithms for high-speed trains［J］. Computers & Industrial Engineering，2018，227（5）：102-106.

［10］Bergen K J，Johnson P A，DeHoop M V，et al.Machine learning for data-driven discovery in solid earth geoscience［J］. Science，2019，363（6433）：1-10.

［11］Lecun Y，Bengio Y，Hinton G. Deep learning［J］. Nature，2015，521（7553）：436-444

［12］尤舒亚·本吉奥．人工智能中的深度结构学习［M］．俞凯译．北京：机械工业出版社，2017.

［13］Amaefule J O，Altunbay M，Tiab D，et al. Enhanced Reservoir Description：Using Core and Log Data to Identify Hydraulic（Flow）Units and Predict Permeability in Uncored Intervals/Wells［C］. paper SPE 26436 presented at the 68th Annual Technical Conference and Exhibition of the Society of Petroleum Engineers，Houston，Texas，1993.

［14］王瑞飞，宋子齐，等．流动单元划分及在地质中的应用［J］．测井技术．2003，27（6）：481－485.

［15］王为民．核磁共振岩石物理研究及其在石油工业中的应用［D］．武汉：中国科学院，2001.

［16］谭学群，廉培庆，张俊法．基于岩石类型的碳酸盐岩油藏描述方法［M］．东营：中国石油大学出版社，2016.

［17］肖立志．核磁共振成像测井与岩石核磁共振及其应用［M］．北京：科学出版社，1998.

［18］Dunn K J，LaTorraca G A. The inversion of NMR log data sets with different measurement errors［J］. Journal of Magnetic Resonance，1999，140（1）：153-161.

［19］王为民，李培，叶朝辉．核磁共振弛豫信号的多指数反演［J］．中国科学（A 辑），2001，31（8）：730-736.

［20］苏俊磊，孙建孟，张守伟．核磁共振弛豫信号的多指数反演及应用［J］．石油天然气学报，2010，32（6）：87-91.

［21］廖广志，肖立志，谢然红，等．孔隙介质核磁共振弛豫测量多指数反演影响因素研究［J］．地球物理学报，2007，50（3）：932-938.

［22］Salazar-Tio R，Sun B Q.Monte Carlo optimization-inversion methods for NMR［C］. SPWLA 50th Annual Logging Symposium，The Woodlands，Texas，2009.

［23］姜瑞忠，姚彦平，苗盛，等．核磁共振 T2 谱奇异值分解反演改进算法［J］．石油学报，2005，26（6）：57-59.

第三章　复杂油气藏地球物理预测技术

从油气资源勘探、开发与生产的需求和地震工业界的发展方向来看，从叠后走向叠前、从声波走向弹性波、从三维走向四维是地震预测技术发展的大趋势，但目前实际生产应用仍主要围绕叠后资料、纵波数据开展工作。本章将围绕复杂油气藏建模需求，针对油藏参数预测过程中存在的地震处理、解释问题，从弹性域地震处理和解释、油藏开发动态监测两个主要方面介绍新方法和新技术，为后续油藏建模提供关键输入参数，为开发方案调整提供可靠依据。

第一节　弹性域油藏描述技术

复杂碳酸盐岩油气藏的特点之一是具有较强的非均质性，如何定量描述储层参数，精准预测流体性质，是复杂碳酸盐岩油气田开发的重要难点。针对地震数据信噪比低、储层流体预测多解性强的问题，本节将以叠前道集为数据基础，结合岩石物理分析，综合时间域、频率域以及统计学反演方法开展断裂、孔隙度、流体预测研究，为油藏分析提供支撑。

一、基于 DEM-Gassmann 理论的岩石物理分析技术

岩石物理是连接地震与储层特性的"桥梁"，是实现叠前定量储层预测的基本工具。岩心观察数据显示，研究层段岩石矿物成分、孔隙特征复杂，主要发育有生物成因的微生物灰岩以及机械成因的生物碎屑灰岩两种岩石类型[1,2]，其中矿物成分主要包含白云石、方沸石、砂岩矿物（石英与长石）和黏土矿物四种组分。目的层段内发育孔隙包括三类，即砂质类、碳酸盐岩类以及泥质类孔隙。其中，砂质类孔隙多为砂质颗粒间的粒间孔，以球体等刚性孔隙类型为主，以硬币状裂缝等柔性孔隙类型为辅；碳酸盐岩类孔隙则多表现为溶蚀成因的孔缝；泥质类孔隙多以裂缝及微裂隙等形式存在。

综合上述岩石矿物、孔隙特征，优选了可以有效描述多矿物、多孔隙类型的 DEM-Gassmann 模型[3]。计算过程如图 3-1 所示，首先利用 Voigt-Reuss-Hill 边界方程求取混合矿物的弹性模量，然后利用 DEM 以及 Berryman 方程求取岩石骨架模量，基于 Wood 方程计算混合流体模量，最后基于 Biot-Gassmann 方程计算饱和流体岩石模量。

为了验证该模型对于研究区的有效性，本研究将优选的模型与多种传统岩石物理模型（KT、Gassmann、Xu-White 模型）进行了对比测试。以研究区典型井 Well1 为例，不同岩石物理模型预测的声波时差预测结果对比如图 3-2 所示，从图中可见，相对于其他岩石物理模型，DEM-Gassmann 模型预测的结果和实测资料最为吻合，验证了该模型对目的储层岩石物理分析的适用性。

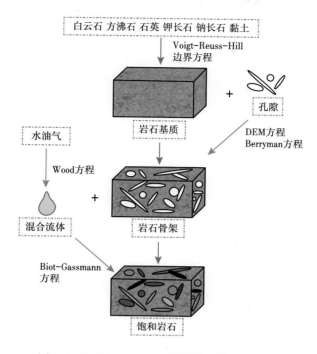

图 3-1 DEM-Gassmann 岩石物理模型示意图

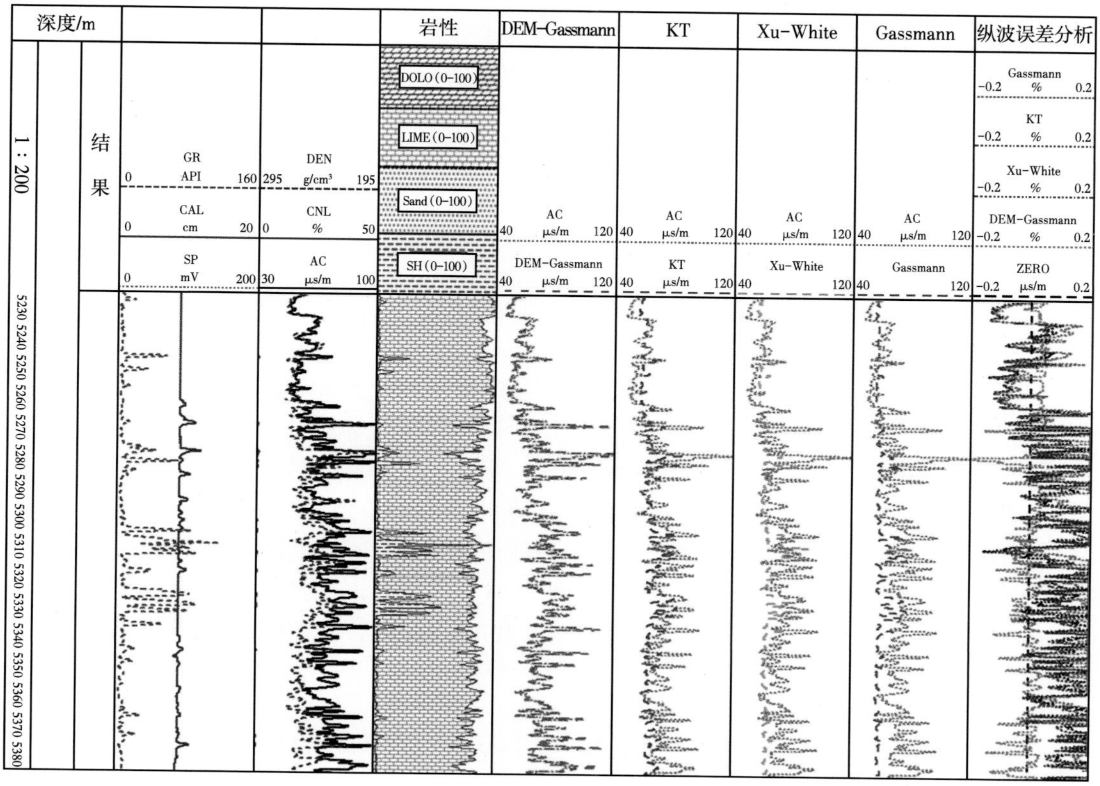

图 3-2 Well 1 井不同岩石物理模型地震波速度预测结果对比

通过典型井分析可知当孔隙度大于 10% 时为优质储层。基于预测结果建立孔隙度与纵波阻抗、横波阻抗、纵横波速度比和伪杨氏模量的相关关系，如图 3-3 所示。其中，纵波阻抗与孔隙度的相关系数最高，为 83.4%。因此，在孔隙度三维预测中，本研究将利用叠前弹性反演预测纵波阻抗，并基于纵波阻抗与孔隙度的统计关系进一步获得孔隙度参数空间分布，最终实现碳酸盐岩优质储层分布预测。

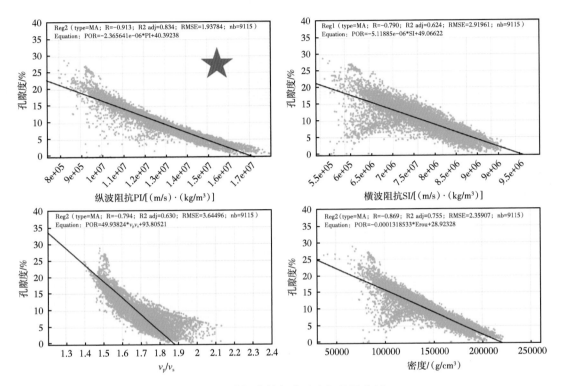

图 3-3　弹性参数与孔隙度相关性分析

二、频率域流体检测技术

当储层中含有油、气、水时，会引起地震波的散射和地震能量的衰减。对于具有相同流体类型的孔隙储层，通常衰减梯度越大，指示流体占岩石体积分数越大，进而可推测储层孔隙度越高；另外，对于孔隙度相同的储层，不同的流体频散特征不同，具体来说，含气、油、水储层的地震信号频率衰减梯度依次降低[4,5]。基于以上的频散理论，频率域地震反演算法可以实现频散梯度的求解，从而表征流体特征。目前，常用的频率域反演方法多基于二项 AVO 频率反演方程，该类方法的近似条件较多，制约了反演的精度，为了改进二项方程的问题，本研究在求解频率梯度参数时，引入了三项频率依赖 AVO 方程[6]，具体表达式为

$$R_{\mathrm{PP2}}(\theta, f) \approx A_2(\theta) \frac{\Delta v_{\mathrm{P}}}{v_{\mathrm{P}}}(f) + B_2(\theta) \frac{\Delta v_{\mathrm{S}}}{v_{\mathrm{S}}}(f) + C_2(\theta) \frac{\Delta \rho}{\rho}(f) \tag{3-1}$$

将式（3-1）中与频率有关的项在参考频率 f_0 处进行泰勒一阶展开，得到

$$R_{PP2}(\theta,f) \approx A_2(\theta)\frac{\Delta v_P}{v_P}(f_0) + (f-f_0)A_2(\theta)I_{2a} + B_2(\theta)\frac{\Delta v_S}{v_S}(f_0) +$$
$$(f-f_0)B_2(\theta)I_{2b} + C_2(\theta)\frac{\Delta\rho}{\rho}(f_0) + (f-f_0)C_2(\theta)I_{2c} \tag{3-2}$$

式中，I_{2a}、I_{2b} 及 I_{2c} 分别为纵波频散梯度、横波频散梯度、密度频散梯度，可以反映流体情况，其表达式为

$$I_{2a} = \frac{d}{df}\left(\frac{\Delta v_P}{v_P}\right); I_{2b} = \frac{d}{df}\left(\frac{\Delta v_S}{v_S}\right); I_{2c} = \frac{d}{df}\left(\frac{\Delta\rho}{\rho}\right) \tag{3-3}$$

除了反演方法，时频分析方法的选择同样影响着频率反演结果的准确性。因此，本研究对不同的时频分析方法进行了对比测试，实验中选用三组雷克子波信号（图 3-4）作为输入。其中，第一个雷克子波主频为 80Hz，出现在 200ms 位置处；第二个雷克子波主频为 50Hz，出现在 500ms 位置处；第三个雷克子波主频为 30Hz，出现在 800ms 位置处。选取 9 种时频分析方法，对图 3-4 中的信号进行处理，结果如图 3-5 所示，其中测试方法

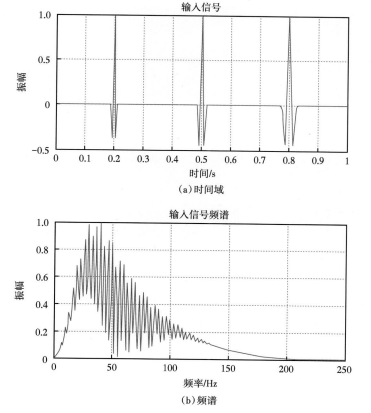

图 3-4　三雷克子波模型信号

包括短时傅里叶变换（STFT）[7,8]［图 3-5（a）］、S 变换（ST）[9,10]［图 3-5（b）］、广义 S 变换（GST）[11,12]［图 3-5（c）］、连续小波变换（CWT）[13,14]［图 3-5（d）］、匹配追踪（MP）[15]［图 3-5（e）］、希尔伯特—黄变换（HHT）[16-18]［图 3-5（f）］、Wigner-Ville 分布（WVD）[19,20]［图 3-5（g）］、平滑伪 Wigner-Ville 分布（SPWVD）[21,22]［图 3-5（h）］、重排 Gabor 变换[23,24]（RGT）［图 3-5（i）］。通过对比图 3-5 的结果可见，RGT 方法在时频分析过程中，既可以保证频率域分辨率，又可以兼顾时间域分辨率，并且对信号不同分量的定位更加准确，能量聚集程度最优。因此，本研究选取 RGT 方法实现时频转换，基于时频分析结果，在频率梯度反演中选取目的层段的主频作为参考频率，并在主频附近选取分频数据，进行流体识别。

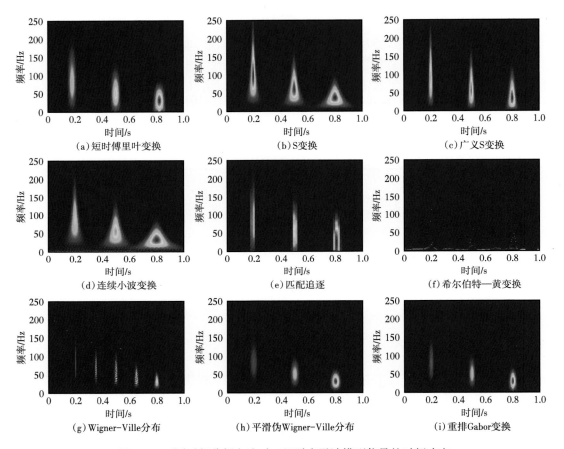

图 3-5　不同时频分析方法对三组雷克子波模型信号的时频响应

　　常规时间域流体识别方法可以通过弹性参数的不同值域范围进行表征，经岩石物理分析，纵横波速度比可以一定程度上指示流体特征。图 3-6 为研究区地震反射与纵横波速度比［图 3-6（b）］以及频散梯度［图 3-6（c）］反演结果对比，反演剖面中亮红色指示烃类流体发育，图中井数据为测井解释流体，其中红色部分为含油气层段，通过对比可见频率域流体反演结果与井的吻合度更高。在实际应用时，时间域流体预测可以作为频率域流体预测结果的一个补充，二者综合约束流体检测结果，降低多解性，图 3-7 为研究区纵横波速度比与频率梯度反演平面图，图中可见，研究区烃类流体呈现片状与点状共同发育的特征，并主要沿北东向发育。

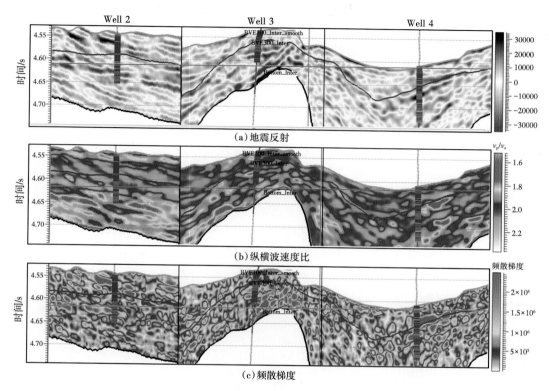

图 3-6 地震反射与纵横波速度比以及频散梯度反演对比

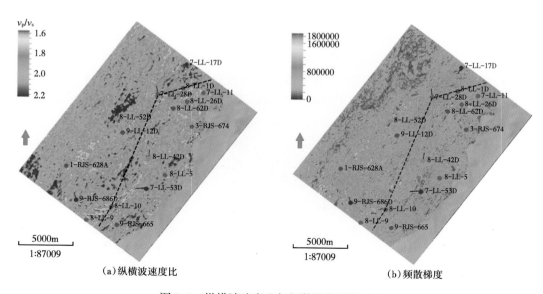

图 3-7 纵横波速度比与频散梯度反演对比

三、基于纯纵波的断裂优化解释技术

水平叠加的初衷是为了提高资料的信噪比，然而当动较正速度不准、构造复杂、偏移距过大等情况下，动校正常常存在剩余时差，导致叠加处理降低地震信号的分辨率。此外，即便道集完全平直，岩性或者流体差异产生的 AVO 效应也会使得叠后地震数据的分辨率和准确度降低[25, 26]。因此将叠加数据当作垂直入射的纵波反射数据进行解释分析必然会产生误差。基于以上问题，本研究利用叠前反演方法提取垂直入射的纵波反射数据（纯纵波数据）[27]，可以有效降低前文所述全叠加数据所产生的问题。图 3-8 为研究区通过叠前反演得到的纯纵波与全叠加对比，通过全叠加［图 3-8（a）］、纯纵波［图 3-8（b）］与合成记录［图 3-8（c）］对比可见纯纵波数据与井合成记录的吻合性更好，显示了纯纵波在实际地震资料解释应用的可靠性。图 3-8（d）与图 3-8（e）分别为研究区全叠加以及纯纵波过井剖面，对比可见纯纵波相对全叠加资料纵向分辨率得到了显著提升。因此，通过叠前反演得到的纯纵波数据不仅可以恢复真实的地下反射信号，又可以一定程度上提高地震信号的分辨率，基于该数据，本研究将进行研究区内断裂的优化精细解释。

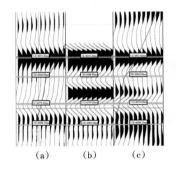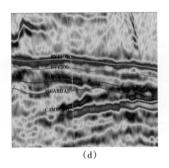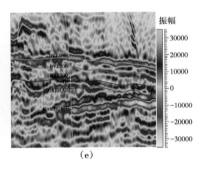

图 3-8　全叠加数据与纯纵波数据对比

（a）井旁全叠加地震数据；（b）井旁合成地震记录；（c）井旁纯纵波地震数据；（d）全叠加地震剖面；（e）纯纵波剖面

研究区由于噪声的干扰，使得断裂解释的多解性较强，为了降低多解，本研究采用了双边滤波[28]方法对地震数据进行优化处理，该方法既可以对噪声进行有效压制，又可以对断裂反射的边缘起到保护作用。本研究基于纯纵波数据利用双边滤波处理方法，对地震数据进行了优化处理，在此基础上开展断裂解释工作，图 3-9 为优化处理前后的对比图，

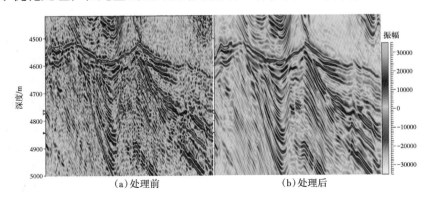

图 3-9　预处理前后地震反射振幅对比

图中可见通过优化处理后的数据信噪比得到显著提高。

为了进一步降低断裂解释的不确定性，本研究将利用断裂属性的不同特点进行断裂的分级解释，其中基于倾角信息约束的相干体解释大尺度断裂、蚂蚁体解释中尺度断裂，断层似然属性（Likelihood）解释小尺度断裂，最后利用机器学习，将不同级别的断裂进行信息融合，降低断裂解释的多解性。

基于倾角信息约束的相干算法采用倾角导向控制算法，在求取相干系数之前计算相邻道之间最相干的倾角估计，在倾角导向的控制下，避免了相干假象。图 3-10 为基于纯纵波数据的倾角约束的相干体平面图。

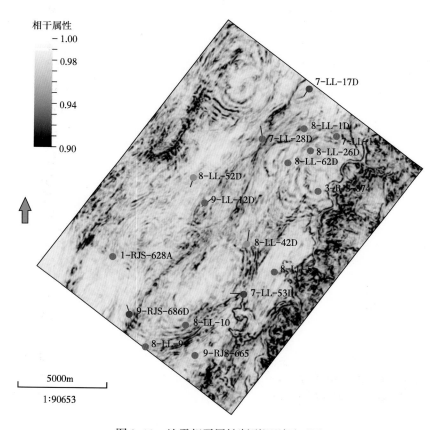

图 3-10 地震相干属性断裂识别平面图

蚂蚁追踪算法基于三维地震数据体利用智能搜索技术和三维可视化功能，可以清楚地显示断层轮廓并自动提取断层面，使地质工作者在断层划分和组合时可以拥有更宽广的视野，从而提高构造解释的准确性和客观性，在一定程度上减少了断层解释中人为主观性的影响，有效提高断裂解释的效率和精度。图 3-11 为研究区蚂蚁体属性平面图。

断层似然属性（Likelihood）是一种基于相似性算法，该属性利用基于倾角控制的构造导向滤波方法在保持地震波反射同相轴有效信息的基础上进行随机噪声压制，提高同相轴横向连续性，提高地震资料信噪比及断点识别精度，对于微小断层识别具有显著的成效。图 3-12 为研究区断层似然属性平面图。

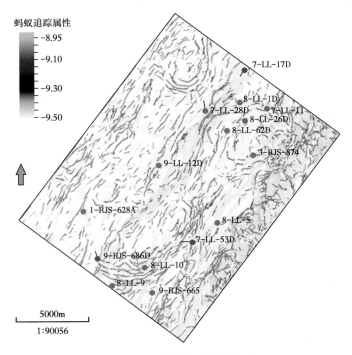

图 3-11　蚂蚁体追踪断裂解释

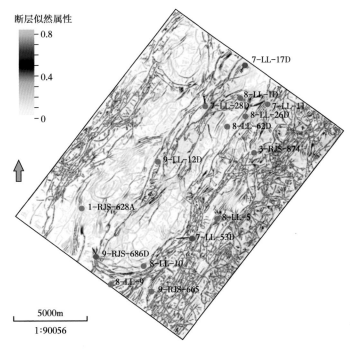

图 3-12　断层似然属性断层解释

最终将解释的三种断裂属性利用神经网络算法融合，实现冗余信息的压制，图 3-13 为最终的断裂解释结果，图中可见研究区断层基本上呈现北东向分布。

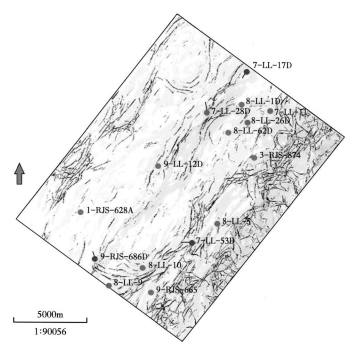

图 3-13　断裂解释平面图

四、高精度高分辨孔隙度预测技术

孔隙度是描述储层物性参数的重要指标，在油藏开发和储量计算方面具有重要的意义。孔隙度三维预测通常有三种方法：（1）利用弹性参数，如纵波阻抗、横波阻抗或者纵横波速度比与孔隙度之间的关系进行线性变换，该方法简单、容易实现，但是往往预测准确度较低；（2）基于机器学习的孔隙度预测，该方法非线性的表达能力较强，但是得到好的预测效果需要大量的实测孔隙度数据，但是研究区实测井数据较少，无法满足该方法的数据要求；（3）利用地质统计学反演进行协模拟，该方法不仅可以利用地震数据进行横向约束，并且相对稀疏脉冲反演具有更高的分辨率，因此该研究将选取地质统计学反演进行储层孔隙度预测。

统计性反演也称为随机反演，通过对后验概率密度的采样求解[29, 30]。本研究选取了基于马尔科夫链—蒙特卡洛算法的地质统计学反演实现孔隙度三维预测，该方法本质上是一种基于模型的反演方法，通过给定地质认识、测井解释成果等先验信息，随机生成初始的储层参数模型，在此基础上正演得到模拟地震道，并对比模拟地震道与实际地震数据间的差异再对储层参数模型修正，通过反演算法的不断迭代，使最终反演得到储层参数的同时满足地震数据残差最小与先验信息的约束[31, 32]。

该方法的核心是贝叶斯判别理论与马尔科夫链—蒙特卡洛抽样算法。贝叶斯判别理论能够根据输入多尺度数据（地震、测井）与地质先验信息，综合其概率密度函数得到储集体发育的后验概率分布函数，即获得多种概率的空间交集。由于岩相与其属性参数间并非一一映射关系，反演结果的求解往往是多维度的，即后验分布函数的求解会异常复杂，这使得贝叶斯判别理论在实践中的应用受到限制[33]。马尔科夫链—蒙特卡洛算法的引入为后验概率分布函数求取提供了解决方案，该方法为启发式反演算法，以构建马尔科夫链来拟合岩相类型与属性参数间的空间相关性，其基本思想是通过重复抽样，建立一个平稳分布为所求后验分布的马尔科夫链，得到后验分布的样本，基于这些样本再做各种统计推断。通过该算法抽样之后，地质统计学反演便将传统地质统计学建模与确定性地震反演技术结合起来，从而实现综合多个数据源信息，获得基于地震资料的高分辨储集体岩相模型以及波阻抗模型。在此基础上，可依托多次实现结果从概率学角度进行不确定性分析，实现孔隙度参数的精确预测。该反演方法不仅可以综合运用多尺度信息进行储层预测，并且可以对预测的储层模型进行不确定性分析与风险评估。

通过岩石物理分析可知，研究区的纵波阻抗与孔隙度相关性较高，因此本研究首先基于马尔科夫链—蒙特卡洛地质统计学反演算法得到纵波阻抗数据，然后利用协模拟方法求取孔隙度数据，具体实现步骤如下：（1）基于井数据分析将储层分为三类，Ⅰ类储层孔隙度大于 10%，Ⅱ类储层孔隙度介于 5%~10% 之间，Ⅲ类储层孔隙度小于 5%；（2）基于岩石物理交会分析，得到不同类型储层的敏感识别参数，并分析弹性参数与孔隙度之间的变差函数；（3）用地质统计学参数描述地震、地质、测井等信息，建立地质框架，将这些信息转化为先验概率分布；（4）利用贝叶斯推论将多信息以概率密度函数的形式统一于同一模型中，获得一个真正意义上全局后验概率密度函数；（5）最后利用马尔科夫链—蒙特卡洛算法从后验概率密度分布函数中抽样，通过反演获得一系列等概率的高分辨率波阻抗体和储层分布体；（6）综合测井资料、地震资料、地质资料和钻井资料，从地质统计学反演结果中找出符合研究区特征的实现；（7）利用协模拟方法，基于反演得到的纵波阻抗数据计算得到孔隙度数据体。

图 3-14 为原始地震数据与确定性反演和地质统计学反演得到的纵波阻抗对比，从图中可以清楚地看到确定性反演与地质统计学反演在整体趋势上是一致的，但地质统计学反演的结果分辨率明显要高很多，并且在井点处反演结果与测井完全吻合（图 3-14 箭头处），甚至浅层薄砂体在反演结果上都有很好的反映，垂向分辨率有了很大提高，能很好地反映薄储层细微的变化。

在地质统计学反演得到的波阻抗与岩相类型基础上，可以通过协模拟方法得到储层孔隙度参数。由于研究区孔隙结构复杂，波阻抗与孔隙度之间的统计关系也具有较强非线性特点。协模拟方法可以实现描述孔隙度与波阻抗参数之间的非线性关系，即某一个波阻抗值对应的孔隙度应该是一个区间范围，并非唯一值，该方法实现的基本流程为：（1）对井点采样的波阻抗与孔隙度进行相关性分析，并给出二者的概率分布曲线（正态分布或者偏态分布均可);（2）通过调整概率分布曲线的形态，使二者概率分布交会形成的"云团"（即变量分布范围）尽可能多的覆盖分析样本点；（3）再给出波阻抗与孔隙度之间的相关系数，以及各自在空间发育的变差函数，即可实现两种变量间的协模拟转换。通过这种基于云变换的协模拟方法，能够将区间范围内的所有孔隙度值都考虑进来，作为孔隙度值的概率分布加入协模拟运算过程，预测结果能够更客观地反映孔隙度属性分布特征[34,35]。如图 3-15 所示，当波阻抗为 1.1×10^7 时，对应的孔隙度值有黑色双箭头线涵盖范围的可能性，协模拟是将目标区整个孔隙度值可能性都考虑进来，通过概率分布的形式分析这些值，这种带有地质统计学的方法更科学。

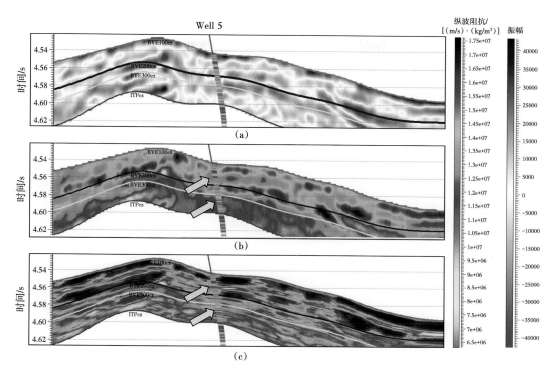

图 3-14　纯纵波（a）叠前同时反演阻抗（b）与地质统计学反演阻抗（c）剖面对比

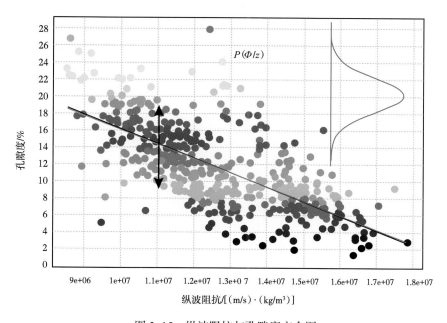

图 3-15　纵波阻抗与孔隙度交会图

图 3-16 为常规方法反演得到的孔隙度与本节提到的地质统计学反演孔隙度结果对比，常规求取方法是通过稀疏脉冲反演的阻抗与孔隙度之间的拟合线性关系求得，地质统计学反演孔隙度是通过云变换从概率的角度利用纵波阻抗求取得到的。通过对比可见，地质统计学反演的孔隙度与井的吻合度更好且分辨率更高。图 3-17 是目的层段的孔隙度预测平面图。从图中可以看出，高孔隙分布主要沿着北东方向，且储层分布与断层分布之间呈现很大的相关性。由此可以推断，该区域储层分布受断裂控制较为明显。孔隙的分布较为零散，说明该地区储层具有极强的非均质性。

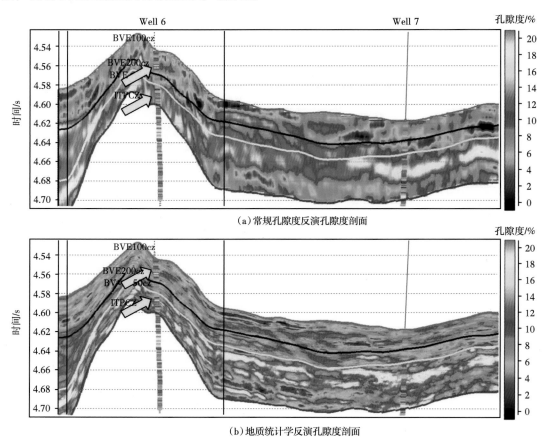

图 3-16 常规孔隙度反演孔隙度剖面与地质统计学反演孔隙度剖面对比

五、优质储层综合预测

该区域的优质储层预测需要结合岩性、流体、构造综合影响因素，因此本研究基于上述烃类检测、孔隙度预测方法，利用神经网络算法进一步对反演得到的纵波阻抗、频散梯度与孔隙度参数进行聚类分析，从而实现储层综合预测，预测结果如图 3-18 所示，图中红色表示储层最发育的区域，黄色表示储层次之发育的区域，蓝色线条为断裂解释结果。从图中可见研究区储层总体沿断裂发育，一定程度上反映了研究区断层对储层的形成起着至关重要的作用，Ⅰ类储层多发育于研究区的向斜凹陷处，与测井解释的结果吻合，为后续油藏评价、开发方案调整提供数据支撑。

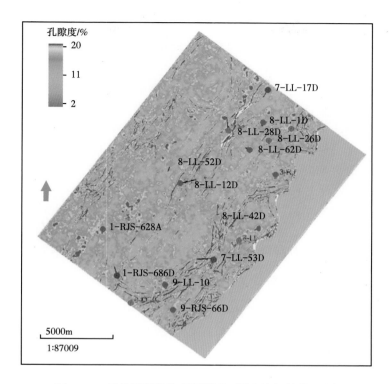

图 3-17　目的层段孔隙度预测平面图（叠合断裂显示）

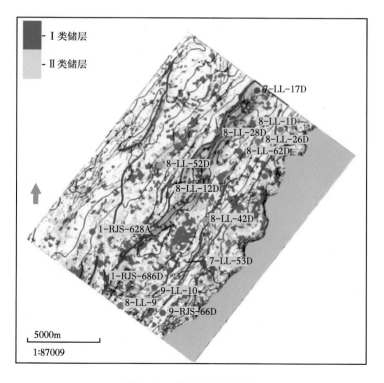

图 3-18　储层综合预测图

第二节 四维地震综合处理与解释技术

四维地震油藏监测技术已经成为国际上各大石油公司的必备技术，是深水油藏开发动态监测的重要手段。四维地震分析技术是根据不同阶段采集得到的多个地震数据的差异来研究储层开发前后发生的改变，通过获取因油气开发造成的地震属性的变化来预测剩余油分布并优化下一步的开发方案，从而提高产量，增加收益。目前海上油气田开发、老油田提高采收率、研究剩余油分布研究均需要四维地震技术做支持。因此，对四维地震技术的研究对油田开发、提高采收率具有重要的意义。

针对海上油田开发成本高、开发风险大的问题，本节将以某海上油田的四维地震数据为基础，建立浊积砂岩的岩石物理模型，获取油藏开发引起的油藏参数变化，实现油藏剩余油分布预测，使油田经济效益最大化，为油藏的增储上产提供技术支持。

一、深水浊积砂岩流体替代岩石物理效应分析

浊积砂岩属于一种重力流沉积作用下形成的砂岩，快速堆积，砂泥岩混杂，分选性和磨圆度都比较差，以孔隙接触式胶结为主，成岩作用较弱，固结程度较差，以中高孔隙度为主。孔隙接触式胶结指的是岩石（矿物）的大部分颗粒彼此直接接触，填隙物可以是黏土杂基。同时在纵向上，岩石颗粒的粗细存在韵律变化。

在岩石物理建模过程中要考虑到浊积岩的弱固结、接触方式、泥质含量、颗粒大小、含油气性，以及油藏开发过程可能引起的颗粒间发生相对滑动、含油气性变化、压力变化等因素，才可能使建模结果与实际相符合。浊积砂岩的固结程度差、以中高孔隙度为主、对压力比较敏感，对于四维地震技术实施更为有利。因为油藏开发前后的两个变化，即孔隙流体与压力的变化，都会引起岩石弹性模量的明显变化，反映到地震参数上就是纵横波速度与波阻抗的变化，这些特征对于四维地震油藏监测实施较为有利。

结合测井、储层相关信息，本研究提出了浊积砂岩岩石物理建模流程，如图 3-19 所示。具体为根据实际浊积岩的矿物组成，计算基质矿物弹性模量，根据开发数据提供的孔隙度、地层压力、温度以及研究区油、气的性质等，利用 Wood 方程[36] 计算孔隙混合流体的体积模量，利用 Hertz-Mindlin 接触模型[37] 校正后的软砂岩模型[38] 计算干岩石骨架弹性模量，然后利用 Gassmann[39] 方程计算饱和岩石的弹性模量。

图 3-20 为基于本研究构建的岩石物理建模方法预测得到的纵横波速度，通过与测量值的对比，预测结果与实际测井结果基本符合。此外，由图 3-21 的泥质含量与孔隙度的分布情况来看，两者之间存在一个线性关系，这个线性关系可以为以后的储层预测或者定量解释提供一定的基础。

由于研究的目标油藏中同时存在油层和气层，因此本研究将油层和气层的识别分别进行了可行性分析，分析结果如图 3-22 和图 3-23 所示。对于油层来说，地层的纵波速度随含水饱和度增大而增大，横波速度随含水饱和度增大而减小；对于气层而言，随着含水饱和度的逐渐增大，地层的纵波速度为先逐渐减小，到含水饱和度为 0.9 左右时，又突然增大，横波速度同样也是随含水饱和度的增大而减小。

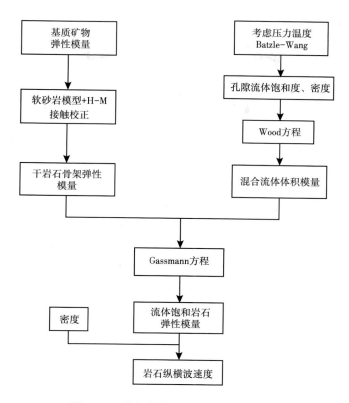

图 3-19　浊积岩储层岩石物理建模流程

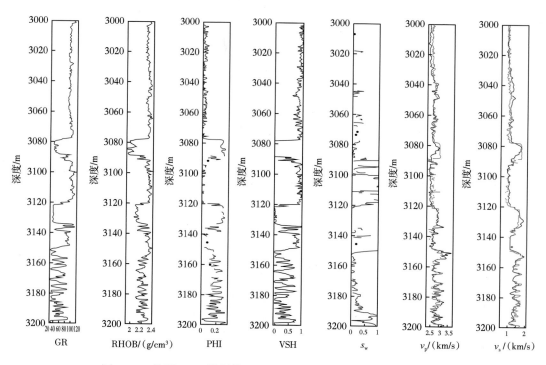

图 3-20　使用 H-M 接触模型校正后的软砂岩模型与实际资料标定

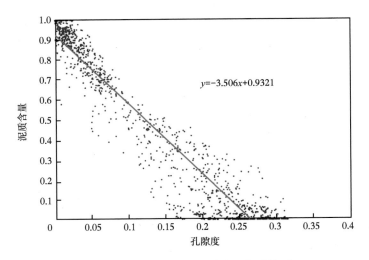

图 3-21　泥质含量与孔隙度的统计关系

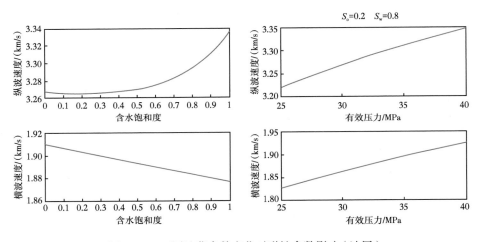

图 3-22　不同油藏参数变化对弹性参数影响（油层）

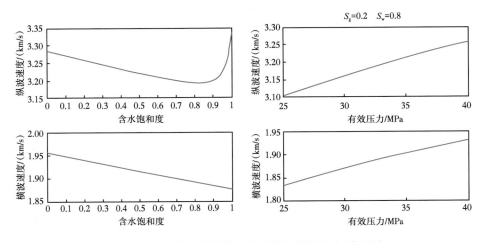

图 3-23　不同油藏参数变化对弹性参数影响（气层）

对实际油藏的油层和气层分别进行流体替换岩石物理分析，定义流体敏感性方程为

$$FP = \frac{F_{\text{sw2}} - F_{\text{sw1}}}{F_{\text{sw1}}} \qquad (3-4)$$

式中，F 为某岩石物理弹性参数，如速度、密度、波阻抗等，下标 sw2 表示流体替换后的含水饱和度，sw1 表示流体替换前的含水饱和度。FP 值越大表明该岩石物理弹性参数 F 对流体或者压力越敏感。

流体饱和度以及有效压力敏感参数分析结果如图 3-24 所示，以纵波速度和含水饱和度为例，其中水驱油引起的岩石纵波速度 v_p 流体敏感性中位数为 0.41%，即一半油替换为水时；流体敏感性最高为 2.08%，即全部油都替换为水时。对于气层而言，流体敏感性为一个绝对值逐渐增大的负值，当含水饱和度增加到一定值时，纵波速度开始增大，流体敏感性绝对值开始变小，即对流体的敏感性越来越差。纵波速度在后续增大过程中会超过含水饱和度为零时的纵波速度值，此时流体敏感性就变为正值，并逐渐增大。通过图 3-24 对几种常用的岩石弹性参数的流体替换敏感性分析，可知目标油藏有着良好的四维地震岩石物理分析基础。通过对各个弹性参数的流体替换敏感性分析，认为纵波阻抗 I_p 对油藏开发过程中流体的变化最为敏感。

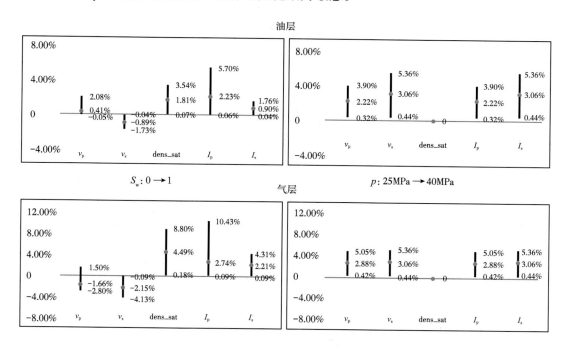

图 3-24　流体饱和度以及有效压力敏感性分析

通过压力敏感参数分析，可知压力增大引起的岩石纵波速度 v_p 压力敏感性中位数为 2.22%，最高为 3.90%。对于气层而言，与流体敏感性不同，压力变化越大，岩石各弹性参数的敏感性越高。横波阻抗 I_s 以及横波速度 v_s 对油藏开发过程中压力的变化最为敏感，为后续四维地震分析工作提供压力变化指示参数。

二、四维地震资料互均化处理

在四维地震实际处理过程中，由于受不同时期资料采集过程中各种外部因素的影响，四维地震反射出现非油藏差异的假象，为了降低非油藏差异的影响，需要对地震数据进行互均化处理，涉及的关键技术介绍如下。

（一）信噪比平衡处理技术

由于采集条件等差异导致多次采集数据的信噪比存在不一致现象。信噪比的不一致主要是指信噪比在空间与时间上分布不一致，相邻区域信噪比差异会对高精度成像效果产生影响。本次研究通过信噪比一致性处理技术，定量分析信噪比并建立时变的信噪比模型，形成依托信噪比模型进行数据的信噪比一致性处理技术，在整体提高信噪比的同时，进行振幅能量校正，实现时空域信噪比的基本平衡，使得数据的信噪比具有一致性。实现流程如图 3-25 所示。

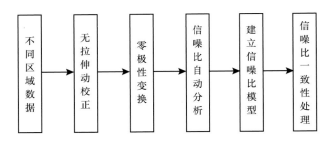

图 3-25　信噪比一致性处理流程图

图 3-26 是研究区 2000 年叠加剖面、2009 年叠加剖面以及 2009 年信噪比平衡处理后的叠加剖面对比，可以看出 2009 年数据处理后的叠加剖面的整体信噪比得到了很大提升。

（二）频谱一致性处理技术

为了提高四维数据解释的准确性，需要不同期次的地震数据频带较宽且一致性较好。研究区的多期地震资料频带特征均有差异，因此需要探索一套符合地质规律且有效的拓频处理方法。对地震信号的高频端和低频端进行保真的双向拓频分析技术可以保证数据频谱的一致性处理要求。其原理是将单道地震数据变换到频率域，基于最小二乘拟合原理求取频谱光滑拟合曲线，并以此曲线构建拓频滤波器函数，对原始频谱进行滤波达到拓宽频带的作用，由此获得宽频数据。在有效频带内，拓频前后的相位谱相吻合，以达到保真频谱一致性的目的。图 3-27 是研究区 2000 年叠加数据（a）、2009 年处理后的叠加数据（b）、2011 年数据处理后的叠加数据（c）对比，图 3-27（d）中红色、绿色、蓝色曲线分别对应 2000 年、2009 年、2011 年的地震频谱，通过对比可见，保真双向频谱一致性处理技术有效提高了不同期数据间频谱的一致性。

（三）多期资料剩余时差校正技术

对于地质构造复杂的研究区，由于速度不准引起的道间深度差、复杂介质导致的信噪比低、大角度子波拉伸等因素的影响，成像道集的质量往往不理想。对于叠前反演，信噪比以及同相轴水平度直接影响着反演结果的稳定性和准确性。因此，针对成像道集中存在的问题，开展基于波形动态匹配的道集优化处理技术和基于局部相关系数加权的优化叠加技术研究，提高成像道集质量，为后续的地震资料解释提供高质量的数据。图 3-28 是研究区 2000 年数据和 2009 年处理后叠加数据对比，通过地震资料匹配处理，不同时期采集地震反射的微小时差得到了消除，提高了地震资料的一致性。

综上，经过互均化处理，消除了地震资料在振幅、时间延迟、频率、相位等非油藏因素引起的差异，在残差剖面上突出油藏开采引起的差异，并且形成了一套针对深水油藏地震采集特点的互均化处理方法，包括多期资料信噪比一致性处理、频谱一致性处理及道集剩余时差校正，对于四维地震解释及动静态资料的解释应用具有重要意义。

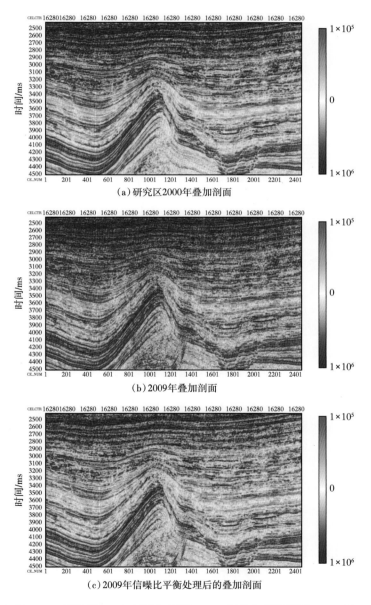

（a）研究区2000年叠加剖面

（b）2009年叠加剖面

（c）2009年信噪比平衡处理后的叠加剖面

图 3-26　研究区 2000 年叠加剖面、2009年叠加剖面以及 2009 年
信噪比平衡处理后的叠加剖面对比

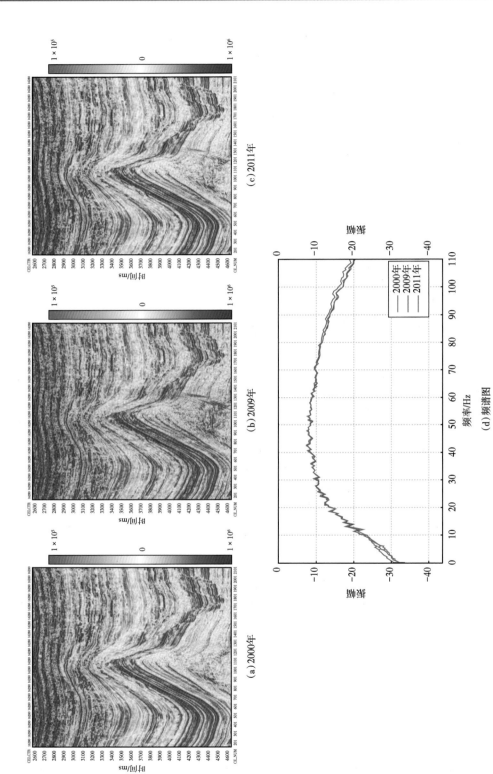

图 3-27　研究区 2000 年、2009 年、2011 年频谱一致性处理后叠加剖面及其频谱图对比

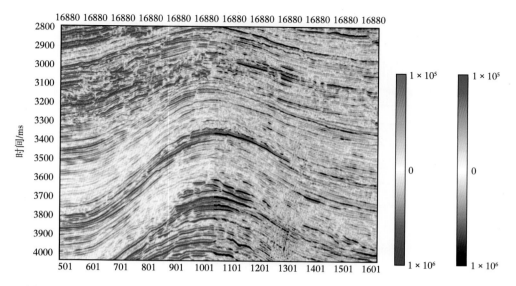

图 3-28　研究区 2000 年叠加剖面（左）和 2009 年时差校正处理后的叠加剖面（右）对比

三、四维地震特色属性提取技术

（一）流体变化指示因子提取技术

当油藏具有两种以上流体变化时（例如同时进行水驱与气驱开发），不同性质的流体变化可能存在相同强度的反射［图 3-29（a）］。依据四维地震差异振幅能量类属性，流体变化解释存在较强多解性。本研究首次提出了一种从 90° 相位转换差异地震响应中提取的流体变化指示因子四维地震解释属性。其计算表达式为

$$ABS(F) = MAX\{ABS[A(x)]\} \tag{3-5}$$

式中 F 为流体变化指示因子；$A(x)$ 为时窗内某地震道；F 的绝对值为 $A(x)$ 中最大值，其极性保留绝对值最大值点极性。

对于本研究模拟的水道开发前后差异响应，水驱油藏的流体变化指示因子为波谷处振幅值；气驱油藏的流体变化指示因子为波峰处的振幅值［图 3-29（d）］。因此，对于发生"硬化"的薄油藏，其流体变化指示因子为负值；对于发生"软化"的薄油藏，其流体变化指示因子为正值。

以研究区某小层 L 为例，计算了该小层 2000—2013 年间的流体变化指示因子，如图 3-30 所示。图中红色区域指示气驱波及范围，蓝色区域指示水驱波及范围。气驱、水驱分布图合理解释了油藏开发人员的困惑。Well F 注气影响范围广，甚至波及了 Well D 井与 Well B 井。Well E 井对于生产井受效关系不明，但最有可能补充小层 L 流体能量；Well A 井注水范围已经波及了 Well D 井。上述基于时移地震的解释结果得到了生产数据的验证。最近一期监测地震采集时，Well D 井与 Well B 井气油比参数正处于快速攀升阶段，说明邻井储层受到气驱影响导致了含气饱和度上升。Well D 井具有少量含水，说明注水已经波及至 Well D 井。生产动态数据与时移地震解释成果完全吻合。

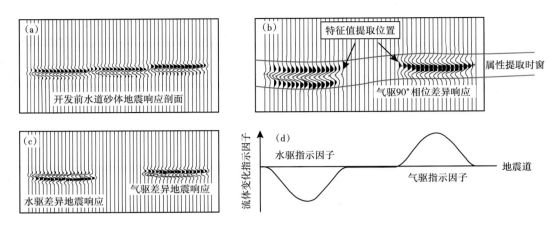

图 3-29　流体变化指示因子提取基本原理

（a）开发前水道砂体地震响应剖面；（b）90°相位转换差异地震响应；（c）水驱和气驱差异地震响应；
（d）水驱与气驱时流体变化指示因子变化特点

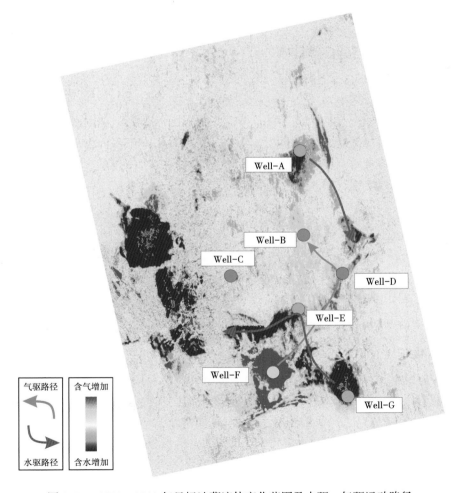

图 3-30　2000—2013 年目标油藏流体变化范围及水驱、气驱运动路径

（二）基于振幅比值属性的流体变化定量计算技术

从基础地震中减去监测地震，可得到不同水淹程度下的油藏差异地震响应。对储层厚度、砂岩波阻抗和差异地震振幅做交会分析（图 3-31）表明，虽然基础地震与监测地震响应中都存在调谐现象，但求差处理没有消除调谐现象，没有消除厚度对差异振幅的影响，差异振幅具有多解性。

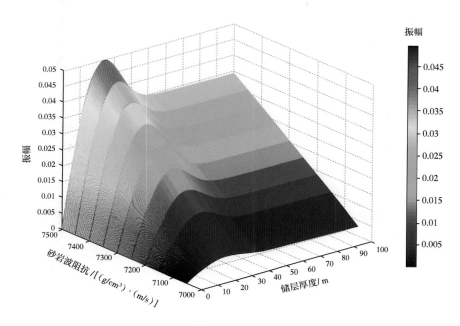

图 3-31　差异振幅随波阻抗和厚度变化关系图

本研究定义一种全新的时移地震属性：时移地震振幅比值属性（ratio of amplitude attribute，RAA）。

如果将基础地震最大振幅属性 A_B 与监测地震最大振幅属性 A_M 分别定义为

$$A_B = \mathrm{MAX} \left\{ R_B \left[w(t) - w(t + \tau) \right] \right\} \tag{3-6}$$

$$A_M = \mathrm{MAX} \left\{ R_M \left[w(t) - w(t + \tau) \right] \right\} \tag{3-7}$$

则 RAA 是基础地震振幅与监测地震振幅间的比值，可表达为

$$RAA = \frac{A_M}{A_B} \tag{3-8}$$

假设储层满足 Wyllie 时间平均方程模型条件，储层速度、流体速度与岩石骨架速度间存在如下关系：

$$\frac{1}{v} = \frac{\phi}{v_f} + \frac{1 - \phi}{v_{ma}} \tag{3-9}$$

式中，v 为油藏速度，v_f 为流体速度，v_{ma} 为岩石骨架速度。

假设孔隙中包含油、水两种液体，且孔隙流体同样满足 Wyllie 时间平均方程，则孔隙流体速度、油速度、水速度及含油饱和度存在如下关系：

$$\frac{1}{v_f} = \frac{s_o}{v_o} + \frac{1-s_w}{v_w} \tag{3-10}$$

式中，v_o 和 v_w 分别为油和水的纵波速度。

含油饱和度变化量可表达为

$$\Delta s_o = \frac{1}{\phi} \cdot \left(\frac{1}{v_{base} + \Delta v} - \frac{1}{v_{base}} \right) \bigg/ \left(\frac{1}{v_o} - \frac{1}{v_w} \right) \tag{3-11}$$

通过式（3-11）可以获得定量的储层含油饱和度变化。这一含油饱和度变化求取模型中不需要储层横波属性的参与。必要的输入参数只包括开发前的储层速度、储层速度变化、纯油的速度、纯水的速度以及地层孔隙度。结合 Gardner 经验方程，开发前储层速度和储层速度变化可通过开发前储层波阻抗与储层波阻抗变化获得。

经过式（3-6）~式（3-11）一系列计算，四维地震数据被转换为图 3-32（b）所示的剩余油饱和度变化。与传统差异振幅 RMS 属性［图 3-32（a）］相比，基于 RAA 属性求取的剩余油饱和度分布图中，水驱路径更加清晰。基于生产动态数据计算的井点处的流体饱和度与 RAA 剩余油解释结果平均吻合率较高。

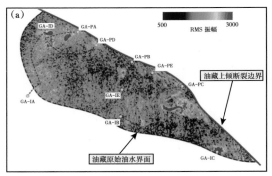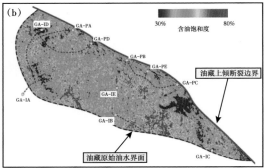

图 3-32　目标油田 L 小层四维地震差异均方根振幅 RMS 属性（a）和基于振幅比值属性求取的含油饱和度（b）

四、四维地震定量反演技术

（一）基于差异地震数据的四维地震差异阻抗反演技术

对于四维地震叠后差异反演，前人的方法大多是针对基础数据以及监测数据进行同时反演，将反演的结果相减，得到差异数据反演结果。Sarkar[40] 认为同一地区不同时间段的四维地震数据需要进行匹配处理，来避免模型的假象，而差异反演可以提供这种匹配耦合处理，因此差异反演是目前为止较有适用性的四维地震反演方法。本研究在前人研究的基础上，先推导出了叠后阻抗差异反演的差异方程，并基于贝叶斯框架，利用差异方程以及块约束条件来提高反演的分辨率以及准确度，最后进一步推广了叠后差异反演，来为四维地震油藏监测技术提供重要的参数信息。

在反演之前，首先需要建立正演模型。在正演模型建立的过程中，反射系数的求取是比较重要的，正常情况下，反射系数的求取方程为

$$r(t_i) = \frac{AI(t_{i+1}) - AI(t_i)}{AI(t_{i+1}) + AI(t_i)} \tag{3-12}$$

在对反射系数进行近似的时候，需要先假设地层是连续的介质，然后就可以由此得到近似方程，再分别对反射系数的分母分子进行近似求解，得到：

$$2AI(t_i) \approx AI(t_{i+1}) + AI(t_i), \quad AI(t_{i+1}) - AI(t_i) \approx \Delta t \frac{\mathrm{d}AI(t_i)}{\mathrm{d}t} \approx \frac{\mathrm{d}AI(t_i)}{\mathrm{d}t} \tag{3-13}$$

在地震数据中，一般情况下 Δt 是常数，所以可以由此得到反射系数的方程：

$$r(t_i) \approx \frac{\mathrm{d}AI(t_i)}{\mathrm{d}t} \frac{1}{2AI(t_i)} \approx \frac{1}{2} \frac{\mathrm{d}\ln AI(t_i)}{\mathrm{d}t} \tag{3-14}$$

反射系数的矩阵形式求解之后，假设 $li=\ln AI_i$，就可以根据褶积方程的离散形式［式（3-15）］得到褶积方程的矩阵展开形式：

$$S(t) = R(t) * b(t) = \sum_{i=1}^{n} R(t_i) b(t - t_i) \tag{3-15}$$

$$\begin{pmatrix} S_0 \\ S_1 \\ S_2 \\ S_3 \\ S_4 \\ S_5 \end{pmatrix} = \frac{1}{2} \begin{pmatrix} -b_0 & b_0 & & & & \\ -b_1 & b_1-b_0 & b_0 & & & \\ -b_2 & b_2-b_1 & b_1-b_0 & b_0 & & \\ & -b_2 & b_2-b_1 & b_1-b_0 & b_0 & \\ & & -b_2 & b_2-b_1 & b_1-b_0 & b_0 \\ & & & -b_2 & b_2-b_1 & b_1-b_0 & b_0 \end{pmatrix} \begin{pmatrix} li_1 \\ li_2 \\ li_3 \\ li_4 \\ li_5 \\ li_6 \end{pmatrix} \tag{3-16}$$

由此可知，正演方程就可线性近似为

$$\boldsymbol{S} = \boldsymbol{BL} \tag{3-17}$$

式中，$\boldsymbol{L}$ 为 li_i 矩阵。

根据正演方程（3-17），可以得到基础数据与监测数据的正演过程，写为

$$d_1 = BL_1 + n_1 = B\ln AI_1 + n_1, \quad d_2 = BL_2 + n_2 = B\ln AI_2 + n_2 \tag{3-18}$$

式中，d_1 是基础数据，d_2 是监测数据，n_1 和 n_2 分别是两次采集时所产生的噪声数据。对两次数据相减，就能获得差异的数据为

$$d_2 - d_1 = B(\ln AI_2 - \ln AI_1) + n_2 - n_1 = B\ln \frac{AI_2}{AI_1} + n_2 - n_1 \tag{3-19}$$

令

$$\Delta L = \ln \frac{AI_2}{AI_1} = \ln \left(\frac{\Delta AI}{AI_1} + 1 \right), n_2 - n_1 = e$$

就有

$$\Delta d = B\Delta L + e$$

式中，Δd 是差异地震数据，ΔL 是阻抗比值的对数，e 是误差项，也可以理解成噪声。

在贝叶斯框架中，假设方程（3-19）中的误差项，也就是噪声项，服从高斯分布，那么似然函数就可以得到了。由于四维地震差异数据存在一定的分块现象，所以需要考虑在先验模型中引入块约束项。因此可以认为先验模型由两部分组成，包含先验低频趋势的高斯分布项，具有长尾巴分布特征的块约束项来获得剧烈的参数变化。所以先验函数可以写成

$$P(\Delta L) = \left[\left(2\pi \right)^{N_d} \left| \boldsymbol{C}_{\Delta L} \right| \right]^{-\frac{1}{2}} \exp \left[-\frac{1}{2} \left(\Delta L - \boldsymbol{\mu} \right)^{\mathrm{T}} \boldsymbol{C}_{\Delta L}^{-1} \left(\Delta L - \boldsymbol{\mu} \right) \right]$$

$$\exp \left\{ -\sum_{i=1}^{N} A \left[\frac{\left(\boldsymbol{D}(\Delta L - \boldsymbol{\mu}) \right)_i}{k} \right] \right\} \tag{3-20}$$

式中，$\boldsymbol{C}_{\Delta L}$ 为包含差异数据相关性的协方差矩阵，这里可以假定是单位阵；N 是模型参数的长度；$\boldsymbol{\mu}$ 是差异数据的均值向量；$\boldsymbol{D}$ 是一阶微分算子；k 是尺度因子，需要根据实际情况来进行设置；A 函数是块约束函数。

根据以上公式，就可以得到目标函数：

$$J(\Delta L) = \frac{1}{2} \left(\Delta d_{\mathrm{PP}} - B_{\mathrm{PP}}\Delta L \right)^{\mathrm{T}} \left(\Delta d_{\mathrm{PP}} - B_{\mathrm{PP}}\Delta L \right) + \frac{\alpha}{2} \left(\Delta d_{\mathrm{PS}} - B_{\mathrm{PS}}\Delta L \right)^{\mathrm{T}} \left(\Delta d_{\mathrm{PS}} - B_{\mathrm{PS}}\Delta L \right)$$

$$+ \frac{\beta}{2} \left(\Delta L - \boldsymbol{\mu} \right)^{\mathrm{T}} \boldsymbol{C}_{\Delta L}^{-1} \left(\Delta L - \boldsymbol{\mu} \right) + \beta \sum_{i=1}^{N} A \left\{ \frac{\left[\boldsymbol{D}(\Delta L - \boldsymbol{\mu}) \right]_i}{k^2} \right\} \tag{3-21}$$

由于仅利用 PP 波进行反演，结果的准确性不够高，因此考虑在反演过程中加入 PS 波信息，使得求解结果更加精确，这种加入 PS 以及 PP 波信息的方法称为多波联合反演技术。式（3-21）中，$\alpha = \sigma_{\Delta\mathrm{PP}} / \sigma_{\Delta\mathrm{PS}}$ 用来控制 PS 波数据的比重，$\beta = \sigma_{\Delta\mathrm{PP}}$ 可以控制先验信息的比重。

在对目标函数进行求解时，需要将方程（3-21）进行求导计算，并令导数为零，整理后得到

$$\Delta L = \left[B_{\mathrm{PP}}^{\mathrm{T}} B_{\mathrm{PP}} + \alpha B_{\mathrm{PS}}^{\mathrm{T}} B_{\mathrm{PS}} + \beta \left(\boldsymbol{C}_{\Delta L}^{-1} + \boldsymbol{D}^{\mathrm{T}} \boldsymbol{A} \boldsymbol{D} \right) \right]^{-1}$$

$$* \left[B_{\mathrm{PP}}^{\mathrm{T}} \Delta d_{\mathrm{PP}} + \alpha B_{\mathrm{PS}}^{\mathrm{T}} \Delta d_{\mathrm{PS}} + \beta \left(\boldsymbol{C}_{\Delta L}^{-1} + \boldsymbol{D}^{\mathrm{T}} \boldsymbol{A} \boldsymbol{D} \right) \boldsymbol{\mu} \right] \tag{3-22}$$

式中的先验分布在贝叶斯框架中有着重要的作用，可以用来降低反演过程中的不确定性，提高反演的准确性。在此基础上引入了凸函数——微分拉普拉斯分布来优化这一问题，使结果趋于稳定，假设三参数服从微分拉普拉斯分布，即 $m \sim \left\{ 1 + \left[\boldsymbol{D}(m - \boldsymbol{\mu}) \right]^{\mathrm{T}} \boldsymbol{C}_m^{-1} \left[\boldsymbol{D}(m - \boldsymbol{\mu}) \right] \right\}^{1/2} - 1$。接着通过迭代算法，计算获得差异算子 ΔL。在求解过程中利用 GCV 方法来求解正则化参数。通过对方程（3-23）的求解，就可以获得差异阻抗的数据：

$$\Delta AI = AI_1\left(e^{\Delta L} - 1\right) \tag{3-23}$$

图 3-33 为研究区块不同年份的地震反射对比，（a）和（b）分别是 2000 年及 2011 年监测的结果，即基础地震数据和监测地震数据。反演结果对比见图 3-34，可以看出本研究提出反演方法的分辨率以及噪声压制能力都比 HRS 软件的高，尤其对于差异异常的刻画（红圈处），因此，在对实际数据进行处理时，可以运用本章反演方法进行。

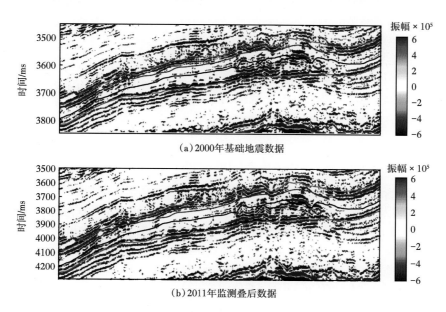

（a）2000年基础地震数据

（b）2011年监测叠后数据

图 3-33 2000 年基础数据和 2011 年监测叠后数据

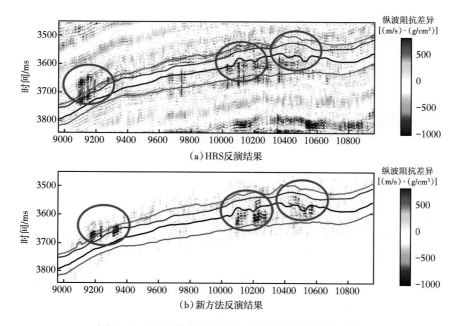

（a）HRS反演结果

（b）新方法反演结果

图 3-34 HRS 软件与新方法叠后差异反演结果对比

（二）基于精确 Zoeppritz 方程的四维地震叠前 AVA 差异反演技术

在四维地震叠前差异反演方面，也可以运用贝叶斯理论再加块约束来进行反演，与叠后差异反演不同之处在于正演模型的不同。精确 Zoeppritz 方程描述了平面波入射到两个均匀的各向同性弹性介质的分界面时，产生的反射和透射情况，相对近似方程具有较高的精度。叠前差异反演主要是基于精确 Zoeppritz 方程来构建可以直接利用差异数据进行反演的四维地震 AVA 反演理论框架。对于三个弹性参数的变化，首先需要假设先验模型服从高斯分布，为了获取剧烈的四维地震参数变化，提升反演的分辨率，需要在原先验方程中加入垂向块约束项，并假设其服从微分拉普拉斯分布。该方法将精确 Zoeppritz[41] 方程引入到四维地震差异反演中，获得了高分辨率的三参数反演结果，为油藏开发中后期有利井位评价以及注采风险评估等方面提供重要信息。

基于此，可以将地震的基础和监测数据的正演过程写成下式：

$$d_1 = G(m_1) + n_1 \tag{3-24}$$

$$d_2 = G(m_2) + n_2 \tag{3-25}$$

式中，G 表示 Zoeppritz 方程的正演算子；d_1 和 d_2 分别表示基础数据和监测数据；m_1 和 m_2 分别表示基础数据以及监测数据所对应的弹性参数；n_1 和 n_2 分别表示两次数据所产生的噪声。

在方程（3-25）的基础上，将 Zoeppritz 方程对弹性参数进行泰勒展开，得到改写的方程：

$$d_2 = G(m_2) + n_2 = G(m_1) + \frac{\partial G(m_1)}{\partial m}\Delta m + n_0 + n_2 \tag{3-26}$$

将方程（3-26）与方程（3-24）做差，就可以推出差异数据的正演模型方程：

$$\Delta d = d_2 - d_1 = \frac{\partial G(m_1)}{\partial m}\Delta m + n_0 + n_2 - n_1 \tag{3-27}$$

令 $L = \dfrac{\partial G(m_1)}{\partial m}$，$e = n_0 + n_2 - n_1$，就可以得到简写后的方程：

$$\Delta d = L\Delta m + e \tag{3-28}$$

式中，Δd 表示差异地震数据；Δm 表示弹性参数的变化量；L 表示基于精确 Zoeppritz 方程得到的正演算子，这是关于纵横波以及密度三个弹性参数在基础数据所对应的弹性参数 m_1 处的一阶偏导数；e 表示差异数据所对应的误差数据，可以理解为噪声。

在差异数据的正演方程中，假设误差项 e 服从零均值高斯分布，那么对应的似然函数就可以表示为

$$P(\Delta d | \Delta m) = \left[(2\pi)^{N_d}|\boldsymbol{C}_D|\right]^{-1/2} \exp\left[-\frac{1}{2}(\Delta d - L\Delta m)^{\mathrm{T}}\boldsymbol{C}_D^{-1}(\Delta d - L\Delta m)\right] \tag{3-29}$$

式中，$\boldsymbol{C}_D$ 是噪声协方差矩阵，N_d 是数据长度。对方程（3-29）取负对数就可以得到

$$F(\Delta d | \Delta m) = \frac{1}{2}(\Delta d - L\Delta m)^{\mathrm{T}}\boldsymbol{C}_D^{-1}(\Delta d - L\Delta m) \tag{3-30}$$

在贝叶斯反演理论的基础上，来构建差异反演方程。由于先验模型是由两部分组成：（1）包含先验低频趋势以及不同模型参数之间的协方差高斯分布项；（2）具有长尾巴分布特征的块约束项。可以得到目标函数为

$$J_1\left(\Delta m\right)=\frac{1}{2}\left(\Delta d-L\Delta m\right)^{\mathrm{T}}\boldsymbol{C}_D^{-1}\left(\Delta d-L\Delta m\right)+\frac{1}{2}\left(\Delta m-\boldsymbol{\mu}\right)^{\mathrm{T}}\boldsymbol{C}_{\Delta m}^{-1}\left(\Delta m-\boldsymbol{\mu}\right)$$

$$+\sum_{i=1}^{N}\sum_{l=1}^{3}\left\{\sqrt{1+\frac{\left[\boldsymbol{D}\left(\Delta m-\boldsymbol{\mu}\right)\right]_{il}^2}{k_l^2}}-1\right\} \tag{3-31}$$

式中，$\boldsymbol{C}_{\Delta m}$ 是含有三个差异数据相关性的协方差矩阵，N 是模型的参数的长度，$\boldsymbol{\mu}$ 是差异数据的均值向量；$\boldsymbol{D}$ 是一阶微分算子；k_l（$l=1$，2，3）表示尺度因子，由于叠前反演需要求解的是三个参数的反演结果，因此对于三个弹性参数来说，其值可能不一样。

在处理实际的数据时，往往假定观测的噪声是不具有相关性的，那么噪声的协方差矩阵就可以简写成一个对角矩阵，表示为

$$C_{\mathrm{D}}=\sigma_n^2\boldsymbol{I}$$

式中，$\boldsymbol{I}$ 是一个单位阵，大小是 $N_d\times N_d$，N_d 是观测数据的长度。

根据研究区的实际资料数据进行四维地震叠前差异反演试验。由于整个数据体是三维的数据，在进行整体数据反演后，为了便于更加仔细的判别对比，抽取了其中某条测线进行结果展示。反演的结果数据如图 3-35 所示，（a）、（b）、（c）表示通过反演计算获得的密

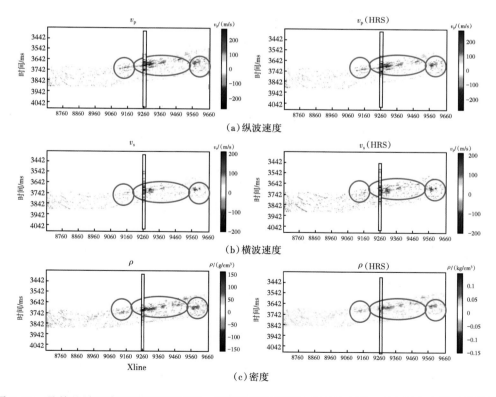

图 3-35　叠前差异反演得到的纵波速度、横波速度与密度结果对比（第一列为新方法得到的结果，第二列为商业软件得到的结果）

度以及纵横波速度的数据，其中左图为运用新方法反演得到的数据结果，右图为 HRS 软件反演得到的数据。井旁道的标定显示软件反演的结果以及新方法的结果均与实际的井数据较为匹配，所以这两种方法都比较适用。另外从反演的分辨率以及噪声压制能力方面，新方法的反演结果比 HRS 软件反演结果精度更高。

参 考 文 献

[1] Santos E D, Ayres H, Pereira A, et al.Santos microbial carbonate reservoirs：A challenge[C]. Offshore Technology Conference Brazil, 29-31October 2013, Rio de Janeiro, Brazil.

[2] Riding R.Microbial carbonates：the geological record of calcified bacterial-algal mats and biofilms[J]. Sedimentology, 1991, 47（Soppl.1）：179-214.

[3] Sun Z D, Wang H Y, Liu Z S, et al. The theory and application of DEM-Gassmann rock physics model for complex carbonate reservoirs. The Leading Edge, 2012, 31（2）：152-158.

[4] 罗鑫，陈学华，张杰，等 . 基于依赖频率 AVO 反演的高含气饱和度储层预测方法[J]. 石油地球物理勘探，2019，54（2）：356-364.

[5] 赵威 . 基于 Chapman 频散介质的频变 AVO 属性分析方法研究[D]. 武汉：长江大学，2019.

[6] 狄贵东，彭更新，庞雄奇，等 . 深层碳酸盐岩地震储层预测：以塔里木盆地哈得逊区块一间房组为例[J]. Journal of Earth Sciences & Environment, 2016, 38（5）.

[7] 赵凤展，杨仁刚 . 基于短时傅里叶变换的电压暂降扰动检测[J]. 中国电机工程学报，2007，27（10）：28-34.

[8] 胡振邦，许睦旬，姜歌东，等 . 基于小波降噪和短时傅里叶变换的主轴突加不平衡非平稳信号分析[J]. 振动与冲击，2014，33（5）：20-23.

[9] 陈学华，贺振华，黄德济 . 广义 S 变换及其时频滤波[J]. 信号处理，2008，24（1）：28-31.

[10] 刘喜武，刘洪，李幼铭，等 . 基于广义 S 变换研究地震地层特征[J]. 地球物理学进展，2006，21（2）：440-451.

[11] 高静怀，陈文超，李幼铭，等 . 广义 S 变换与薄互层地震响应分析[J]. 地球物理学报，2003，46（4）：526-532.

[12] 张固澜，熊晓军，容娇君，等 . 基于改进的广义 S 变换的地层吸收衰减补偿[J]. 石油地球物理勘探，2010（4）：512-515.

[13] 林京，屈梁生 . 基于连续小波变换的信号检测技术与故障诊断[J]. 机械工程学报，2000，36（12）：95-100.

[14] 薛蕙，杨仁刚 . 基于连续小波变换的非整数次谐波测量方法[J]. 电力系统自动化，2003，27（5）：49-53.

[15] 严德志，于凤芹 . 基于最佳路径组合搜索策略的匹配追逐算法[J]. 微计算机信息，2007（05X）：188-189.

[16] 黄大吉，赵进平，苏纪兰 . 希尔伯特—黄变换的端点延拓[J]. 海洋学报，2003，25（1）：1-11.

[17] 杨培杰，印兴耀，张广智 . 希尔伯特—黄变换地震信号时频分析与属性提取[J]. 地球物理学进展，2007，22（5）：1585-1590.

[18] 钟佑明，秦树人 . 希尔伯特—黄变换的统一理论依据研究[J]. 振动与冲击，2006，25（3）：40-43.

[19] 郭奇，刘卜瑜，史立波，等 . 基于二次 EEMD 的 Wigner-Ville 分布旋转机械故障信号分析及试验研究

[J]. 振动与冲击，2012，31（13）：129-133.

[20] 邹红星，周小波. 时频分析：回溯与前瞻[J]. 电子学报，2000，28（9）：78-84.

[21] 吴小羊，刘天佑. 基于时频重排的地震信号 Wigner-Ville 分布时频分析[J]. 石油地球物理勘探，2009，44（2）：201-205.

[22] 田琳，陈颖频，梁华兰. 平滑伪 Wigner-Ville 分布在地震信号处理中的应用[J]. 新疆师范大学学报（自然科学版），2013，32（3）：1-4.

[23] 周家雄，张国栋，尚帅. 基于重排 Gabor 变换的高分辨率谱分解[J]. 世界地质，2013，32（1）：153-157.

[24] 李兴慧，申永军，武友德. 基于重排 Gabor 变换和 Radon 变换的盲分离及其应用[J]. 兰州理工大学学报，2017，43（1）：39-44.

[25] 汪恩华，贺振华，李庆忠. 基于薄层的反射系数谱理论与模型正演[J]. 成都理工学院学报，2001，28（1）：70-74.

[26] 朱兆林，赵爱国. 裂缝介质的纵波方位 AVO 反演研究[J]. 石油物探，2005，44（5）：499-503.

[27] Sun Z D, Zhang Y Y, Fan C Y. An iterative AVO inversion workflow for pure P-wave computaiton and S-wave improvement. The First Break, 2014, 32（3）：23-26.

[28] Zhang B Y, Allebach J P. Adaptive bilateral filter for sharpness enchance and noise removal[J]. IEEE Transactions on Image Procesion, 2008, 17（5）：664-678. DOI: 10.1109/TIP.2008.919949.

[29] 赵鹏飞，刘财，冯晅，等. 基于神经网络的随机地震反演方法[J]. 地球物理学报，2019，62（3）：1172-1180.

[30] 李方明，计智锋，赵国良，等. 地质统计反演之随机地震反演方法：以苏丹 M 盆地 P 油田为例[J]. 石油勘探与开发，2007，34（4）：451-455.

[31] 孙思敏，彭仕宓. 地质统计学反演方法及其在薄层砂体预测中的应用[J]. 西安石油大学学报（自然科学版）2007，22（1）：41-44.

[32] 何火华，李少华，杜家元，等. 利用地质统计学反演进行薄砂体储层预测[J]. 物探与化探，2011，35（6）：804-808.

[33] 杨培杰. 地质统计学反演：从两点到多点[J]. 地球物理学进展，2014（5）：2293-2300.

[34] 石玉梅，姚逢昌，孙虎生，等. 地震密度反演及地层孔隙度估计[J]. 地球物理学报，2010，53（1）：197-204.

[35] 金龙，陈小宏，姜香云. 利用地震资料定量反演孔隙度和饱和度的新方法[J]. 石油学报，2006，27（4）：63-66.

[36] Wood A B, Lindsay R B. A Textbook of Sound[J]. Physics Today, 1956, 9（11）：37-37.

[37] Mindlin R D. Compliance of Elastic Bodies in Contact[J]. J.appl.mech, 1949, 16（3）：259-268.

[38] Hashin Z, Shtrikman S. A variational approach to the theory of the elastic behaviour of muhiphase materials[J]. Journal of Mechanics and Physics Solids, 1963, 11（2）：127-140.

[39] Gassmann F. Elastic waves through a packing of spheres[J]. Geophysics, 1951, 16（4）：673-685.

[40] Sarkar S, Gouveia W P, Johnston D H. On the inversion of time-lapse seismic data[M]. SEG Technical Program Expanded Abstracts 2003. Society of Exploration Geophysicists, 2003：1489-1492.

[41] Zoeppritz K. Erdbebenwellen VII. VIIb. Über Reflexion und Durchgang seismischer Wellen durch Unstetigkeitsflächen[J]. 1919：66-84.

第四章　基于动静态资料的油藏综合建模技术

三维地质建模需要融合多维、多尺度动静态资料进行分析，同时还需要根据时变性考虑油藏模型的同步更新。鉴于对三维油藏模型高效、准确更新的技术需求，研究团队针对典型复杂油藏类型开展了地质建模新方法及技术融合攻关，本章重点介绍多点地质统计建模训练图像获取方法、多点地质统计学建模新算法以及四维地震辅助地质模型更新技术。

第一节　多点地质统计建模训练图像获取方法

多点地质统计学建模是近年来储层建模技术的研究热点，其实用性受到训练图像限制。训练图像的质量决定了多点地质统计学建模的精度和可靠程度，是多点地质统计学建模成功的关键因素。训练图像建立方法主要包括手工绘制、基于目标模拟、三维地震信息提取或转化、基于露头描述、基于过程模拟方法等。手工绘制法简单方便，但人为干预性较强且效率较低；基于目标模拟能够建立符合统计学和地质认识的三维训练图像，但需要对地质体分布参数较为清晰；基于地震提取技术近些年较为普遍，应用前提为地震资料分辨率高且反映的地质体具有足够的代表性。现主要针对几项训练图像建立新技术研究进展进行重点阐述，为推动多点地质统计学建模技术进步，攻关深海碳酸盐岩及浊积岩储层表征难题提供基础。

一、基于规则的训练图像获取方法

（一）Alluvsim 算法简介

Alluvsim 算法是一种基于规则的算法，该方法通过河道中线操作可模拟河道的侧向迁移、分汊改道和决口等过程，并用几何形态参数对河道中线上所有的节点赋值，建立每期河道的三维构型模型，最终实现曲流河模拟[1, 2]。该算法建模步骤如下。

（1）产生初始河道中线。根据已有地质知识库，产生一个候选河道中线库，根据河道水平分布趋势规律随机选择一条河道中线。其中河道中线生成采用的是 Ferguson[3] 提出的周期性扰动模型，根据初始节点位置、步长、初始曲率、主河道方向来产生，公式如下：

$$\theta(s) + \frac{2h}{k}\frac{\mathrm{d}\theta(s)}{\mathrm{d}s} + \frac{1}{k^2}\frac{\mathrm{d}^2\theta(s)}{\mathrm{d}s^2} = \varepsilon(s) \qquad (4\text{-}1)$$

其中
$$k = 2\pi / \lambda$$

式中，k 与波长有关，h 是阻尼系数（$0 < h < 1$）；s 是第 i 个节点到初始节点的流线长；θ 是该节点的方位；$\varepsilon(s)$ 是扰动值，与弯曲度和主水道方向有关。这种周期性扰动模型

又逼近二阶自回归模型，式（4-1）可近似为

$$\theta_i - b_1\theta_{i-1} - b_2\theta_{i-2} = \varepsilon_i \tag{4-2}$$

其中自回归系数与 k 和 h 有关：

$$b_1 = 2e^{-kh}\cos(k\cos\arcsin h), \quad b_2 = -e^{-2kh} \tag{4-3}$$

（2）根据几何形态参数对水道中线上所有的节点赋值。根据水道宽度和剖面（图4-1）对每一期水道赋相。得到水道剖面公式：

$$h = \begin{cases} 4h\max\left[1-\left(\dfrac{w}{2b}\right)^{-\ln 2/\ln a}\right]\left(\dfrac{w}{2b}\right)^{-\ln 2/\ln a} & (0<a<0.5) \\ 4h\max\left[1-\left(\dfrac{w}{2b}\right)^{-\ln 2/\ln(1-a)}\right]\left[1-\left(1-\dfrac{w}{2b}\right)^{-\ln 2/\ln(1-a)}\right] & (0.5\leq a<1) \end{cases} \tag{4-4}$$

式中，b 为水道半宽；a 为深泓线到左岸的距离；w 为网格中心到左岸的距离。a 的计算公式如下：

$$a = \begin{cases} 0.5 + 0.25(C/C_{\max}) & (C<0) \\ 0.5 & (C=0) \\ 0.5 - 0.25(C/C_{\max}) & (C>0) \end{cases} \tag{4-5}$$

式中，C 为节点（或节点中间的插值点）的瞬时曲率，$C_{\max}$ 是水道中线上所有点的最大曲率值。

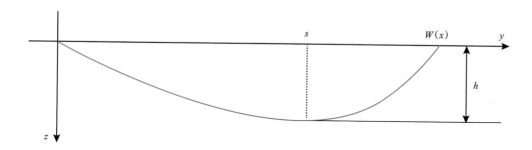

图4-1　河道剖面形态图

（3）判断是否发生截弯取直。该过程通过比较不相连的节点间距和河道宽度来实现，如果不相邻节点间距小于河宽，则发生颈切，形成废弃河道。

（4）河道中线操作。产生下一条河道，根据概率值进行河道中线操作，包括产生新河道、河道分叉和河道侧向迁移。产生新河道是在河道中线库中随机选择；河流改道中分叉位置根据曲率大小决定，曲率大的位置发生分叉的可能性大，分叉节点后根据周期扰动模型重新生成河道，在分叉位置之后的原河道则废弃。图4-2所示的河流的侧向迁移是根据Howard[4] 提出的凹岸侵蚀凸岸侧向迁移模型来实现的，由 Sun 等[5] 首次运用到河流模拟中。

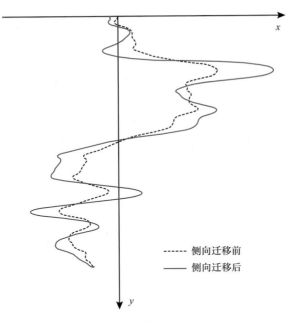

图 4-2　河道中线侧向迁移示意图

每个节点的侧迁移距离函数为：

$$\zeta(s) = E\tilde{u}_{sb}(s) \tag{4-6}$$

式中，$\zeta(s)$ 为侧向迁移距离，E 为侵蚀系数；$\tilde{u}_{sb}(s)$ 为 s 位置处的近岸流速。

近岸流速可由下式计算得到：

$$\tilde{u}_{sb} = -bu_{s0}\tilde{C} + \frac{bC_{\mathrm{f}}}{u_{s0}}\left[\frac{u_{s0}^4}{gh_0^2} + (A' + 2)\frac{u_{s0}^2}{h_0}\right] \cdot \int_0^\infty \exp(-2C_{\mathrm{f}}s'/h_0)\tilde{C}(s - s')\mathrm{d}s' \tag{4-7}$$

式中，A' 为冲刷因子，是一个为正的常数；b 为水道半宽；$\tilde{C}$ 为 s 位置处的瞬时曲率；C_{f} 为摩擦系数；g 为重力加速度；h_0 为水道深度；u_{s0} 为平均流速。

（5）判断 NTG（砂地比）是否达到指定阈值，达到则模拟结束，否则转到步骤（2）。

（6）对产生的模型进行条件化处理，得到最终的随机模拟结果。

（二）Alluvsim 算法改进

曲流河和深海水道在演化方式上有显著差异。在深海体系中，侧向迁移与向下游波及可以是连续的，也可以是不连续的。从侧向迁移到垂向加积同样可以是连续与非连续的过程，而正常曲流河道体系中河道侧向迁移和向下游波及具有连续性。深海弯曲水道早期以侧向迁移加积为主，底部伴随冲刷切割；晚期以垂向加积为主。Wynn[6] 等介绍了现代众多深海水道，如 Amazon 扇、Mississippi 扇和 Zaire 扇等，它们各自深海水道弯曲特征不同。基于此，对 Alluvsim 算法进行改进，以分别适用于不同条件下浊积水道训练图像建立，改进部分包括：（1）平面摆动方式改进；（2）斜列式、摆动式迁移方式；（3）弯曲度范围约束水道的演化；（4）边界约束水道中线生成[7]。

1. 平面摆动方式改进及测试

原算法中，河道流量为 0 时，不发生迁移演化；河道流量较小时，河道沿古河道方向波及不明显，侧向摆动明显（图 4-3）；河道流量较大时，河道既进行侧向摆动，也沿古水流方向扫动（图 4-4）。

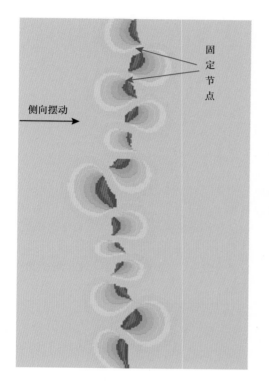

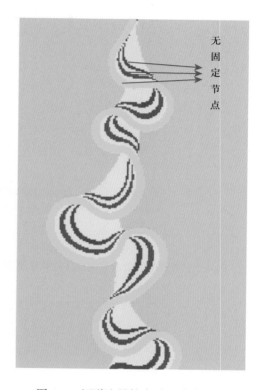

图 4-3　河道流量小时迁移演化图　　　　图 4-4　河道流量较大时迁移演化图

在深海体系中，水道在侧向迁移过程中，或有或无向下游的分量。在水道向下游方向扫动时，水道相互叠置，造成其砂体垂向上非均质性强，平面上水道顺物源方向迁移，造成砂体呈宽条带状分布。为了模拟浊积水道连续或离散地向下游扫动过程，我们将每一期次的各个节点沿古水流方向平移，该平移距离根据地质人员分析获得对应统计规律，迁移距离通过随机抽样获得。图 4-5 为水道中线沿古流向整体迁移示意图，改进效果如图 4-6 所示。

2. 斜列式、摆动式迁移方式改进及测试

与陆上曲流河限制垂向加积不同的是，深海水道体系中水道倾向于垂向加积，水道侧向迁移到垂向加积的过程可以是连续的或是离散的，甚至在大多数由侧向迁移形成曲流环的凸侧到凹侧中都出现不同程度的加积现象。剖面上又可见斜列式垂向迁移复合水道和摆动式垂向迁移复合水道。斜列式和摆动式垂向迁移模式均造成水道在垂向上相互叠置，砂体厚度多大于单一水道深度。改进方式为，平面上和垂向上分别根据地质分析获得迁移距离的统计函数。通过随机抽样获得单一水道斜列式、摆动式迁移距离，并对单一水道进行相应移动，如图 4-7 所示。

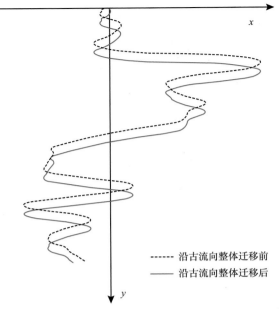

图 4-5　水道中线沿古流向整体迁移示意图　　　图 4-6　通过人工调整水道迁移演化图

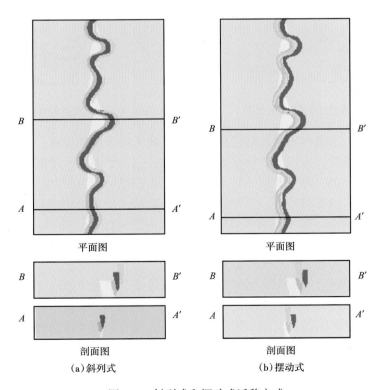

图 4-7　斜列式和摆动式迁移方式

根据如下公式生成斜列式垂向迁移复合水道：

$$\begin{cases} X_i' = X_i + \sin(mCHaz_i \pm 90) \cdot dist \\ Y_i' = Y_i + \cos(mCHaz_i \pm 90) \cdot dist \\ \quad\quad Z_i' = Z_i + \varepsilon \end{cases} \quad (4-8)$$

式中，X_i、Y_i、Z_i 是单一浊积水道垂向加积前的坐标；X_i'、Y_i'、Z_i'是水道垂向加积后的坐标；$mCHaz_i$ 是复合水道的主方向；$dist$、ε 分别是水道侧向迁移和垂向加积的距离。

根据如下公式生成摆动式垂向迁移复合水道：

$$\begin{cases} X_i' = X_i + \sin(mCHaz_i \pm 90) \cdot dist \cdot (-1)^{itime} \\ Y_i' = Y_i + \cos(mCHaz_i \pm 90) \cdot dist \cdot (-1)^{itime} \\ \quad\quad Z_i' = Z_i + \varepsilon \end{cases} \quad (4-9)$$

式中，X_i、Y_i、Z_i 是单一浊积水道垂向加积前的坐标；X_i'、Y_i'、Z_i'是水道垂向加积后的坐标；$itime$ 是浊积水道迁移的期次；$mCHaz_i$ 是复合水道的主方向；$dist$、ε 分别是水道侧向迁移和垂向加积的距离。

（三）浊积水道训练图像生成

为了展示浊积水道平面摆动模式、各种叠置样式的复合水道、水道弯曲形态以及在沉积范围内约束浊积水道生成，本次对 Alluvsim 算法进行了改进，形成了浊积水道训练图像生成算法，流程如图 4-8 所示。

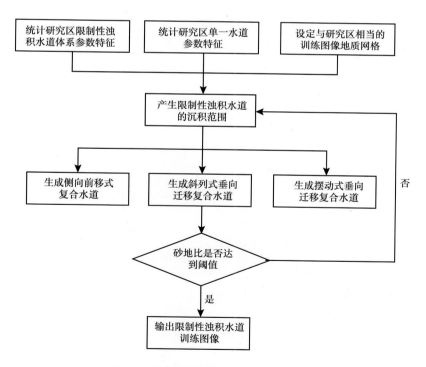

图 4-8　浊积水道训练图像生成流程图

具体改进步骤如下[2]：

（1）统计研究区限制性浊积水道体系形态参数，同时建立与研究区一致的地质网格模型，输入工区的物源方向。根据已有地质资料，统计限制性浊积水道体系的参数特征，包括限制性水道体系宽度变化范围、深度变化范围、延伸距离变化范围、弯曲度变化范围以及砂地比。

（2）确定限制性下切水道体系的沉积范围。根据地震属性来确定水道体系的范围，从而给出浊积水道的水平分布趋势和垂向分布趋势。水平分布趋势用来约束加积面上初始水道的生成，垂向分布趋势用来约束垂向上水道的分布。若无法确定浊积水道体系的范围，则使用默认的水平趋势分布（各网格均为 1）和垂向分布趋势（可为等差或等比数列）。

（3）生成初始水道中线。根据已有地质知识库，在水道体系范围内产生一个候选水道中线库，再根据水道水平分布趋势规律随机地选择一条水道中线。

（4）根据几何形态参数对道中线上所有的节点赋值，建立该条水道的三维构型模型。

（5）由低到高逐步选择水道加积面。根据水道垂向分布趋势确定各加积面对应的NTG。水道最小加积面对应浊积水道体系的底部，最大加积面对应浊积水道的顶部。

（6）确定水道预期弯曲度。在弯曲度变化范围内从某种分布中抽取，可以是三角分布（须知弯曲度）或高斯分布等，确定的该弯曲度值用来决定复合水道的最终弯曲形态。

（7）判断是否发生截弯取直。发生水道截弯取值后，水道弯曲度会变小，需重新计算水道弯曲度。

（8）生成复合水道。定义了 4 个控制水道演化过程的概率值 P_1（生成水平式侧向迁移复合水道）、P_2（生成斜列式垂向迁移复合水道），根据先验知识随机产生一个介于 0~1 之间的常数 P。如果 $P < P_1$，生成水平式侧向迁移复合水道；如果 $P < P_1+P_2$，斜列式垂向迁移复合水道；否则，生成摆动式垂向迁移复合水道。复合水道演化到预期弯曲度。

（9）判断水道是否达到加积面对应的砂地比。若未达到，则仍在该加积面上生成复合水道，转到步骤（5）；若达到，则在下一个加积面上生成复合水道，转到步骤（4），直到顶部加积面模拟结束，效果如图 4-9 所示。

图 4-9　浊积水道三维训练图像

二、基于无人机的训练图像获取技术

现阶段，前人将传统野外露头数据信息用于三维野外露头建模的研究方法已趋于成熟，露头建模可以作为训练图像使用，但这其中的局限性一直没有得到本质解决。野外露头数据往往难以向平面相进行转换，数据对于模型的约束力不足，使得所建模型与实际地质情况存在一定偏差。究其原因在于模型的建立完全依赖于数据信息，这与油田开发中只依赖于工程数据，缺少地质约束和科学指导，导致开发效果不尽人意是一个道理。模型缺少平面沉积相约束，致使模型效果不理想。本次研究中，采用无人机与倾斜摄影相结合的前沿数字露头技术，为多剖面数据向平面转化创造了有利条件，即结合已有地质认识与碳酸盐台地微相展布模式，利用 Petrel 建模软件构建训练模型，导出模型训练图像，并将其作为二次建模平面约束，使得野外露头三维建模有了更好控制条件。

（一）无人机露头信息采集及处理技术

无人机技术应用于野外露头是本次研究的主要技术手段，其具体流程如下[8-10]。

（1）野外露头人工踏勘。

人工踏勘主要目的为航线规划做铺垫。典型点位的人工标定是不可获取的环节。本次研究中，以红旗作为标志物，对飞行区域典型点位进行标志和 GPS 定点。

（2）航线规划。

无论是利用无人机进行低空摄影还是其他方式航拍摄影，航线的科学规划是图像采集之前的关键环节。首先，了解所采用无人机的最大控制范围、最大飞行高度等范围参数，把握航线整体长度。然后根据研究区实际情况，合理规划路线。根据地信测绘工程规范要求，后期建模对于影像信息的采样率和重叠率有比较高的要求。仅靠人工操作无人机控制器把控无人机航线及高度，是不可取的。这样会导致飞行获取数据的质量无法满足地质建模需要，从而致使需要重飞等一系列操作，大大延缓工作进程。

一般情况下，测区拍摄范围以矩形为最理想状态，即传统航空摄影中常用的一种测区形状。矩形范围内低空摄影，其航线规划简单明了，多以飞行器平行折返式覆盖测区为主。但实际情况中，鉴于无人机技术限制（飞行高度、飞行控制最大距离、电池续航能力等）以及研究区复杂的地理环境，测区形状千变万化，多以非规则多边形为主，有时也可呈现条带状，这些情况无疑增加了航线规划难度，同时在一定程度上延缓了工作进程（图 4-10）。

（3）无人机装配与飞行前调试。

装配好无人机之后，进行飞机控制器及各种传感器相应测试，防止飞机发生电量不足、飞行姿态失控、相机成像错误等问题。

（4）图像信息及 POS 信息获取。

POS（positioning and orientating system）系统，即定位定向系统，由 INS 系统与 GPS 系统组成。图像信息及 POS 信息的获取是无人机技术在地质工作中的最主要环节。飞行器沿着规划路线自动巡航，实时成像扫描并获取坐标信息。

（5）数据信息处理。

将空中实时数据传输到地面传感器，对于所获取的影像信息和坐标信息进行分析处理，对于不满足需求的区域进行重新规划，开展二次信息采集工作。在信息满足实际要求之后，将无人机数据导入特定的三维可视化软件，完成三维数字露头模型的构建，野外露头的三维数字模型至此完成。

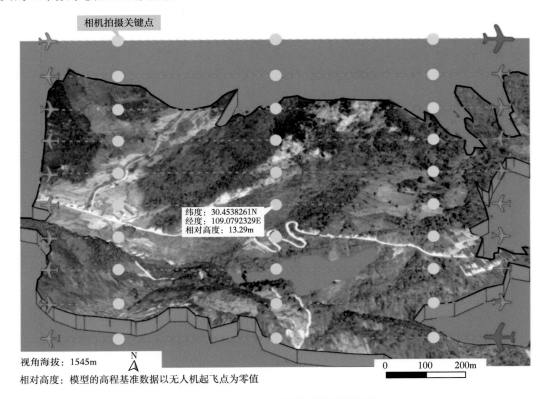

相机拍摄关键点

纬度：30.4538261N
经度：109.0792329E
相对高度：13.29m

视角海拔：1545m
相对高度：模型的高程基准数据以无人机起飞点为零值

0   100   200m

图 4-10   研究区无人机航线规划示意图

以无人机倾斜摄影作为技术支撑，充分发挥技术优势，可以更加精准地建立研究区储层地质知识库，其具体流程如下：（1）露头描述、测量及采样等基础工作；（2）人工实地探勘，开展典型露头剖面解剖工作，具体工作包括典型露头区的选取、露头区岩相标定、内部构型单元及礁滩体内部叠置样式研究；（3）综合对比选取典型露头区，从岩性、岩体规模等角度开展对比研究；（4）沉积构型模式研究，在上述工作基础上，结合前人区域研究成果及碳酸盐岩台地边缘沉积模式，开展研究区小范围的沉积模式研究；（5）总结前述工作成果，以三维地质解析引擎为数据载体，从多角度观察分析模型，以沉积分析为理论指导，最终建立研究区范围内储层地质知识库。

（二）基于无人机采集的露头建模技术

以湖北见天坝鱼皮村礁滩相露头为例，利用八旋翼无人机，搭载倾斜摄影相机对研究区进行数据采集，数据模型主要由点云数据以及图像数据组成。

无人机技术结合倾斜摄影技术所采集的数据模型，其最大优势在于可以准确获取图像上任意一点的空间直角坐标。而其他野外数值露头采集方法，如探地雷达、激光扫描等，虽然可以记录工区的整体规模地势起伏等，但无法将图像信息与坐标信息相互匹配，给后期定量化工作带来难度，无法满足三维地质建模的定量化要求。八旋翼无人机，按照前期规划的路线，以平行折返的方式飞行，飞行航摄折叠范围在40%左右。

在飞行途中，搭载的 Share-200 倾斜摄影相机按照设定的曝光方式，从五个角度连续获取影像信息。搭在了 POS 系统的无人机，在飞行途中会准确记录飞行点位的实时空间直角坐标，POS 信息与图像信息连续不断地被地面传感器接受，并导入地面终端操作平台。在无人机航拍结束后，利用地面终端操作平台，引导无人机安全返航，完成研究区的信息采集。

利用专业软件，对数据进行整合，得到的扫描模型（图 4-11）较好地反映了真实的野外地质情况。任意一点的坐标，均可以直接获取。模型中地质体的空间分布，整体规模得到了较好表达。所建立的扫描模型，可以满足 360° 无死角观察，同时可以拉近距离，显示局部影像。本次航摄的局部影像最大分辨率约为 8cm，若更换摄影相机，或调节飞行高度，分辨率可以进一步提升。模型范围较大，覆盖了很多人工无法达到的偏远危险地区，与人工考察相比，显著提高了工作效率。所涵盖的数据信息为后期定量化建模工作提供了坚实的地质基础。

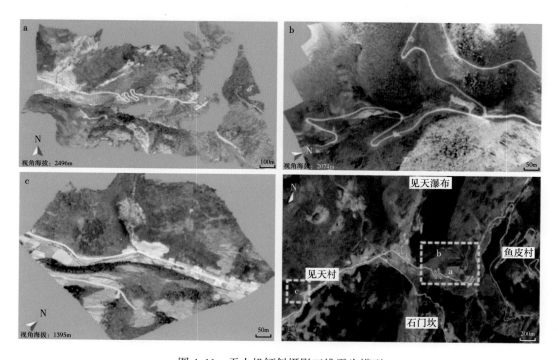

图 4-11　无人机倾斜摄影三维露头模型

扫描数值模型，主要包含了点云信息及图像信息。点云信息即扫描资料以点的形式记录，每一个点包含了三维空间坐标、色彩信息（RGB）或物体反射面强度（intensity）。这种点云数据的优势在于：首先，其有海量的数据基数，数据连续性得到保障；其次，点云数据获取时，基本不会受到天气影像，同时具有一定的数据穿透性。但是点云数据同样存在一定的弊端，数据虽多，但是冗杂程度高，误差分布也并无规律可循，呈现非线性的零散分布，这给后期利用点云数据呈现最终模型带来了一定难度。因此，需要对点云数据进行整理分选，优化抽稀以满足地质观察的需求。而反射强度信息会受到多方面因素的影响，扫描目标的材质组分、光滑程度、扫描入射方位、传感器感应误差、仪器的能量强度以及激光的波长变化等都是需要考虑的因素。因此，对于点云数据的质量改善是必不可少的关键环节，通过几何学角度修正以及反射强度校对，完善最终得到的点云数据。

野外露头初始模型并不能直接应用于地质建模，从地质观察角度，初始模型的层次结构性稍有欠缺。Context Capture 影像解析软件，可以将采集的点云数据进行网格化处理，形成具有层次感的地质体。工区携带有坐标信息的点云数据根据地形复杂程度形成密集数据（图 4-12）点，利用 Context Capture 影像解析软件，将这种点云数据与该点位的倾斜摄影影像数据进行耦合，获取瓦片分区图像［图 4-12（b）］，即野外露头初始模型。

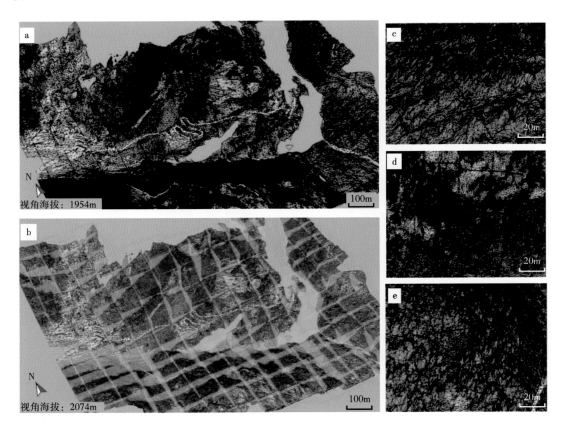

图 4-12　网络化露头模型

（a）点云数据；（b）瓦片分区；（c）、（d）、（e）为不同位置网络化模型

三、基于地质地震资料转化的方法

基于地质及地震资料转化的训练图像创建方法应用较为广泛，其可将现代沉积等先验的地质模式数据进行直接转化，也可将高频地震信息得到的三维地质认识进行转化，得到相应的训练图像。资料转化过程中，涉及图像特征识别及地震信息提取等相关技术，是获取训练图像的关键环节。

（一）基于图像的地质特征提取技术

基于卫星图片获取现代沉积的特征，并采用图像处理技术进行沉积结构提取，是当前常用的技术手段。用户可将卫星照片、航空照片等地质图像资料作为输入，根据所需的地质体特征设定合理的转化参数，生成训练图像。这种方法较为快速便捷，能够将大量的图片数据转化为训练图像，从而构建一个包含各种不同沉积环境、不同规模尺度的训练图像库。如对图 4-13 所示的曲流河沉积高清图像进行识别，发现活动河道及周围泛滥平原的差异特征明显，通过特征值提取，河道的分布形态清晰可见[11]。

（a）Alaska地区Williams河卫星照片　　　　　　（b）利用相关软件生成的混合图像

（c）图（b）转化而成的数字化图像　　　　　　（d）GSLIB格式的训练图像

图 4-13　基于卫星图片生成训练图像

此外，对于微观的孔隙结构提取也是常用的方法之一，廉培庆等[12]针对 CT 图像中的基质区域进行生长识别，将得出的二值图像进行反转便可得到图像中多数连通孔隙的分割。图 4-14 显示了通过种子生长算法分离出的孔隙区域与基质区域，其中图 4-14（a1）至（a3）是基于裂缝型 CT 扫描图像分离出的孔隙区域与基质区域，可识别出具有较为明显的裂缝。图 4-14（b1）至（b3）是基于孔洞型 CT 扫描图像分离出的孔隙区域与基质区域，也可识别出明显的溶蚀性孔隙区域。识别结果可作为反映孔隙结构非均质性的训练图像。

跟前述训练图像提取过程中遇到的问题类似，因采集到的地质图像往往体现局部信息，缺乏全貌特征，且不同图像之间的信息难以保证具有相似的地质关系，训练图像与待模拟目标体的规模难以匹配，因此，在训练图像优选的时候也较为困难。

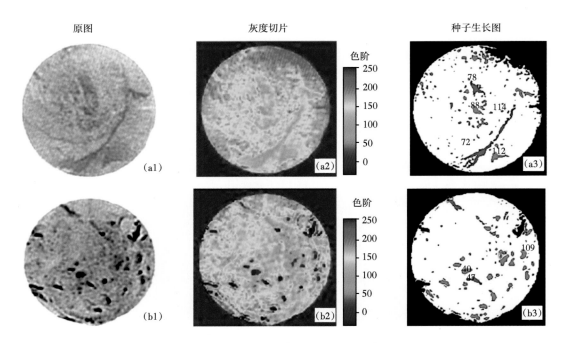

图 4-14 通过种子生长算法分离出的孔隙区域

（a1）—（a3）裂缝型；（b1）—（b3）孔洞型

（二）基于地震信息的地质体转化技术

近年来，随着高频地震资料的逐步丰富，利用高频地震资料解释成果创建精细模型大大丰富了高质量训练图像的来源[13, 14]。三维地震信息提取或转化是指利用三维地震资料属性提取的成果或反演成果，通过建立其与沉积相、岩相等的对应关系，采用分类转化的方式建立训练图像。转换的方式包括地震属性与沉积相进行相关性分析，通过线性或非线性关系提取沉积地质体分布，转化为可供多点地质统计学建模使用的训练图像。对于地震主频较高、地质体反射结构清晰的三维地震资料，可通过高精度反演刻画储层的三维分布，在相似性论证合理的情况下，可直接将该地震刻画结果作为三维训练图像，三维训练图像相较于二维训练图像，在反映沉积体的纵向演化特征方面具有显著的优势。

以深海浊积岩储层为例，利用高分辨率地震资料对浅层海底浊积水道进行精细解释，建立精细的定量模型，并作为训练图像应用于深层浊积水道建模（图 4-15）。该技术相比于现代沉积、露头剖面等资料，能够建立信息比较丰富的三维训练图像，而且所建的训练图像比较符合实际储层的地质认识，具有"原位等尺度"特征，对具体建模区域的指导性更强。

总体来看，基于地震资料提取或转化方法建立三维训练图像具有更强的实用性，但该方法的有效使用取决于地震资料质量以及刻画的地质体的准确性，尤其当借鉴其他地区的高频地震资料时，需要严格论证清楚两者之间的沉积地质关系和沉积背景是否具有相似性。

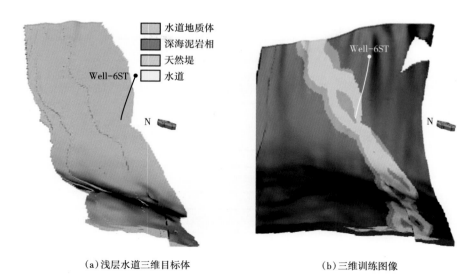

(a) 浅层水道三维目标体　　　　　　　　(b) 三维训练图像

图 4-15　基于浅层水道目标体得到的三维训练图像

四、基于沉积模拟的训练图像获取方法

训练图像可以由地层沉积正演数值模拟建立。沉积正演模拟更多地考虑了沉积的物理过程，更加符合真实地质的发生过程，能够精细再现沉积物的堆积与侵蚀过程[15]。在模拟过程中可以充分考虑河流洪水、沉积、沉降、基底活动、海平面升降及断层活动等因素，模拟结果符合地质规律认识。

（一）基于沉积模拟的训练图像获取方法

利用沉积正演模拟，输入一定的沉积模拟条件，可以得到符合沉积物搬运、剥蚀规律的三维地质模型，这种模型可以作为训练图像，应用于多点地质统计学建模。但是，沉积正演模拟的输入参数有很多，改变输入条件之后，模拟结果差别很大，并非任何沉积正演模拟的结果都可以作为目标区域的训练图像。一套完善的基于沉积过程模拟的训练图像建模方法有助于"沉积过程模拟＋多点地质统计学"建模方法的高效实施。针对如何通过定量地层沉积正演模拟得到特定地区的三维训练图像，形成了一套相对完整的方法和技术流程（图 4-16）。

（二）三维训练图像获取主要步骤

定量地层沉积过程模拟基本原则：输入条件尽量与研究区真实条件一致，通过参数不确定性分析，判断模拟结果，选择可以反映研究区沉积相分布特征的模拟结果。具体包括六个步骤：确定模拟目标、参数输入与调整、沉积正演模拟、模拟结果筛选、训练图像导出、训练图像适应性评价。下面对每个步骤进行详细说明。

1. 确定模拟目标

确定沉积正演模拟的目标，包括分析油藏范围内可用的数据及储层分布的主控因素。通过分析目标区块的地质特征，从地质数据中提取影响沉积过程的相关参数，然后预测更为真实的地层剖面，这些相关参数包括堆积速率、水深（即初始地形、地貌）和沉降速率、

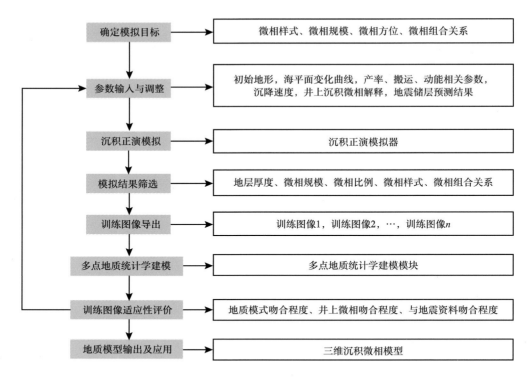

图 4-16 基于沉积过程模拟的训练图像获取流程

自源或外源压力机制的影响、气候特征、构造特征、物源及搬运方式的识别、推断的海平面升降和气候变化方式等。地层正演模型常用的参数预测（如网格精度、沉积物类型、模型的起始和终止时间等）依赖于预测对象以及模型包含的地质过程和参数。确定研究目标时要考虑正演模型所能模拟的地质过程以及校正模型所能用到的观测资料。针对不同情况，应设计不同的模拟方案。

2. 参数输入与调整

明确控制储层分布预测主要的参数，这些参数无法用确定的方法获取，因为在现有的可用信息约束下无法确定预测。不确定性控制参数的选取并不固定，每次研究都要重新确定哪些是不确定参数。比如在碎屑岩沉积模拟中，典型的不确定控制参数有初始地貌、沉降的时空分布、海平面曲线、碎屑物源位置、供给速度和碎屑物质的岩石种类，以及沉积物的搬运系数；在碳酸盐岩地层沉积模拟过程中，除了上述与地形、构造沉降、海平面变化、搬运速度相关的参数，与碳酸盐岩产率相关的参数成了重要的不确定参数，如产率最大值、随深度的下降系数、透光带厚度等。对每个不确定参数，需要通过分析已有地质认识、参考文献以及全球的数据库和类似区块，给出先验的分布区间。前人对沉积物搬运速度、海平面变化曲线、构造演化做了大量工作，是特定区块沉积模拟参数输入的重要参考。但全球数据库中的参数范围往往是平均值的反映，通常只能作为参考，针对特定区块，还需要分析适合自身的具体参数范围。

沉积模拟正演的输入参数大致可以分为三类：可容纳空间类、沉积物供给类和沉积物搬运类，针对不同区块和不同勘探阶段的资料特征，不同参数具有不同的取值范围确定方法，表 4-1 给出了地层沉积正演模拟中不确定参数的获取方法和取值范围。

表 4-1　不确定参数分析方法及取值范围

参数类型		主要分析方法	建议的参数区间
可容空间类	构造沉降曲线	地层回剥法，地震资料解释	0.1~10mm/ka
	海平面曲线	Haq 曲线，岩石水深指示曲线	-100~100m
	初始地形	标志层减地层厚度，沉积微相对水深指示意义	0~1000m
沉积供给类	沉积物供给速率，最大产率	地层厚度，井上地层厚度序列	3.5~20km³/ka
	沉积物供给集中度，透光带厚度	初值物源方向的地层厚度变化程度，高能相带厚度	集中度 20%~80%，透光带厚度 10~100m
	沉积物供给成分比例，产率下降系数	观测数据中岩性比例，岩性变化频率	供给成分比例 0~70%，产率下降系数 0.1~0.8
搬运参数	势能扩散系数	沉积物搬运方向的地层厚度变化	1~100km²/ka
	扩散系数变化因子	岩性纵向变化程度	0~70%
	动能对流系数	沉积物搬运方向岩性变化程度	1~100km²/ka

3. 沉积正演模拟

沉积正演模拟执行环节，主要任务是调用沉积正演模拟器，如团队自主研发的 Carbsims 或商业软件 Sedsim、Dionisos 等，通过特定的输入条件，得到沉积正演模拟结果。

4. 模拟结果筛选

沉积正演模拟结果存在一定不确定性。改变沉积过程模拟输入参数，可以得到不同的模拟结果，严格评价模拟结果，是否包含了先验认识中的沉积特征和沉积样式，各种微相的比例是否符合要求，沉积微相的规模与空间配置关系是否满足条件，对模拟结果进行筛选。图 4-17 展示了不同沉积模式的模拟结果，通常只能选择其中一个模型作为最终结果。

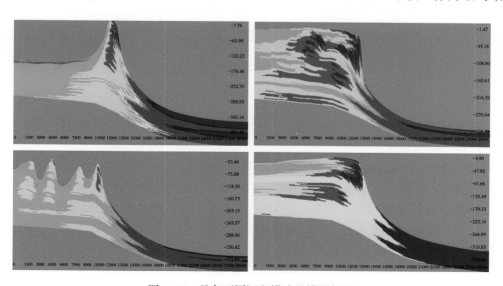

图 4-17　具备不同沉积模式的模拟结果

5. 训练图像导出

实际上，训练图像建模往往存在一定的主观性，这种主观性一方面来自上述精细地质认识的差异，另一方面来自多点地质统计学建模对训练图像要求的灵活性，即要求训练图像中包含的地质模式是核心要求，具体的训练图像外观是非核心要求。地质统计学建模过程应用的是训练图像中包含的地质模式，最终的结果是，不同的训练图像可以得到相类似的模拟结果。因此，如果已经搜集到所有可用的资料，分析了训练图像所应具备的地质特征，不同的人也可能建立出不同的训练图像，这意味着不同的训练图像代表了相同的地质模式。多点地质统计学建模的这种特点，也给训练图像选择带来了不确定性。

对于两个复杂的三维训练图像，很难通过肉眼判断其中包含的地质模式是否相同，或者有多大程度的相同。可能导致的结果是，非常有信心地选择了错误的训练图像参与多点地质统计学建模。按照上述模拟结果筛选标准可以得到多个训练图像供多点地质统计学建模使用。图 4-18 展示了具备相似沉积模式的模拟结果，这些模拟结果都可以作为同一个研究区的训练图像。

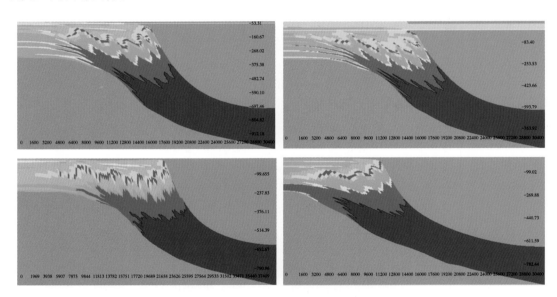

图 4-18　具备相类似沉积模式的模拟结果

6. 训练图像适应性评价

上述通过观察训练图像中各种地质特征的样式、规模和配置关系，通过多点地质统计学建模结果分析训练图像的适应性，是评价训练图像建模的重要方法。合理的训练图像更容易得到期待的沉积模式，更容易使多点地质统计学的建模结果与井上解释的沉积微相吻合，也更容易满足地震约束。比如，井上的沉积微相最小厚度为 0.1m，但是，训练图像中沉积微相的厚度最小为 0.5m，则模拟结果不可能完全与井点数据吻合，可以认为该训练图像需要完善。如果都不够合理，返回第 2 步，重新调整沉积正演模拟的输入参数，得到新的训练图像，直到模拟出合理的训练图像。

第二节　多点地质统计学建模新算法

多点统计地质建模方法于 1993 年首次提出，经过不断完善，目前常用算法有基于概率的单点随机抽样模拟方法（Snesim），基于模式的随机模拟方法（Simpat）、基于模式的随机模拟并使用过滤器的方法（Filtersim）等[16-19]。虽然这些多点地质统计学建模方法较传统两点建模方法有很大改善，但面对越来越复杂的地质体仍需进一步改进。本节在回顾传统多点建模算法的基础上，重点介绍项目团队研发的两种多点地质统计学建模新算法。

一、传统多点地质统计学算法特点

（一）Snesim 建模算法

Snesim（single normal equation simulation）方法由 Strebelle 于 2000 年提出[20]。Snesim 方法在进行概率获取的时候，用一个正规方程式而非一组方程进行概率估计，其详细原理见 Arpat 的著作[16]。

1. Snesim 算法特点

Snesim 算法的特点是：考虑空间多个点的相关性，比基于变差函数的两点统计学地质建模算法能较好地再现复杂地质体的结构和形态，是目前商业化较好的一种多点统计学地质建模算法。但该算法仍属于一种基于概率估计的方法，在随机抽样过程中的不确定性会导致不合理的抽样结果，进而导致地质体结构和形态无法真实再现。而且，由于 Snesim 仍然为单个象元的模拟实现，容易造成连续地质体的不连续，如河道的中断。

2. Snesim 算法步骤

实现步骤包括两部分，即前处理和序贯模拟。前处理部分主要完成搜索树建立，包括定义模板参数，扫描训练图像，将扫描到的所有模式以搜索树的形式存起来方便后续检索。序贯模拟是在模型网格上以局部条件概率方式重现地质模式的过程，具体包括以下四个步骤。

步骤 1：在网格系统 G 上建立一个访问未取样节点的随机路径。

步骤 2：在随机路径的某个节点 u 处以 u 为中心获取数据事件 $dev_T(u)$，该数据事件的条件数据的个数为 n'。在搜索树中检索满足数据事件的模式，根据找到的模式统计每种相出现的概率，形成条件概率分布函数。如果在搜索树上未找到满足最少个数的模式，则舍弃数据事件中距离 u 最远处的条件数据，继续在搜索树上检索，直到满足为止。

步骤 3：从 u 处的条件概率分布函数中提取一个值作为 u 处的随机模拟值，并作为后续模拟的条件数据。

步骤 4：沿着随机路径访问下一个节点，并重复步骤 2~3，直到所有节点都被访问一遍为止。

（二）Simpat 建模算法

Simpat 是基于模式的多点地质统计学建模算法的典型代表，直接从训练图像中搜索与数据事件最相似的模式然后赋值到模型网格，比 Snesim 更能有效利用训练图像体现的关于地质结构的信息。

1. Simpat 算法特点

在基于模式的多点地质统计学算法中，其利用距离（或相似性）而不是概率来度量数据事件与模式之间的差异程度，最常见的有曼哈顿距离和欧式距离。距离决定了搜索模板的大小，而模板大小决定训练图像扫描时所能捕捉到的结构特征，特定尺寸的模板只能得到特定大小的模式，多级网格的提出使得重现多种尺寸的模式成为可能。在笛卡尔坐标系统下，网格系统 G 的多级网格由一系列粗化网格 G^g 和粗化模板 T^g 组成，其中 $g=0$，…，n_g-1，n_g 表示多级网格的总数。第 g 个粗网格每个网格由各个方向的 2^{g-1} 倍个最细网格节点组成，在三维空间中，第 g 个粗网格系统每个网格由 $2^{g-1} \times 2^{g-1} \times 2^{g-1}$ 个最细网格节点组成。按照这个定义，多级网格模板处理相同节点组合关系时能够反映多种尺度的模式。

2. Simpat 算法步骤

Simpat 算法步骤主要包括前处理和序贯模拟。

前处理主要完成模式库建立，步骤如下：

步骤1：定义模板参数，利用模板 T 扫描训练图像 ti 获取所有模式 pat_T^k，其中 $k=0$，…，$n_{patT}^{ti}-1$。模式库中任意两个模式互不相同。

步骤2：利用列表或聚类的方式组织这些模式形成模式数据库，多级网格系统的模式需分别建立各自的模式库。

序贯模拟是在模型网格上以相似性判别的方式重现地质模式的过程，包括如下步骤。

步骤1：在网格系统 G 上定义随机路径以便访问到每个节点。

步骤2：在随机路径的某个节点 u 处获取数据事件 $dev_T(u)$，然后在模式库中搜索模式使距离函数 $d<dev_T(u), pat_T^k>$ 达到最小值，找到最相似的模式 pat_T^*。如果数据事件为空，则在模式库中随机选择一个模式；如果存在多个最相似的模式 pat_T^*，则在这些模式中随机选择一个。

步骤3：找到最相似的模式 pat_T^* 后，把模板 T 范围内所有节点的值替换为 pat_T^* 的值（硬数据所在节点除外）。

步骤4：沿着随机路径访问下一个节点，重复步骤 2 和步骤 3，直到所有节点访问一遍。

（三）Filtersim 建模算法

Filtersim 建模算法是在 Simpat 建模算法的基础上提出，目的是降低 CPU 和内存的耗费，提高计算效率。

1. Filtersim 算法特点

该算法用最相似的图形整体替换需模拟的数据事件，既能保持 Simpat 算法的优点，又通过过滤器对其进行优化，提高了计算效率。同时，由于 Filtersim 算法对全体图形进行了过滤处理，使其不仅能模拟离散型变量，而且可以模拟连续型变量。但是，与 Simpat 算法类似，该算法仍无法处理条件数据少的情况下，模拟地质体连续性差的问题。另外，在最终对待模拟点处数据事件进行替换赋值时，由于对训练图形类里的图形采取的随机选取方式，在一定程度上增加了最终模拟结果的不确定性。

2. Filtersim 算法主要步骤

首先，采用给定的数据模板对训练图像进行扫描，将得到的图形运用过滤器进行打分，依据分数对具有相似地质特征的图形进行分类；其次，根据数据事件搜索最相似的图形类，并从图形类里取样，替换该数据事件。Filtersim 建模算法由于对图形进行了分类，降低了算法对 CPU 和内存的耗费，大幅度提高了基于图形的多点统计地质建模算法的计算效率。

二、基于模式聚类的多点地质统计新算法

针对不同数据情况和建模目的，目前已提出了多种多点地质统计学建模算法，但这些算法都遵循大致相同的实现步骤，包括模式库建立和模式重现，其中模式扫描、相似性度量方法、模式聚类方法、模式赋值方法是多点地质统计学建模算法的几个关键。已有的算法主要从模式重现能力、模式聚类效果、模拟速度等方面考虑，而在密集硬数据的条件化方面考虑较少。

（一）新算法原理和步骤

以往 Simapt 算法的硬数据条件化方法，主要是由硬数据组成的数据事件作为搜索模式，以及将已模拟节点数据逐步加入硬数据，组成新的数据事件搜索模式。但研究发现当硬数据比较密集时，搜索到的最相似模式与硬数据吻合性较差，导致模式整体替换数据事件时使得不合适的模式放在模型中，产生错误累积效应，影响后续模式的重现。

本次新算法对模式替换方式进行了改进，即在相似模式替换步骤中，只赋值模式中心节点的值到模型网格，而非模式整体替换，这样就能够降低模式搜索结果与数据事件吻合性较差时造成的不利影响。同时为了提高模拟速度，前处理部分采用了模式聚类方法，即在模式重现之前先对模式聚类形成结构化的模式库，序贯模拟时先搜索最相似的类，再在类中搜索最相似的模式。具体的模拟算法如下，按照非条件模拟和条件模拟分别阐述。

非条件模拟主要包括 5 个步骤。

步骤 1：对于在随机路径上的某个节点 u，建立数据事件 $dev_T^{S,\ R}(u)$，其中 S 代表已模拟节点，R 表示随机分布的种子点。

步骤 2：在模式库 $patab_T$ 中搜索模式类 chf_T，使得数据事件与该类的距离 $d<dev_T^{S,R},clu_T^c>$ 达到最小，得到与数据事件最相似的模式类 clu_T^*，如果有多个类与数据事件相似度相同，则随机选取一个。

步骤 3：在搜索到的模式类 clu_T^* 中搜索其中的每一个模式 pat_T^k，使得 $d<dev_T^{S,R},pat_T^k>$ 达到最小，得到与数据事件最相似的模式 pat_T^*，如果有多个模式与数据事件同样相似，则随机选取一个。

步骤 4：把搜索到的最相似模式 pat_T^* 的中心节点赋值到模型网格节点 u 处。

步骤 5：沿着随机路径重复步骤 1~ 步骤 4，直到所有节点模拟完。

条件模拟主要包括 6 个步骤。

步骤 1：对于随机路径上的节点 u，以 u 为中心建立数据事件 $dev_T^{S,\ W}(u)$，其中 S 表示已模拟节点，W 表示井点硬数据所在节点。

步骤 2：在模式库 $patdb_T$ 中搜索每个模式类 clu_T，使得数据事件与类的距离 $d<dev_T^{S,W},clu_T^c>$ 达到最小，得到最相似的模式类 clu_T^*，如果有多个类与数据事件同样相似，则随机选取一个。

步骤 3：在搜索到的模式类中搜索模式 pat_T^k，找到与硬数据吻合最好的模式，使

$d<dev_T^W(u), pat_T^k>$ 达到最小。

步骤 4：需要考虑以下三种不同情况。

（1）如果步骤 3 中数据模板内没有硬数据，则利用已模拟节点建立数据事件 $dev_T^S(u)$，在模式类中搜索模式 pat_T^k，使得 $d<dev_T^S(u), pat_T^k>$ 达到最小，如果有多个模式 pat_T^* 与数据事件与同样相似，则随机选取一个。

（2）如果步骤 3 中数据模板内存在硬数据而且搜索到多个模式 pat_T^* 满足条件，则把这些满足硬数据条件的模式抽提出来建立新的模式库 $patdbW_T$，在新的模式库中搜索模式，使 $d<dev_T^{S,W}, pat_T^*>$ 达到最小，得到最相似的模式 pat_T^{**}，如果此时仍有多个模式同样相似，则随机选取一个。

（3）如果步骤 3 中数据模板内存在硬数据而且仅搜索到一个模式 pat_T^* 满足条件，则直接进入下一步。

步骤 5：把搜索到的最相似模式 pat_T^* 或 pat_T^{**} 的中心节点赋值到模型网格节点 u 处。

步骤 6：按照随机路径模拟下一个节点，重复步骤 2 至步骤 5，如果是硬数据所在节点则直接跳过（图 4-19）。

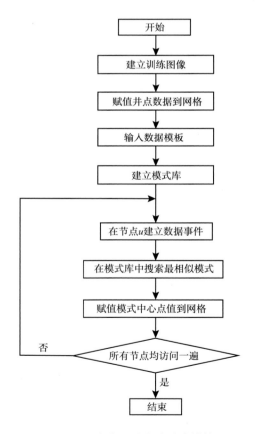

图 4-19　改进后的多点地质统计学建模算法流程图

条件模拟中硬数据的条件化包括两个部分，分别是模式类搜索和模式匹配，两者都对最终模拟结果有影响，步骤 4 给出了在模式类中搜索最匹配模式的具体细节，但是对于模式类的搜索也有多种处理方式。模式类的搜索方式大致有 3 种：

第一，仅利用硬数据 $dev_T^W(u)$ 搜索最相似的模式类，如果有多个模式类满足条件，则随机选取一个。

第二，先用硬数据 $dev_T^W(u)$ 选取最相似的模式类，如果有多个模式类满足条件，则在此基础上利用已模拟节点 $dev_T^S(u)$ 继续搜索，找到与硬数据和已模拟节点最相似的类。

第三，同时利用硬数据和已模拟节点建立数据事件 $dev_T^{W,S}(u)$ 搜索最相似的模式，相似性计算时硬数据所在节点给更大的权重，而已模拟节点给较小的权重。本改进方法主要采用第三种处理方式，这样对硬数据和训练图像的影响权衡更加合理，而且可操作性强。

上述列出的是单重网格的处理方法，如果训练图像比较复杂，存在多种尺度的地质结构，需要用到多级网格系统，则按照与上述步骤相同的处理方式在最粗网格上执行，然后赋值模拟结果到较细网格，作为硬数据参与模拟，多级网格依次进行，一般只需 2~4 级网格即可。

（二）新算法测试效果

本次提出的算法更适合复杂地质结构的模拟，称为 ARCPAT。本次通过典型的曲流河构型建模实例验证该算法的合理性和可靠性。根据经典的曲流河构型模型，河道向凹岸迁移形成点坝，点坝内部侧积层与水平面呈一定夹角排列分布，在凸岸形成比较稳定的堤岸[21]。采用人机交互方式建立三维训练图像模型，模型中包含侧积体、侧积层、废弃河道以及河道间［图 4-20（a）］。模型尺寸为 2000m×2000m×50m，网格大小为 20m×20m×1m，即网格维数为 100×100×50。

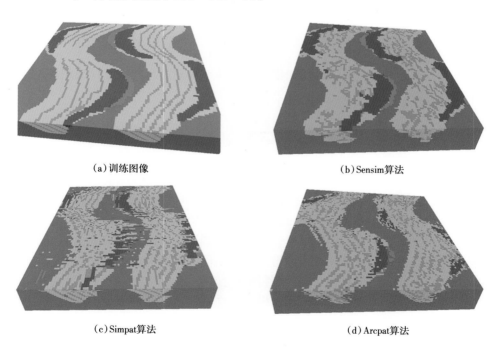

　　（a）训练图像　　　　　　　　　　　　　（b）Sensim算法

　　（c）Simpat算法　　　　　　　　　　　　（d）Arcpat算法

图 4-20　不同算法模拟结果对比

常规的基于变差函数的建模中变差函数模型和变程大小对模拟结果有重要影响，同样地，多点地质统计学建立储层构型模型时训练图像所体现的地质模式和模板尺寸的设置对模拟结果也有直接影响。曲流河构型模型中废弃河道和天然堤的规模相对较大，最复杂、最典型的内部结构是侧积层和侧积体的位置关系，采用多点地质统计学建模时模板尺寸的选定应主要考虑侧积层与侧积体的配置关系。经分析选用的模板尺寸的网格维数为 $12 \times 16 \times 12$，模板呈矩形，其长边与河流主要延伸方向一致。

采用相同的建模参数，分别利用 Snesim、Simpat 和本书提出的 ARCPAT 算法模拟训练图像，对比不同算法对训练图像的重现能力及与硬数据吻合情况。具体方法是在训练图像模型上部署井网，提取井点所穿越的网格属性作为硬数据，通过模拟重现训练图像。可以看出，Snesim 对硬数据吻合较好，尽管模拟出了废弃河道和堤岸的位置和形态，但对侧积层的模拟效果较差，没能体现侧积层的平面排列方向和侧向倾斜规律 [图 4-20（b）]；Simpat 对精细模式的模拟结果比较好，但与硬数据的吻合情况不好，井间突变现象明显，而且在模式拼接处效果不太理想，有错位现象 [图 4-20（c）]；本次改进后的 ARCPAT 算法对侧积层的模拟效果近似于 Simpat，而且与井数据的吻合情况更好 [图 4-20（d）]。

三、基于图形矢量距离的多点地质统计学建模方法

该算法是以 Simpat 算法为基础发展起来的算法，采取先聚类、再匹配的建模策略，在训练图形选取的计算效率上较 Simpat 算法具有明显改进，但其匹配数据事件与训练图形仍采用标量距离度量二者相似度的方法。标量距离度量相似度的方法虽然具有较好的图形识别功能，但对于具有地质意义的训练图形（而非单纯的几何图形），该方法的相似度判断往往难以获取在地质含义上与数据事件最佳匹配的训练图形。考虑图形选取过程中的地质含义，兼顾实际储层的非平稳性，提出了基于图形矢量距离的多点地质统计相建模算法[22]。

（一）新算法原理

目前的相似度型多点地质统计学建模算法，其度量图形与数据事件采用标量距离的方法，其计算公式如下：

$$d \langle X, Y \rangle = \left(\sum_{i=1}^{n} |x_i - y_i|^q \right)^{\frac{1}{q}} \quad （4-10）$$

在实际使用中，q 通常取 1 或 2。当 q 取 1 时，该相似度计算值为 Manhattan 距离；当 q 取 2 时，该相似度计算值为欧氏距离。以二元数据事件或图形为例（图 4-21），图 4-25（b）—（e）与图 4-25（a）对应的 Manhattan 距离均为 10。图 4-21（b）—（e）为目前相似度型建模算法对应于该数据事件的图形类，那么随机选取对应图形类中的图形对模拟网格中的该数据事件进行替换时，将会造成模拟结果的不确定性增大，甚至是图形选取错误，如选取图 4-21（c）或图 4-21（d）对数据事件图 4-21（a）进行替换。

鉴于目前相似度型多点地质统计学建模算法在选取图形时的不足，考虑储层的非平稳性特征，引入可反映图形地质含义的矢量距离来选取图形，提出了一种基于图形矢量距离的多点地质统计学建模新算法（PVDsim）。PVDsim 算法在训练图形标量距离计算的基础上（图 4-22），对图形进行聚类，计算图形类的图形代表，并采用标量距离将数据事件和

图形代表进行相似度对比，选取最相似的图形类；再采用角度距离，在最相似的图形类里，选取与数据事件最相似的图形。

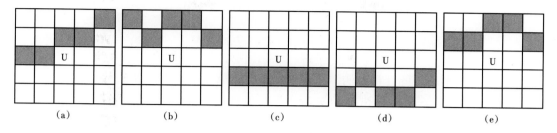

图 4-21　二元数据事件与图形

$|1-0|$	$|0-0|$	$|1-0|$	$|1-0|$	$|0-1|$
$|0-0|$	$|1-0|$	$|0-1|$	$|0-1|$	$|1-0|$
$|0-1|$	$|0-1|$	$|0-0|$	$|0-0|$	$|0-0|$
$|0-0|$	$|0-0|$	$|0-0|$	$|0-0|$	$|0-0|$
$|0-0|$	$|0-0|$	$|0-0|$	$|0-0|$	$|0-0|$

图 4-22　二元数据标量距离的计算方式

（二）图形聚类与图形原型

PVDsim 算法在图形标量距离计算的基础上，采用 K-means 方法进行图形聚类。K-means 方法的聚类原理为（图 4-23）：（1）在训练图形库的标量距离计算分布图中，随机选取 K 个值作为种子点，$K \geqslant 2$；（2）计算所有训练图形标量距离到 K 个种子点之间的距离，将距离种子点最近的训练图形聚为种子点所在的类；（3）对每类里全部的训练图形的标量距离求平均，作为类的新的种子点；（4）重复步骤（2）和（3），直到种子点不移动。通过 K-means 方法，可以将训练图形库中标量距离相近的所有图形聚为一类。训练图形库通过 K-means 方法聚类形成的图形类组成训练图形类库。

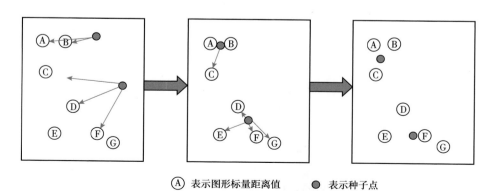

Ⓐ 表示图形标量距离值　●表示种子点

图 4-23　K-means 方法聚类原理

建立训练图形类库后，需要根据数据事件的标量距离，选择最相似的图形类，因此需要对训练图形类进行"标准化"，以便选取图形类时可对训练图形类库进行遍历操作。标准化后的图形即为该图形类的图形原型。采用均值的方法计算各图形类的图形原型：

$$P_{\mathrm{TC}}(i,j,k) = \sum_{1}^{n}\left[P_{\mathrm{C}}(i,j,k)\right]/N_{\mathrm{C}} \qquad (4\text{-}11)$$

根据训练图形原型的计算方法，原型在每个网格单元中的值，等于图形类里所有图形对应网格单元处值的算术平均值。因此，图形原型网格单元中的数值既可为整数值（离散值），也可为非整数值（连续值）。

（三）角度距离

角度距离的对比可以充分反映训练图形与数据事件在地质含义上的"相似性"，例如某种相的展布方位和形态。角度距离的计算以数据模板中心点为原点，以分别平行于数据模板中的网格单元的长、宽、高的3个方向为 x、y、z 坐标轴建立直角坐标系，计算数据事件和图形中已知点（图4-24中的 A 点）与原点的角度（图4-24中 α），得到数据事件和图形已知点的累计角度值。计算角度距离的坐标系和方法如图4-24所示（以二维数据模板为例）。那么根据用户设定的相似度门槛值或最优值，可作为数据事件选取最佳训练图形，通过角度距离二次匹配，所选的训练图形在砂体（黑色）展布方位和形态上，与数据事件在地质含义上具有较高的相似性，能够避免传统多点地质统计建模算法仅依靠标量距离进行相似度度量的不足。

通过数据事件和图形角度距离的计算和对比，可以从与数据事件几何相似的图形类里，挑选出与数据事件地质含义上相似的图形，大幅提高多点地质统计学建模算法的模拟精度。

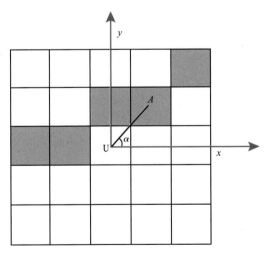

图4-24　计算角度距离的坐标系和方法（以二维数据模板为例）

（四）新算法的模拟过程

PVDsim算法的实现需要对数据事件与训练图形进行二次匹配，在图形匹配的出发点、矢量距离获取、图形聚类方法等方面，均与之前的多点地质统计学建模算法，如Simpat、

Filtersim 等，存在较大差异。

　　PVDsim 算法采用序贯模拟方法，沿随机路径顺序访问模拟网格中所有待模拟点直至模拟结束，生成一个模拟实现。PVDsim 算法的模拟过程有 2 个主要的特色：（1）与其他基于聚类方法的多点地质统计学建模算法相比，如 Filtersim，PVDsim 算法通过数据事件与训练图形的二次匹配，先匹配图形类，再匹配最相似的图形，不降低计算效率，而与非聚类多点地质统计学建模算法相比，如 Simpat，可大幅提高计算效率；（2）以矢量距离作为数据事件与训练图形的相似度判据，与以往只以标量距离作为相似度判据的多点地质统计学建模算法相比，可大幅降低随机模拟的不确定性，使模拟精度提高，模拟结果更加符合地质学家的地质认识。

　　PVDsim 算法的模拟步骤如下（图 4-25）：

　　（1）选定训练图像，设计数据模板，确定计算参数；

　　（2）采用步骤（1）设计的数据模板扫描训练图像，建立训练图形数据库；

　　（3）计算步骤（2）中数据库中所有训练图形的标量距离，并采用 K-means 方法对训练图形进行聚类，得到训练图形类；

　　（4）计算步骤（3）中图形类的图形原型及其标量距离；

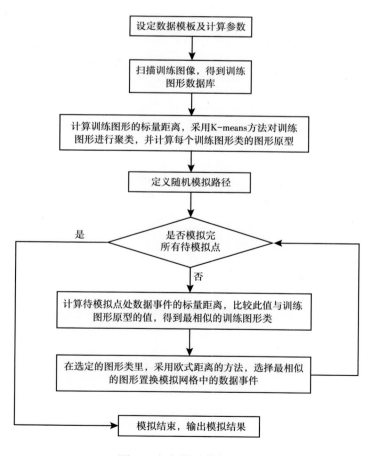

图 4-25　新算法模拟流程

（5）定义随机模拟路径，开始随机模拟；

（6）计算待模拟点处数据事件的标量距离；

（7）遍历步骤（4）中的图形原型，匹配与数据事件最相似的图形类；

（8）计算步骤（7）中图形类里所有训练图形的角度距离和数据事件的角度距离，匹配与数据事件最相似的训练图形；

（9）循环重复步骤（6）到步骤（8），直至随机路径中所有待模拟点都被模拟，输出模拟实现。

（五）新算法测试效果

通过河流相典型算例对比了 PVDsim 建模算法与 Snesim 和 Filtersim 多点地质统计学建模算法的模拟效果。算例以一个二维的类似河道沉积的地质体作为训练图像［图 4-26（a）］，网格规模为 101×101，网格单元大小为 10m×10m×10m。采用非条件模拟方式，对比 PVDsim 和 Snesim、Filtersim 两种现有的多点地质统计学建模算法的图形再现能力和模拟效果。模拟时数据模板设置为 7×7，置换模板设置为 5×5，多尺度网格级数设置为 2，模拟参数均保持一致，模拟得到 4 种多点地质统计学建模算法的各自 3 个实现［图 4-26（b）-（e）］，其中黄色圆圈标示出模拟实现中存在的明显缺陷。

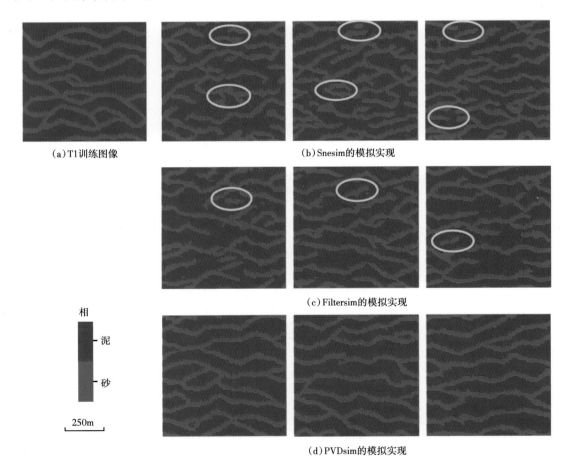

（a）T1训练图像　　　　　　　　　　　（b）Snesim的模拟实现

（c）Filtersim的模拟实现

相

泥

砂

250m

（d）PVDsim的模拟实现

图 4-26　二维训练图像与模拟实现对比[22]

总体而言，4 种多点地质统计学建模算法均具有一定的图形重现能力，但仔细分析训练图像与各模拟实现发现：Snesim 算法由于基于概率，且采用点替换的模拟策略，模拟实现［图 4-26（b）］在河道发育趋势、河道连续性与河道密度方面，均存在缺陷，与训练图像存在较大差异；Filtersim 算法采取了图形替换的模拟策略，模拟效果整体上较 Snesim 算法好，但由于线性过滤器在图形选取方面难以真正筛选出最相似的图形，导致模拟实现［图 4-26（c）］在河道连续性与河道密度方面仍存在不足。本次提出的 PVDsim 算法模拟结果［图 4-26（d）］不仅在河道发育趋势、河道连续性和河道密度等方面与训练图像相似，而且能够较好地反映训练图像包含的地质含义，与训练图像保持较高的一致性。

第三节　四维地震辅助地质模型更新技术

传统的油藏模型更新过程中，油藏模型的最终优选主要以单井历史拟合结果为准，井间剩余油分布预测是否合理往往无据可循，存在较大不确定性。四维地震是现代油藏监测的重要手段之一，对于指导井间剩余油分布预测具有较强优势。浊积岩储层具有高孔、高渗特征，四维地震油藏监测技术比较适用于该类油藏，可有效预测水驱或气驱前缘位置，对于指导油藏模型具有重要作用。为进一步提升油藏地质模型更新的准确度，提出了在常规地质模型更新过程中融入四维地震监测信息，以四维地震反映的流体变化信息作为井间"硬数据"，形成一套四维地震—地质建模—油藏数模闭环式油藏模型迭代更新方法。

一、四维地震驱动油藏模型更新

油藏模型更新是建模数模一体化研究的主要目标，为获得更加贴近油藏实际的三维模型，融入更多、更可靠的动静态数据是主要途径，四维地震信息与建模数模一体化的耦合有助于提升油藏模型更加精准。

（一）四维地震约束油藏模型更新的适用性

在四维地震资料一致性采集、处理基础之上，其关键作用是对油藏开采过程中的饱和度变化进行有效解释，这对于指导剩余油分布预测具有较强优势，能够定性判断出水驱前缘的位置变化。四维地震的应用需要一定的油藏地质条件作为基础，也就是在气驱或水驱之后，流体密度的差异变化可以在地震反射中具有清晰的反映。通常需要储层具有高孔、高渗特征，加之如果储层岩石骨架结构较为疏松，更有利于流体变化的地震信号拾取。

西非安哥拉深海浊积岩油藏属于典型的高孔、高渗、疏松砂岩油藏，从油藏条件来看较为适合采用四维地震监测；另外，该油藏属于新近系地层，时代较新、埋藏较浅，海上采集的地震资料分辨率较高，对准确识别储层及流体奠定了基础；同时，安哥拉深海油藏原油品质均为轻质油、密度较低，能量补充方式以注水为主，水与油之间的密度差明显，四维地震差异信号易于捕捉。综上，四维地震信息对于深海浊积岩油藏模型的更新具有很强的适用性。

（二）四维地震约束油藏模型更新的必要性

三维地质模型作为高效管理油气藏的基础，需要根据油气藏的开发过程不断更新，伴随整个油气藏的生命周期。现实中的开发井网往往难以控制井间存在的不确定性，地震信息的融入是提高井间储层认识的必要手段，需要采用多学科协同的方式不断推动油藏模型更新。已有的关于四维地震研究内容多数集中在地震资料一致性处理、地震属性优选以及油藏定性监测等方面，与生产动态结合较多，但缺乏与三维地质模型之间的互动分析；已有的关于油藏模型更新方法，主要关注基于井信息的地质统计学方法探索，井间的动态约束信息应用较少。

二、四维地震驱动油藏模型更新方法

借助四维地震可有效监测流体变化这一优势，突破传统的仅依靠单井信息作为检验标准的弊端，将四维地震监测信息引入到建模数模一体化过程中，形成了一套完整的油藏模型更新方法，如图 4-27 所示。具体内容包括：四维地震监测流体分布变化与油藏数值模拟结果比较；基于对比差异进行三维地质模型更新；油藏模型迭代历史拟合及四维地震信息差异比较。

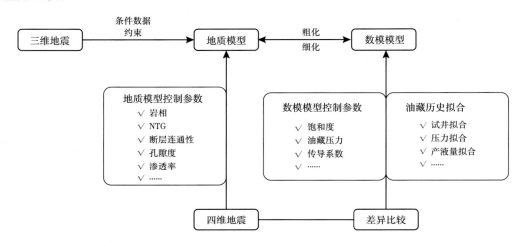

图 4-27　利用四维数据和现场动态数据更新油藏模型的工作流程示意图

（一）四维地震监测流体变化与数值模拟结果比较

1. 四维地震差异信息提取

通常认为四维地震监测到的流体变化信息较为可靠，通过四维地震监测信息与油藏数值模拟模型进行比较，两者之间的差异即反映了油藏模型的不准确性。在多期采集地震资料一致性处理的基础上，选择基础地震数据（Base）和监测地震数据（Mon_x）各一套，通过监测地震数据与基础地震数据做差（Δ），可得到反映流体变化的四维地震响应，计算公式如下：

$$\Delta = \mathrm{Mon\_}x - \mathrm{Base} \tag{4-12}$$

式中，Δ 表示不同时期地震监测反映的流体变化差异；$\mathrm{Mon\_}x$（$x=1，2，3，\cdots$）表示不同时期采集的四维监测地震数据；Base 表示油藏开发之前采集的基础地震数据。当水驱油之后，储层的含水饱和度会增大，流体密度会升高，地震波阻抗值呈现上升趋势，Δ 值在地震剖面上呈现正波形（上波谷、下波峰）的响应；当气驱油之后，含气饱和度增大，流体密度降低，地震波阻抗呈现下降趋势，Δ 值在地震剖面上呈现负波形（上波峰、下波谷）的响应[23]。

2.四维地震流体监测信息解释

以四维地震差异属性体 Δ 为基础，以构造解释得到的储层顶底面为约束，提取均方根振幅属性（RMS），属性高值区代表流体驱替范围，据此可确定流体变化基本位置。以四维地震差异属性平面图为底图，建立覆盖整个区域的地震测线剖面网，逐剖面落实差异属性的具体边界，并在平面图中做好标定点，之后将各点连线便确定了流体驱替前缘的确定位置。

3.四维地震监测结果与油藏数模模型比较

在数模模型中选取与四维地震相同时间节点的流体饱和度数据作为比较，以地质小层为单元，将四维地震监测小层平面图与数模模型流体饱和度小层平面图进行比较。如果流体驱替前缘位置较为吻合，则说明数模模型合理，不需要对地质模型进行更新；如果两者前缘位置差异较大，说明地质模型存在较大的误差，需要针对性的对地质模型进行更新。

（二）基于对比差异的三维地质模型更新

根据上述四维地震监测与油藏模型比较的差异，针对性对三维油藏模型进行更新，具体如下。

1.构造模型校正

构造模型是整个三维油藏模型的格架基础，直接决定了储集体的体积大小，是影响储量计算的重要因素。地质建模中构造模型包括断裂及层面，因构造解释主要基于三维地震资料开展，受地震资料品质限制，对构造的认识会存在一定程度的多解性。模型校正需要重点关注的环节包括时深转换（速度模型建立）、地质层位解释方案、断层位置及接触关系调整等。西非安哥拉深海油田受盐底辟构造影响，断裂较为发育，断层的接触关系和封闭性会直接影响油水流体运动。

2.三维相模型校正

此处的相模型涵盖了沉积微相、构型相、岩相等多种含义。相模型决定了储层的分布位置和体积大小，安哥拉深海浊积岩油藏井距较大，主要依靠三维地震信息进行相分布预测，包括基于地震振幅属性进行构型边界的确定、基于纵横波速度比（v_p/v_s）属性确定砂体空间分布范围。因缺少足够的井数据标定，相带边界位置、砂体厚度分布的厘定仍存在不确定性。根据四维地震反映的流体界面变化范围，映射到地质模型中需要调整的相模型参数包括砂体宽度范围、厚度范围、变差函数、砂泥岩比例（NTG）等。调整的方法主要包括基于目标的示性点过程模拟、序贯指示模拟及多点地质统计学模拟等。

3.三维隔夹层数量及分布范围调整

因隔夹层是影响开发过程的关键因素，也是模型调整最经常涉及的部分，顾单独列出介绍。浊积岩中隔夹层主要由水道相互切割而剩余的泥质水道部分构成，其分布规律复杂，三维预测存在较大不确定性，其准确位置及范围需要借助动态信息进行反馈和校正。通过四维地震及数值模拟所反映的流线信息，可在模型中适当增加或减少夹层的数量或范围。调整的方法主要采用确定性分析的思路，根据动态认识及地质展布规律在模型中手工增加或减少。

4.油藏物性参数特征调整

物性参数是油藏动态模拟中最能直接反映变化趋势的参数，该处主要包括断层传导率、储层孔隙度、渗透率分布等。断层连通与否很难通过静态数据进行单一判断，需要借助空间流体变化信息辅助分析。另外，储层孔隙度、渗透率分布规律也缺乏足够的井数据进行约束，存在动态调整的可能性。将四维地震反映的流体界面变化与油藏数模结果进行对比，如果油藏数模的推进速度低于四维地震的结果，则需要将地质模型中相应区域的孔隙度或渗透率进行提高，使得模型的推进速度与四维地震相一致，确保模型可靠。调整方法通常采用建立局部分区（Region）叠加乘法因子（Multipliers）的方式，直至数模结果达到预期目标。

5. 初始流体界面的认识变化

初始流体界面主要指油水界面（OWC）、气油界面（GOC），其为决定地质储量大小的另一关键因素。浊积岩油藏中原始流体界面识别主要依靠基于地震反射的平点检测技术（DHI）、钻井压力测试（DST/MDT）或测井流体解释等。通常提到的流体界面往往会存在过渡带（油水过渡带、气油过渡带），因此，初始流体界面会存在变化区间，通过对比四维地震与数模模型之间的匹配差异，可以在油水过渡带区间内动态调整初始流体界面的位置。

（三）油藏模型迭代拟合及差异比较

通过上述差异对油藏模型参数进行更新后，需要进一步开展历史拟合工作，并再次与四维地震信息比较，开展新一轮的迭代更新工作。

1. 油藏模型的压力拟合

压力拟合包括油层静压和流动压力拟合，如果拟合误差在 10% 以内则认为模型拟合结果较好，误差在 25% 以内则认为拟合效果中等，误差超过 25% 则认为模型需要调整的空间较大。

2. 气油比（GOR）拟合

如果历史拟合结果与单井实际监测的气油比变化趋势基本一致，则认为效果较好，模型较为可靠；如果拟合结果只有部分趋势相一致，说明历史拟合的效果一般，模型参数还需要进一步调整。

3. 含水率拟合

如果生产记录显示在短期内（小于 6 个月）即出现水淹，且历史拟合趋势与实际生产趋势一致，相对误差在 5% 以内，则认为模型的拟合效果较好；如果生产记录显示在一年以内出现水淹，但历史拟合结果只有部分与实际生产数据相吻合，则认为历史拟合的效果一般，油藏模型参数还需要进一步调整。

4. 油藏历史拟合效果整体评估

好的历史拟合结果其整体吻合率要达到 80% 以上，且预测的饱和度、压力变化范围要与四维地震反映的区域范围基本一致。如果历史拟合吻合度在 50%~80%，尤其是如果水（气）驱前缘的位置存在一定的偏差，则需要重新分析是地震反射信息的误差还是模型本身的问题。如果确认该误差不可忽视，则需要返回再次进行模型更新，往复迭代直至数模结果与四维地震监测结果趋于一致。

参 考 文 献

[1] 李少华，刘显太，王军，等. 基于沉积过程建模算法 Alluvsim 的改进 [J]. 石油学报，2013，34（1）：140-144.

[2] 胡迅，尹艳树，冯文杰，等. 深水浊积水道训练图像建立与多点地质统计建模应用 [J]. 石油与天然气地质，2019，40（5）：1126-1134.

［3］ Ferguson R I. Disturbed periodic model for river meanders［J］. Earth Surface Processes & Landforms，2010，1（4）：337-347.

［4］ Howard A D. Modelling channel migration and floodplain development in meandering streams// Carling P A，Petts G E. Lowland Floodplain Rivers［M］. New York：John Wiley & Sons，1992.

［5］ Sun T T，Meakin P，Jossang T. A simulation model for meandering rivers［J］. Water Resources Research，1996，32（9），2937-2954.

［6］ Wynn R B，Cronin B T，Peakall J. Sinuous deep-water channels：Genesis, geometry and architecture［J］. Marine and Petroleum Geology，2007，24（6-9）：370-387.

［7］ 张文彪，段太忠，刘彦锋，等. 深水浊积水道构型要素特征及三维分布模拟［J］. 石油与天然气地质，2018，39（4）：801-810.

［8］ 印森林，高阳，胡张明，等. 基于无人机倾斜摄影的露头多点地质统计模拟：以山西吕梁坪头乡石盒子组为例［J］. 石油学报，2021，42（2）：198-216.

［9］ 印森林，谭媛元，张磊，等. 基于无人机倾斜摄影的三维露头地质建模：以山西吕梁市坪头乡剖面为例［J］. 古地理学报，2018，20（5）：909-924.

［10］ 印森林，陈恭洋，刘兆良，等. 基于无人机倾斜摄影的三维数字露头表征技术［J］. 沉积学报，2018,36（1）：72-80.

［11］ 段太忠，王光付，廉培庆，等. 油气藏定量地质建模方法与应用［M］. 北京：石油工业出版社，2019.

［12］ 廉培庆，高文彬，汤翔，等. 基于 CT 扫描图像的碳酸盐岩油藏孔隙分类方法［J］. 石油与天然气地质，2020，41（4）：852-861.

［13］ 张文彪，段太忠，郑磊，等. 基于浅层地震的三维训练图像获取及应用［J］. 石油与天然气地质，2015，36（6）：1030-1037.

［14］ 张文彪，段太忠，刘志强，等. 深水浊积水道多点地质统计模拟：以安哥拉 Plutonio 油田为例［J］. 石油勘探与开发，2016，43（3）：403-410.

［15］ 张文彪，段太忠，刘彦锋，等. 综合沉积正演与多点地质统计模拟碳酸盐岩台地：以巴西 Jupiter 油田为例［J］. 石油学报，2017，38（8）：925-934.

［16］ Arpat G B，Caers J.A multiple-scale，pattern-based approach to sequential simulation［M］. Geostatistics Banff. Netherlands：Springer：2004，255-264.

［17］ Arpat G B，Caers J.Conditional simulation with patterns［J］. Mathematic Geology，2007，39（2）：177-203.

［18］ Pyrcz M J，Deutsch C V. Geostatistical reservoir modeling，2nd edn［M］. New York：Oxford University Press，2014.

［19］ Mariethoz G，Caers J.Multiple-point Geostatistics：Stochastic Modeling with Training Images［M］. New York：John Wiley & Sons，2014.

［20］ Strebelle S B，Journel A G. Reservoir Modeling Using Multiple-point Statistics.SPE Annual Technical Conference and Exhibition，Society of Petroleum Engineers，2001.

［21］ Miall A D. The Facies and Architecture of Fluvial Systems［M］. Fluvial Depositional Systems. Netherlands：Springer International Publishing，2014：9-68.

［22］ 王鸣川，段太忠. 基于图型矢量距离的多点地质统计相建模算法［J］. 石油学报，2018，39（8）：916-923.

［23］ Li M，Liu Z，Liu M，et al. Prediction of residual oil saturation by using the ratio of amplitude attributes of time-lapse seismic data［J］. Geophysics，2017，82（1）：1-12.

第五章 开发井位及生产制度优化技术

深海油田往往采用海上浮式生产平台开发,投资大、风险高,一般采取"稀井高产"方式,井位选择非常重要,合理的井位可以降低开发过程中的不确定性,从而提高油藏开发效果。本章通过建立井位优化的数学模型,筛选合适的优化算法,以净现值 NPV 为目标函数,利用潜力约束提高初始化布井质量,通过优化算法迭代更新井位坐标,优化油田开发中井位,并利用深度学习算法,开展油/水井生产制度优化。

第一节 井位优化数学模型

所谓优化问题,就是在满足一定的约束条件的前提下,寻找一组参数值,使求解问题的某些性能指标达到最大或最小[1, 2]。寻求问题最优解的第一步是要描述问题并且建立问题相应的数学模型,即利用数学方程式和不等式来描述说明所求的优化问题,其中包括目标函数和约束条件,而识别目标、确定目标函数的数学表达式是非常关键的。

一、经济评价模型

油田开发以追求投资期内产量最大化和利益最大化为目标,井位优化模型以累计产油量或净现值最大为寻优终止条件,累计产油或净现值目标函数,本章以净现值 NPV 为目标函数进行优化。直井的井位优化模型如下[3]:

$$\text{NPV} = \sum_{t=1}^{T} \frac{R_t - E_t}{(1+r)^t} - C^{\text{capex}} \tag{5-1}$$

$$R_t = p_{\text{o}} Q_t^{\text{o}} \tag{5-2}$$

$$E_t = p_{\text{w}}^{\text{p}} Q_t^{\text{w,p}} + p_{\text{w}}^{\text{i}} Q_t^{\text{w,i}} \tag{5-3}$$

$$C^{\text{capex}} = \sum_{w=1}^{N^{\text{well}}} \left(C_{\text{w}}^{\text{top}} + L_{\text{w}}^{\text{main}} C^{\text{drill}} \right) \tag{5-4}$$

式中,T 为总的生产时间,年;r 为折现率;R_t,E_t 分别为第 t 年的收入和操作费用;p_{o} 为原油价格;Q_t^{o} 为第 t 年的累计产油量;p_{w}^{p} 为污水处理费用;$Q_t^{\text{w,p}}$ 为第 t 年的累计产水量;p_{w}^{i} 为注入水费用;$Q_t^{\text{w,i}}$ 为第 t 年的累计注水量;N^{well} 为总井数;$C_{\text{w}}^{\text{top}}$ 为从地面到油藏顶部的钻井费用;$L_{\text{w}}^{\text{main}}$ 为主井筒的长度;C^{drill} 为油藏内部每米的钻井费用。

通过以上经济评价模型可以建立井位优化的目标函数,在每次数值模拟之后,将参数输入该模型获得对应的经济最优值。在经济评价模型中暂时不考虑油价变化对经济效益的评价。

二、井位优化数学模型

（一）井位优化

由于在油藏中的布井过程具有随机性，单纯依靠数学寻优算法优化不同井的布井位置，可能会出现数值模拟中不能接受的方案，例如：井在无效网格中，两井间的距离小于最小井距的限制。因此需要加入控制条件防止出现无效方案，降低程序的运行速度。结合模型的特征，引入约束条件，井位优化示意图如图5-1所示。

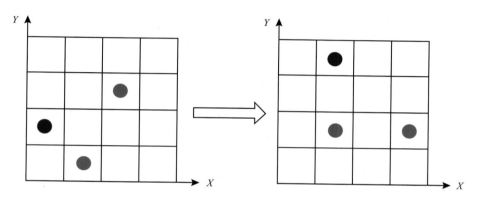

图 5-1 井位优化示意图

1. 优化的变量

优化的变量为油井、水井的井位坐标 (x_i, y_i)，如果油藏有 n 口井，那就有 $2n$ 个优化变量 $\{x_1, y_1, x_2, y_2, ..., x_i, y_i, ..., x_n, y_n\}$。

2. 目标函数

目标函数为目标油藏在预测年限结束后净现值 NPV 达到最大值。

3. 约束条件

1）油藏边界约束

在井位生成的过程中涉及随机函数，在迭代更新过程中也涉及井位变化，有可能生成的井位坐标不在油藏网格范围内。对于这种情况应该对井位坐标进行约束使之不能超出油藏边界：

$$x^L \leq x_i \leq x^U, y^L \leq y_i \leq y^U \qquad (5-5)$$

式中，(x_i, y_i) 为 i 井的井头坐标；D 为最小井距，m；x^L，x^U 分别为油藏网格坐标 x 方向的上下限，m；y^L，y^U 分别为油藏网格坐标 y 方向的上下限，m。

2）两口井之间的最小井距约束

在布井过程中严格控制井网密度，防止井距过小。井距约束条件如下：

$$\sqrt{(x_i - x_j)^2 + (y_i - y_j)^2} \geq D \qquad (5-6)$$

在优化的过程中，布井方案的井位坐标是由算法生成的，没有考虑网格特征，因此有可能生成的井位坐标没有在有效网格之内，在数值模拟器里就是无效布井。为了防止井间交叉（即两井的井轨迹相交）和生产过程出现不合理的井间干扰，有必要对两井间的最小距离进行限制和约束。

（二）井型优化

井型的优化是在迭代计算中利用油藏工程的方法确定其参数，也就是说井位坐标的迭代变化依靠优化算法实现，井型的相关参数是在每次迭代确定出井位坐标之后，结合该井周围的网格数据的潜力约束，使这口井穿过更多的生产潜力高的网格，从而确定出该井的井身长度、方位角等参数。井型优化的井身结构示意图如图 5-2 所示。

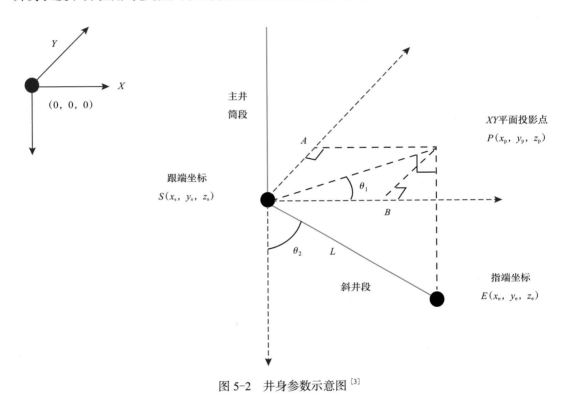

图 5-2　井身参数示意图[3]

1. 优化变量

对于直井的优化，由于不需要考虑井轨迹的优化，只需要初始化井的平面 (x, y) 坐标即可，但对于斜井或水平井的优化，涉及井身长度、方位角等参数。在每次迭代更新完井位（跟段）坐标 (x_s, y_s, z_s) 后（即相当于井位坐标暂时是确定的），要确定出图 5-2 中井轨迹就需要求出指端坐标 (x_e, y_e, z_e)。通过 3 个未知参数 (θ_1, θ_2, L) 加上跟端坐标 (x_s, y_s, z_s) 就可以描述井轨迹。

其中，线段 PE、PS、PA、PB 的长度分别为

$$L_{PE} = L\cos\theta_2 \tag{5-7}$$

$$L_{PS} = L\sin\theta_2 \tag{5-8}$$

$$L_{PA} = L \sin \theta_2 \cos \theta_1 \qquad (5-9)$$

$$L_{PB} = L \sin \theta_2 \sin \theta_1 \qquad (5-10)$$

则对于任意一口井而言，其指端坐标为 (x_e, y_e, z_e)：

$$x_e - x_s = L \sin \theta_2 \cos \theta_1 \qquad (5-11)$$

$$y_e - y_s = L \sin \theta_2 \sin \theta_1 \qquad (5-12)$$

$$z_e - z_s = L \cos \theta_2 \qquad (5-13)$$

即：

$$x_e = x_s + L \sin \theta_2 \cos \theta_1 \qquad (5-14)$$

$$y_e = y_s + L \sin \theta_2 \sin \theta_1 \qquad (5-15)$$

$$z_e = z_s + L \cos \theta_2 \qquad (5-16)$$

式中，(x_s, y_s, z_s) 为井头坐标；(x_e, y_e, z_e) 为跟端坐标；L 为指端到跟端的井身长度，m；θ_1 为斜井段在 XY 平面的投影与 X 轴正方向形成的夹角，（°）；θ_2 为斜井段与 Y 轴正方向形成的夹角，（°）。

2. 目标函数

与直井井位优化一样，目标函数为选取的目标油藏在预测年限结束后，净现值 NPV 达到最大值。

3. 约束条件

1）优化变量上下界限值

首先，跟端坐标要在油藏范围之内：

$$x^L \leqslant x_i \leqslant x^U, y^L \leqslant y_i \leqslant y^U, z^L \leqslant z_i \leqslant z^U \qquad (5-17)$$

由于实际钻井过程中井轨迹总是从跟端向指端延伸，一般情况下跟端深度大于指端深度，因此角度应有 $\theta_1 \in [0°, 360°]$；$\theta_2 \in [0°, 90°]$。当 $\theta_2 = 0°$ 的时为直井，当 $\theta_2 = 90°$ 的时为水平井。

经过油藏工程论证，合理的井身长度范围为

$$L_{min} \leqslant L \leqslant L_{max} \qquad (5-18)$$

2）最小井距约束

油藏中两口井的井口距离必须大于最小井距，即

$$\sqrt{\left(x_i - x_j\right)^2 + \left(y_i - y_j\right)^2} \geqslant D \qquad (5-19)$$

假设两口井井身上的任意一点的坐标分别为 (x_m, y_m, z_m) 和 (x_n, y_n, z_n)，则：

$$\sqrt{\left(x_m - x_n\right)^2 + \left(y_m - y_n\right)^2 + \left(z_m - z_n\right)^2} \geqslant D \qquad (5-20)$$

（三）井网加密

井网加密主要是针对已投入开发的老油田，在维持现有井的基础上，设计钻一定数量的新井，提高水驱控制程度，改善开发效果。这里的井网加密优化指在加密井数目一定的情况下，优化各加密井的井位，实现油藏净现值最大化。

在数学模型上，井网加密优化问题与井位优化问题类似，其区别主要在于优化变量，井位优化问题中优化油藏中每一口井的井位，而井网加密优化问题中，只优化待加密井的井位。井网加密的示意图如图 5-3 所示。

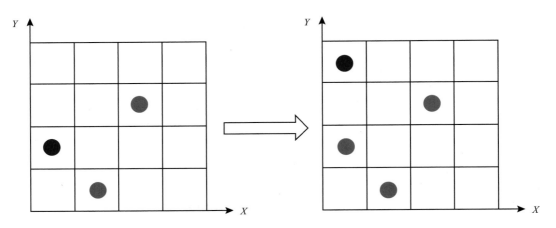

图 5-3　井网加密示意图

1. 优化变量

井网加密即基于现有的井网约束之下布置新井井位、井型。井网加密优化中，将井分为两类：已存在的老井和待加密的新井。相应地，如果是井位优化，两类井的井位分别用 X^{exist}、Y^{exist} 和 X^{infill}、Y^{infill} 来表示，有

$$
\begin{aligned}
X^{\text{exist}} &= \left[x_1^{\text{exist}}, x_2^{\text{exist}}, \dots, x_m^{\text{exist}} \right] \\
Y^{\text{exist}} &= \left[y_1^{\text{exist}}, y_2^{\text{exist}}, \dots, y_m^{\text{exist}} \right] \\
X^{\text{infill}} &= \left[x_1^{\text{infill}}, x_2^{\text{infill}}, \dots, x_m^{\text{infill}} \right] \\
Y^{\text{infill}} &= \left[y_1^{\text{infill}}, y_2^{\text{infill}}, \dots, y_m^{\text{infill}} \right]
\end{aligned}
\tag{5-21}
$$

式中，x_i^{exist} 指现有第 i 口井的井位的 x 坐标，y_i^{exist} 指第 i 口井的井位的 y 坐标。

如果是井型优化，则加密井的优化变量为 $(X^{\text{infill}}, Y^{\text{infill}}, \theta_1, \theta_2, L)$。

2. 目标函数

选取目标油藏在预测年限结束后，净现值 NPV 达到最大值。

3. 约束条件

1）加密井的井身参数上下界限值

其中，井头坐标在油藏范围之内，即

$$
x^L \leqslant x_i^{\text{infill}} \leqslant x^U, y^L \leqslant y_i^{\text{infill}} \leqslant y^U, (z^L \leqslant z_i^{\text{infill}} \leqslant z^U)
\tag{5-22}
$$

由于实际打井过程是向地层下打井，不会出现指端坐标在井头之上，因此角度应有如下取值约束：$\theta_1\in[0°，360°]$，$\theta_2\in[0°，90°]$。当$\theta_2=0°$时为直井，当$\theta_2=90°$时为水平井。

经过油藏工程论证，合理的井身长度范围为：

$$L_{min}\leqslant L\leqslant L_{max} \tag{5-23}$$

2）最小井距约束

油藏中两口井（包括与现有的井和新加密的井之间）的井口距离必须大于最小井距，即：

$$\sqrt{\left(x_i-x_j\right)^2+\left(y_i-y_j\right)^2}\geqslant D \tag{5-24}$$

假设两口井（包括与现有的井和新加密的井之间）井身上的任意一点的坐标分别为$(x_m，y_m，z_m)$和$(x_n，y_n，z_n)$，则：

$$\sqrt{\left(x_m-x_n\right)^2+\left(y_m-y_n\right)^2+\left(z_m-z_n\right)^2}\geqslant D \tag{5-25}$$

第二节　井位优化算法选择与改进

一、井位优化算法的选择

根据算法寻优过程中是否依赖目标函数的梯度信息，国内外对井位优化提出了两类算法：梯度优化方法和非梯度优化方法[4, 5]。

梯度算法，即优化算法在迭代寻优过程中，需要用到目标函数关于优化变量的导数信息。常见的梯度算法包括牛顿法、最速下降法、序列二次规划法等。

无梯度算法，即优化算法在迭代寻优过程中，只需要目标函数值的信息，而不需要导数信息。无梯度算法也称为零阶算法，包括各类直接搜索算法，如单纯型法、模式搜索法等，目前用于井网及生产制度优化问题的无梯度优化算法主要为遗传算法、模拟退火算法、粒子群算法等。优化算法的对比见表5-1。

表5-1　优化算法优劣性对比表

算法类型	算法名称	缺点
梯度优化 方法	牛顿法	需要求取目标函数对渗流参数的偏导数，计算量大，无法处理目标函数不连续、约束条件非线性情况。不适用本次的非线性求解问题
	最速下降法	
	共轭梯度法	
	广义简约梯度法	

续表

算法类型	算法名称	缺点
非梯度优化方法	遗传算法	容易出现早熟收敛，收敛精度低，容易陷入局部搜索，没有结合人的经验
	模拟退火算法	
	蚁群算法	
	差分进化算法	
	粒子群算法	粒子群算法计算简单，参数设置少、能够处理的变量数目多、易于实现、具有较强的全局搜索能力和鲁棒性，收敛速度较快并且不需要梯度信息

目前求解大型多维优化模型的方法主要用梯度类算法和搜索类算法。根据井网优化数学模型，井位优化是一个大尺度、多峰值、有约束的优化问题，梯度的获取很困难。因此，梯度类算法目前仍无法较好地应用于实际井网优化问题的求解。

2012 年 Ghazi AlQahtani 等[6]对涉及井位优化的文献进行总结，得到不同算法的应用次数如图 5-4 所示。通过该图可以看出，各种各样的优化算法在井位优化中均有使用，其中遗传算法的应用最为广泛，达到 60% 左右。

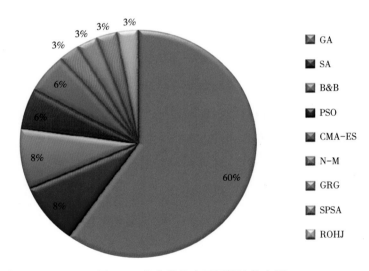

图 5-4　井位优化中不同算法的应用

GA—遗传算法；SA—模拟退火算法；B&B—分支定界算法；PSO—粒子群算法；CMA-ES—协方差矩阵自适应进化算法；N-M—单纯形算法；GRG—广义简约梯度算法；SPSA—同步扰动随机逼近算法；ROHJ—基于 Hooke&Jeeves 搜索的回溯优化算法

2010 年斯坦福大学的 Onwunalu 和 Durlofsky[7, 8]对遗传算法与粒子群算法进行比较，通过研究结果表明粒子群（PSO）算法的计算效果要优于遗传（GA）算法，如图 5-5 所示，其中，N_s 为粒子个数，K 为迭代的次数。

基于对井位优化设计的理解以及对不同算法的比较过程，采用的基础优化算法为粒子群算法。下面将详细介绍粒子群算法的具体内涵以及操作的流程，以及在井位优化中的适应性。

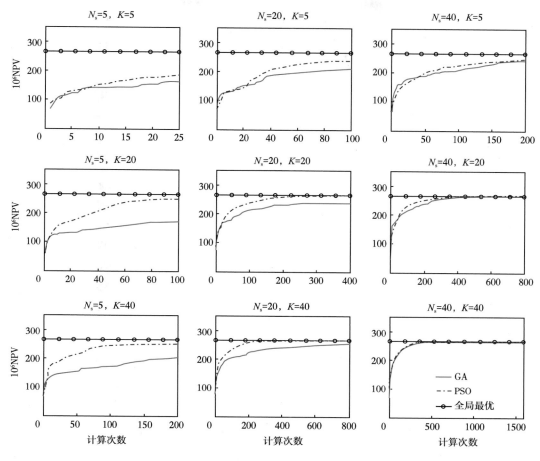

图 5-5 井位优化中不同算法的应用

二、基本粒子群算法模型

基本粒子群优化算法以模拟鸟的群集智能为特征，以求解连续变量优化问题为背景。在 PSO 算法模式中，每个个体称为一个粒子（particle），每个粒子以其空间位置与速度向量来表示[9]。在问题求解过程中，每个粒子依据自身的当前位置、亲身所经历的最佳位置（个体最优）和整个种群（粒子群）认同的最优位置（群体最优）来决定自己的飞行方向和速度。其主要思想是群中成员在活动过程中可通过自身经验学习，或借鉴群体中其他成员的社会经验知识，在群体的互动环境中通过个体之间的信息交换，实现信息共享与协作，动态地改变粒子的速度，实现群体行为的优化。PSO 所体现的学习模式可表示为：

PSO 学习模式 = 惯量学习（momentum）+自身经验（self-knowledge）+ 社会知识（social knowledge）。

以算法形式描述（PSO 算法）如下，设每个粒子 $\bar{x}$ 记为 $\bar{x} = \langle \bar{p}, \bar{v} \rangle$，$\bar{p}, \bar{v} \in S \subset \Omega^D$（$D$ 维空间），即粒子 i 的位置变量可以被表示为 $\bar{p}_i = (p_{i1}, p_{i1}, ..., p_{id}, ..., p_{iD})$，并且粒子 i 的速度变量可以表示为 $\bar{v}_i = (v_{i1}, v_{i1}, ..., v_{id}, ..., v_{iD})$。

步骤1（初始化）：$t=1$，随机产生 K 个粒子 $\bar{x}_i=\langle \bar{p}_i, \bar{v}_i \rangle$（$i=1$，2，…，$K$），构成初始粒子群 $X(t)=[\bar{x}_1(t), \bar{x}_1(t), \cdots, \bar{x}_K(t)]$，计算每个粒子 i 至今所经历的最优位置（最优适应值所对应的位置），简称个体最优位置，记为 $pbest_i(t)$；计算种群直至当前所找到的最优位置，简称全局最优位置，记为 $gbest_i(t)$；

步骤2（进化学习）：$t=t+1$，按式（5-26）和式（5-27）更新粒子速度与位置，可以得到新一代粒子群 $X(t)$：

$$v_i(t+1)=wv_i(t)+c_1 rand[p_i(t)-x_i(t)]+c_2 rand[p_g(t)-x_i(t)] \qquad (5-26)$$

$$x_i(t+1)=x_i(t)+r_3 v_i(t+1) \qquad (5-27)$$

式（5-26）中，w 为惯性权重第一项为粒子原有飞行速度，反映粒子利用惯性的学习趋势；$rand$ 为区间 [0，1] 中的均匀随机数；c_1、c_2 为学习因子（也称加速常数），分别代表亲身体验的记忆学习与借鉴他人的标杆学习动力因素，重新计算个体最优 $pbest_i(t)$ 与群体最优 $gbest_i(t)$。

步骤3（终止检验）：若 $t>max\_gen$ 或满足结束条件，则输出 $gbest(t)$ 停止算法；否则，转步骤2。

三、粒子群算法改进

标准 PSO 算法及各种改进算法都是着眼于如何更有效地使粒子群在解空间中搜索最优解，但两种典型算法在高维复杂问题寻优时仍然存在早熟收敛、收敛精度比较低的缺点。尤其在搜索后期，粒子趋向同一化，这种"同一化"限制了粒子的搜索范围。要想扩大搜索范围，就要增加粒子群的粒子数，或者减弱粒子对全局最优点的追逐。增加粒子数将导致算法计算复杂度增高，而减弱粒子对全局最优点的追逐又存在算法不易收敛的缺点。

局部搜索与全局搜索关系粒子间关系小，没有相互的信息交换；所有粒子向目前搜索最优进行搜索，方向单一易陷入局部最优。针对上述缺点，下面对传统粒子群算法提出三方面的改进，不仅扩大了粒子搜索范围，避免了同一化，保持了多样性，而且使每个粒子利用更多其他粒子的有用信息，加强了粒子之间的合作与竞争。

（一）调整惯性权重

为权衡局部与全局搜索能力，我们用线性调整惯性权重来代替常数惯性权重，使得局部搜索能力随着迭代次数的增加而增加，其改进后的完整公式如下：

$$v_{id}^{k+1}=wv_{id}^k+c_1 rand(p_{id}-x_{id}^k)+c_2 rand(p_{gd}-x_{id}^k) \qquad (5-28)$$

$$x_{id}^{k+1}=x_{id}^k+v_{id}^{k+1} \qquad (5-29)$$

$$w=w_{max}-\frac{w_{max}-w_{min}}{iter_{max}}iter \qquad (5-30)$$

式中，v_{id}^k 为第 i 个粒子在第 d 变量下的第 k 次迭代的速度；c_1、c_2 为学习因子（也称加速常数），分别代表亲身体验的记忆学习与借镜他人的标杆学习动力因素；w 为惯性权重；p_{id} 为第 i 个粒子在第 d 变量下的个体最优；p_{gd} 为第 d 变量下的全局最优值；$iter$ 为当前的迭代划分次数；$iter_{\max}$ 最大迭代划分次数。

该方法使 PSO 更好地控制全局搜索（exploration）和局部搜索（exploitation）能力，加快了收敛速度，提高了算法的性能。但仍然存在早熟收敛、收敛性能差等缺点。比如在搜索后期，粒子仍然趋向同一化。此时，每个粒子的历史最优、所有粒子的历史最优中的最优、每个粒子的当前位置都会趋向于同一点，w 越来越小，每个粒子的运动速度则趋于零。在这种情况下，粒子群所趋向的那个点即为粒子群算法的最终求解结果的极限值。如果此时得到的最优解不是理论最优解或者期望最优解，则粒子群陷入局部最优。

这里的惯性权重可以理解为：惯性权重，类似于人的"原动力"，如果原动力比较大，当达到某个目标的时候，会继续向前实现更高的目标；如果原动力较小，到达某个目标就停滞。如果 $w=0$，搜索过程是一个通过迭代搜索空间逐渐收缩的过程，属于局部搜索；$w\neq0$ 粒子就有能力扩展搜索空间，展现出一种全局搜索的能力。利用惯性权重来达到全局搜索和局部搜索之间的平衡。

试验了将 w 设置为从 0.9 到 0.4 的线性下降，使得 PSO 在开始时探索较大的区域，较快地定位最优解的大致位置，随着 w 逐渐减小，粒子速度减慢，开始精细的局部搜索。

（二）增加粒子间信息交流

在自然界中，群体合作可以大大提高效率。正如文献所说，群体合作的目的在于：一是每个个体能够在成长的过程中协助团体中其他成员；二是群体合作能够提高效率。也就是说，每个个体能够向群体提供消息并且每个个体也能协助其他个体进行搜索，正如多智能体的合作与竞争。在群体搜索食物的过程中，群体中的每个个体可以从群体的新发现和群体中的所有其他个体的经验中受益。所以，我们将每个粒子的个体极值变换为所有个体极值 p_i 与其当前适应值 $f(X_i)$ 的加权平均，公式为

$$p_a = \frac{\sum_{i=1}^{N} p_i f(X_i)}{\sum_{i=1}^{N} f(X_i)} \tag{5-31}$$

将 p_{id} 改进为 p_{ad}，有以下优势：粒子利用了更多信息来决策自己的行为，使得算法陷入局部最优的概率进一步降低；而且个体获得的激励更大，加强了粒子之间的合作与竞争，加快了收敛速度。

（三）拓展搜索空间

在自然界中，雁群以"人"字或"一"字形飞行，其飞行方式非常高效，比孤雁单飞增加了 71% 的飞行距离。雁群飞行时，头雁扇动双翼产生尾涡，后面所有尾随的同伴可以借力飞行，所以头雁最为辛苦，雁群由最强壮的大雁作为头雁，其他大雁依次向后排。借鉴雁群的飞行启示，可以视大雁的强壮程度为粒子的优劣程度，即粒子的历史最优适应值的好坏，因此将所有粒子按历史最优适应值排序，选出历史最优适应值最好的粒子作为头雁，其他依次向后排。大雁按照历史最优适应值的好坏从前到后排队，后面每只大雁都只跟随其前面那只较优大雁飞行，也就是说，将其前面那只大雁的个体极值作为其后面那只大雁的全局极值，即由 $p_{i-1, d}$ 取代 $p_{g, d}$，而头雁为领头雁，其全局极值仍然为其自身的

个体极值。这就是根据雁群飞行的特征对 PSO 全局极值的改进，速度更新公式为

$$v_{id}^{k+1} = wv_{id}^k + c_1 \times rand\left(p_{id} - x_{id}^k\right) + c_2 \times rand\left(p_{i-1,d} - x_{id}^k\right) \qquad （5-32）$$

式中，$p_{i-1,d}$ 为按历史最优适应值排序后的第 i 只大雁其前面的较好大雁 i-1 的个体极值。将全局极值变为排序后其前面那个较优粒子的个体极值的优势为：所有粒子不止向一个方向飞去，避免了粒子趋向于同一化，保持了粒子的多样性，扩大了搜索范围，但减弱粒子对全局极值的追逐又存在算法不易收敛的缺点。

四、改进算法比较与评价

（一）改进算法的计算步骤

综合以上三个改进，新算法的速度更新公式为

$$v_{id}^{k+1} = wv_{id}^k + c_1 \times rand\left(p_{ad} - x_{id}^k\right) + c_2 \times rand\left(p_{i-1,d} - x_{id}^k\right) \qquad （5-33）$$

新算法一方面将全局极值变换为按历史最优适应值排序后其前面那个较优粒子的个体极值，这样所有粒子不止向一个方向飞去，避免了粒子趋向于同一化，保持了粒子的多样性；另一方面新算法使每个粒子利用其他粒子的更多有用信息，将个体极值替换为每个粒子的个体极值与其适应值的加权平均，个体的激励变大，加强了粒子之间的合作与竞争。两者结合在一定程度上平衡了算法搜索速度和精度之间的矛盾。改进算法的步骤如下：

步骤 1：初始化粒子群。给定群体规模 M，解空间维数 N，随机产生每个粒子的位置 X_i、速度 v_i。

步骤 2：用基准测试函数 $f(X)$ 分别计算每个粒子的当前适应值。

步骤 3：更新个体极值和历史最优适应值。对每个粒子的适应值进行评价，即将第 i 个粒子的当前适应值 $f(X_i)$ 与该粒子个体极值 p_i 的适应值（即该粒子的历史最优适应值）进行比较，若前者优，则更新 p_i 和历史最优适应值；否则保持 p_i 和历史最优适应值不变。

步骤 4：粒子群排序。将所有粒子按历史最优适应值排序，选出历史最优适应值最好的粒子作为头雁，其他大雁依次向后排。

步骤 5：计算新的个体极值。头雁的个体极值保持不变，用式（5-33）计算其他粒子的新个体极值 p_a。

步骤 6：计算新的全局极值。头雁的全局极值保持不变，后面每只大雁均以其前面那只较优大雁的个体极值作为其全局极值。

步骤 7：更新速度和位置。通过式（5-26）、式（5-27）更新每个粒子的速度 v_i 和位置 X_i。

步骤 8：检查是否满足中止条件，若满足，则退出；否则，转至步骤 2。

（二）改进算法与基本算法的比较

在进化计算等现代优化算法的研究中，通常采用一些基准测试函数（Benchmark Functions）来测试和比较不同算法的性能，这些函数中有单峰、多峰、低维与高维等各种优化问题，本次主要用到的基准测试函数如下。

广义 Girewank 函数：

$$f_2(x) = \frac{1}{4000}\sum_{i=1}^{n} x_i^2 - \prod_{i=1}^{n} \cos\left(\frac{x_i}{\sqrt{i}}\right) + 1, \quad \min(f_2) = f_2(0,\cdots,0) = 0 \qquad （5-34）$$

广义 Rosenbrock 函数：

$$f_1(X) = \sum_{i-1}^{n-1}\left[100\left(x_{i+1}-x_i^2\right)^2 + \left(x_i-1\right)^2\right], \quad \min(f_1) = f_1(1,\cdots,1) = 0 \qquad （5-35）$$

这一部分中所有实验的种群规模均为20，每个函数独立实验50次，每次运行1000代。

为了验证算法的性能，将本研究提出的改进算法与标准粒子群优化算法进行对比实验，使用以下2个基准测试函数来进行分析：所有实验的种群规模均为20，每个函数独立实验50次，每次运行1000代，w 在 [0.9，0.4] 之间线性下降，$c_1 = c_2 = 2.0$。

两个算法在每个函数上的平均最优适应值显示，在给定的迭代次数下，新算法均能取得较好的适应值，说明其具有较高的收敛精度和较快的收敛速度；两个算法在每个函数上的标准差显示，新算法在50次实验中取得的最优适应值差异相对较小，说明新算法具有较好的稳定性和鲁棒性；两个算法在每个函数上的成功率显示，新算法具有良好的全局搜索能力，能够有效逃离局部极小点。

总之，在给定维数和迭代次数下，新算法在每个函数上的收敛效果均优于基础算法。新算法不仅具有较高的搜索速度，而且具有较高的收敛精度，在一定程度上平衡了算法搜索速度和精度之间的矛盾。

分别应用改进的粒子群算法（Modified PSO，MPSO）以及标准粒子群算法（PSO）对基准函数中的 Girewand 和 Rosenbrock 进行评价。这两个函数中存在众多的局部最小值，且局部最小值的大小与全局最优值的大小接近，对于测试改进粒子群算法的应用效果具有明显的效果。在测试中 Girewand 函数的维数取为20，初值的取值范围为 [-10，10]；Rosenbrock 函数的维数取为20，初值的取值范围为 [-30，30]。评价结果如图5-6所示。

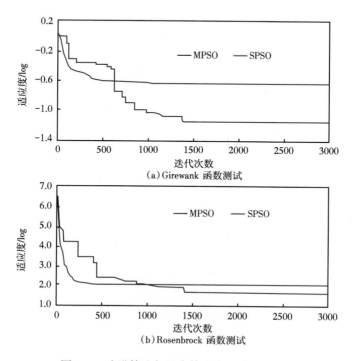

（a）Girewank 函数测试

（b）Rosenbrock 函数测试

图 5-6　改进算法与基本算法应用效果对比图

通过图5-6可以看出，经过优化的粒子群算法不论在收敛的速度以及最后的适应度方面都得到了较好的改进。由于测试函数中存在较多的局部最小值，对于标准粒子群算法（PSO）容易陷入局部最小值中，而不能继续寻找全局最优值，基础算法的局限性较大。对于20维的问题，改进算法的优化效果明显优于基础算法，因此对解决高维度的井位优化问题可以有较好的解决。

选取三种典型测试模型，对比改进的粒子群算法与其他优化算法的性能，其中模型1是国际标准的井位优化测试模型；模型2是典型非均质模型；模型3是数值模拟工业油气生产标准模型，模型图如图5-7所示。其井位优化迭代过程的NPV如图5-8所示，综合考虑算法的收敛速度和最终的目标函数值，改进的粒子群算法表现更优。

模型1：PUNQ-S3模型

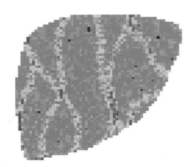

模型2：非均质测试模型

模型3：ECL的SPE-9模型

图5-7　典型测试模型

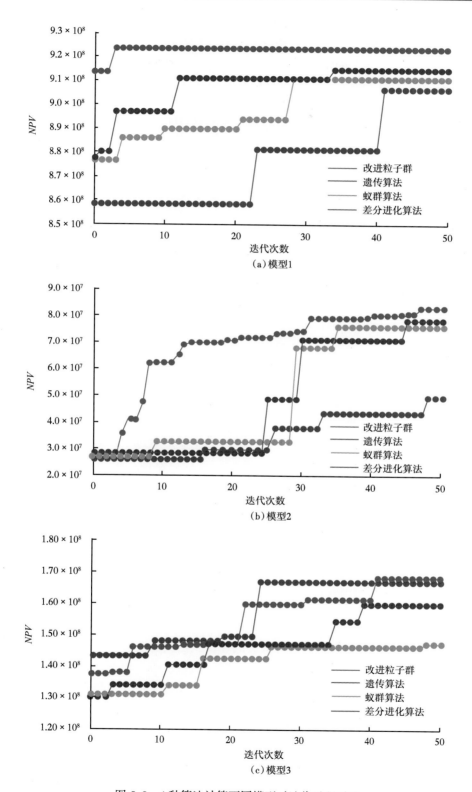

图 5-8　4 种算法计算不同模型时迭代过程对比

第三节　油藏工程方法在井位优化中的应用

单纯利用数学的方法进行最佳的寻优，尽管这种方法相对传统的经验方法有了较大的提高，但是仅仅通过数学的方法，将复杂的油藏开发这项复杂的工作进行评价，缺乏油藏工程理论的指导。而且这些数学的迭代方法需要耗费的优化时间以及对计算机的性能都要求比较高，因此实际的应用效果不是那么理想。通过引入油藏工程的方法进一步对数学方法进行约束，一方面利用了油藏工程方法的优势，弥补了数学方法的不足，另一方面通过油藏工程方法可以实现对数学方法迭代过程的控制，大大简化了布井位置的区域范围，减小无效布井方案，从而提高算法的运行效率，提高布井的质量。

一、生产潜力评价方法

深海油田开发主要采用"稀井高产"的开发策略，就产量接替而言，主要面临着优质储量的分布规律和特点，以及根据储量分布特点制定相应的高产、稳产策略的运行规划等问题。优质储量分布规律、油藏生产潜力的研究，对于后期的井网设计，高产、稳产策略的制定等工作，起着关键性的作用。

影响油气分布的各类地质及生产动态等因素极其复杂，各因素对油气分布具有不同级别的控制，且其间存在不确定程度的相互影响，因此很难用精细的线性数学方法进行定量表征。目前国内评价储层潜力的常见方法为剩余油饱和度、单储系数、储量丰度。单储系数和储量丰度概念的提出主要是为了克服剩余油饱和度描述剩余油的片面性。单储系数与储量丰度概念的区别主要是前者是评价单位体积内的地质储量，后者是对单位含油面积范围内的地质储量的表征。国外评价储层生产潜力的主要是通过生产潜力图的方法。生产潜力图主要通过几种途径：基于公式计算，模糊综合评价方法，运用油藏数模软件等完成[10, 11]。剩余油分布图，储量丰度分布图在国内运用比较广泛，其制作方法在此不再进行赘述。下面将着重介绍几种生产潜力图的做法以及对比分析。

本节主要系统介绍了几类目前国内外比较常用的油藏生产潜力评价的方法，并应用实例进行了详细对比分析这些方法的各自的特点与局限性。通过研究发现，运用公式计算生产潜力作为不建立模型时的最优选择，使用固定生产井和注水井方法作为运用数学模型时的最佳选择，这几种方法具有一定准确度和可靠度。

（一）模糊综合评判

模糊综合评判是应用模糊变换原理，在多因素的参与下得到一个综合评价值，并根据这个综合评价值对储层的生产潜力进行最终的评价。主要做法是：

（1）首先通过敏感性分析、文献调研等手段，结合油藏、原油、储层的特性确定评价指标。常见的评价指标有：孔隙度、含油饱和度，油层有效厚度，渗透率，距离含水区的距离以及沉积相带等。

（2）其次对指标权重进行计算，主要的方法有统计法、专家经验法、层次分析法和模糊关系方程求取法。

（3）计算每个网格隶属度，得出每个网格综合评价结果，这样便得到每个小层的评价结果。将每个小层的对应网格的评价结果进行累加，并且进行归一化处理，得到整个油藏的评价结果。结果越接近 1 的网格，那么其生产潜力越大。

（二）剩余储量丰度评价法

常规表征剩余油分布潜力的方法是计算剩余油储量丰度或剩余油可采储量丰度。剩余油储量丰度克服了网格面积大小的富集分布，在一定程度上可以准确地反映地下剩余油的分布，其数学表达式分别为

$$J_{o1} = \frac{100h\phi S_o \rho_o}{B_o} \tag{5-36}$$

$$J_{o2} = \frac{100h\phi (S_o - S_{or}) \rho_o}{B_o} \tag{5-37}$$

式中，J_{o1} 为剩余油储量丰度；J_{o2} 为剩余油可采储量丰度；h 为储层有效厚度；ϕ 为储层孔隙度；S_o 为剩余油饱和度；ρ_o 为地面原油密度；B_o 为原油体积系数；S_{or} 为残余油饱和度。

储量丰度虽然综合考虑了有效厚度、孔隙度、含油饱和度、原油密度、原油体积系数等参数的影响，但剩余油储量丰度仅仅反映了单位面积上的剩余油储量，剩余油可采储量丰度也只是简单地不考虑束缚油时单位面积上的剩余油可采储量。

（三）生产潜力指数评价法

Liu 和 Jalali[12] 基于物质平衡、达西定律以及实际生产条件的限制提出了计算油藏生产潜力的公式，其中参数包括含油饱和度、油相压力及绝对渗透率。其中油层的有效厚度和孔隙度是计算油藏储量的主要参数之一，反映了油藏静态的油气富集量，以及构造位置。考虑到渗透率在整个油藏的变化幅度比较大，故对渗透率取自然对数，由此渗透率场的单独变化不会主导油藏生产潜力的变化。此外，在实际生产中，还需考虑井位的限制条件，井越远离边界则越有利于生产，故把井距最近边界的距离也作为一个参数，距离项在公式中也采用自然对数形式。对于常规砂岩油藏而言，生产潜力指数评价公式为：

$$J_{ijk}(t) = \left[S_{oijk}^i(t) - S_{or} \right] \left[p_{oijk}(t) - p_{min} \right] \ln(K_{ijk}) \ln(r_{ijk}) h\phi \tag{5-38}$$

对于存在底水油藏，其生产潜力指数评价公式为：

$$J_{ijk}(t) = \left[S_{oijk}(t) - S_{or} \right] \left[p_{oijk}(t) - p_{min} \right] \ln(K_{ijk}) \ln(r_{ijk}) h\phi h_{woc} \tag{5-39}$$

当油藏既有气顶又有边底水时，油藏生产潜力的最终计算表述如下：

$$J_{ijk}(t) = \left[S_{oijk}(t) - S_{or} \right] \left[p_{oijk}(t) - p_{min} \right] \ln K_{ijk} \ln r_{ijk} h\phi h_{woc} h_{goc} \tag{5-40}$$

式中，S_o 为原始油饱和度；S_{or} 为残余油饱和度；p_o 为油相压力；p_{min} 为最小的井底压力；K 为渗透率；r 为距最近边界的距离；h_{woc} 为到油水界面的距离；h_{goc} 为到气水界面的距离；ϕ 为孔隙度。

（四）油藏数值模拟评价法

评价生产潜力的一种最直接的手段就是通过数模软件进行预测，评价油藏生产潜力本质就是分析油藏中哪一处布井能够产出最多的油。而上述的方法基本是以静态的参数为主，还不足以全面反映油藏的实际生产情况。而且每个参数在不同阶段对实际生产的影响是起不同作用的，如高渗条带在开发初期，对于产油量上升能起到正面的效果，而到了开

发中后期，边底水会沿着高渗条带侵入，而造成产量下降。通过在油藏数值模拟软件中进行布井生产，可以全面考虑动态和静态参数的影响。运用油藏数值模拟方法，对于改写井坐标文件，运行模型，以及记录动态数据的工作量比较大，为此编制了相应的软件，软件具体流程图如图5-9所示。对于一个地质模型，可以采用不同的布井方式对整个模型的储量进行控制。

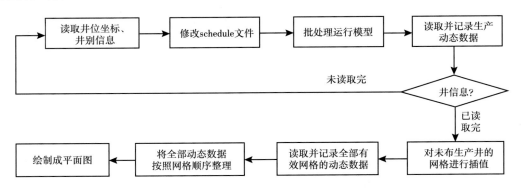

图 5-9　油藏数值模拟方法流程图

二、不同生产潜力评价方法的应用效果

通过以上不同方法的分析，各种方法都有不同的侧重点，在描述不同储层生产潜力时得到的结果不尽相同，为直观对比不同方法获得的生产潜力评价的差异性，以及基于该方法评价出的高潜力区的布井的采出程度。采用油藏实际模型进行对比分析，得到每种方法的适用性以及优越性。为不同油藏条件下的采用不同评价方法提供基础。

（一）测试模型概况

PUNQ-S3 油藏被一个活跃的水体所环绕，构造顶部位置有一气顶[13, 14]。原始储层压力为 23.8MPa，油藏顶部深度约为 2340m，平均渗透率为 269.37mD，平均孔隙度为 0.2，网格维数为 19×28×5，步长为 180m×180m×3.4m，其中有效网格 1761 个，纵向上划分为 5 个小层，平面有效网格大概有 352 个。油藏的原油黏度为 3.47mPa·s，初始含油饱和度为 0.8，原始油藏地质储量为 1584×10⁴t，该油藏的初始布井方案中只有 6 口直井生产井，分别围绕着油气界面。

通过地质建模获得该油藏的孔渗分布特征，从图5-10、图5-11中可以看出，在模型的第1、3、5层发育有高孔高渗条带。在其余层位渗透率分布相对均衡。油气水三相的相对渗透率如图5-12、图5-13所示。

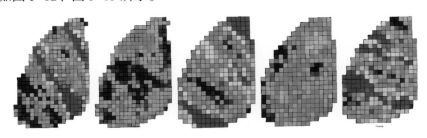

图 5-10　孔隙度分布图

图 5-11　渗透率分布图

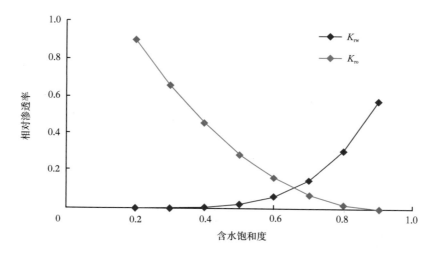

图 5-12　油水两相相对渗透率

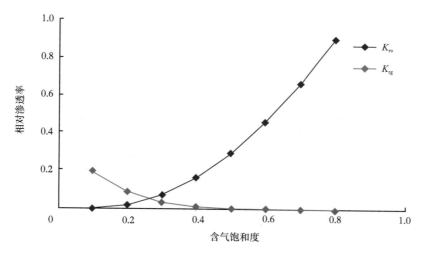

图 5-13　油气两相相对渗透率

（二）测试模型生产潜力分布

基于该测试模型，利用上述的生产潜力评价方法，分别对其进行研究。获得相应的生产潜力分布，并在各种计算生产潜力方法得到的生产潜力指数前 20% 的区域内，在考虑减小井间干扰的情况下，进行布井。为下一步评价不同方法获得的生产潜力进行优劣对比。

在各种计算生产潜力方法得到的生产潜力指数前 20% 的区域内，在考虑减小井间干扰的情况下，进行布井。同时考虑到与该算例自身提供的布井方案进对比，故选择与该算例一致的井数，即 10 口生产井，无注水井。具体布井方案如图 5-14 所示。

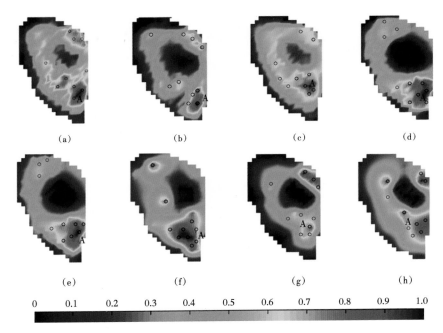

图 5-14　生产潜力评价

（a）储量丰度；（b）公式计算；（c）模糊综合评判；（d）SP1；（e）SP2；（f）GROUP；（g）FP；（h）FPI

按生产第 20 年时的累计产油量，累计产水量进行评价。各种方法的结果如图 5-15 所示，从图 5-15 可知根据固定生产井和固定注水井［图 5-14（h）］的方法判断出的"甜点"

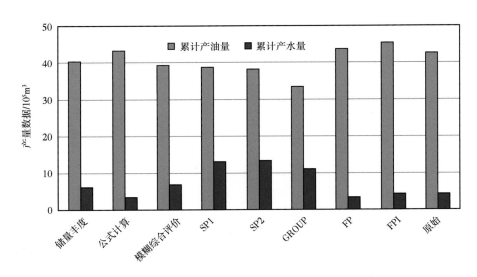

图 5-15　各种评价生产潜力方法的累计产油量和累计产水量

进行布井，产油和产水量较其他方法以及算例自身提供的布井方案都是比较理想，故认为固定生产井和固定注水井［图 5-14（h）］的方法进行判断"甜点"比较可靠。比较未考虑运行油藏数值模型时的几种方法，主要包括在较储量丰度［图 5-14（a）］、公式计算［图5-14（b）］、模糊综合评价［图 5-14（c）］等方法。在公式计算所得到优势储量位置进行布井，得到累计产水量和产油量两项指标明显优于其他两种方法。且与其他运行油藏数值模型的方法比较，误差值在可以接受范围内。故认为公式计算方法在未考虑运行油藏数值模型时，是一个判断"甜点"区域很好的方法。

　　通过以上不同方法在实际区块中的应用效果，可以对各种评价生产潜力方法进行对比分析，其特点及局限性分析见表 5-2。

表 5-2　各种评价生产潜力方法的对比分析

方法	优点	局限性
储量丰度图	计算过程简单	表征的参数较少，且为静态参数，未能真实反映储层的能量情况
公式计算	计算量小，表征的参数中有动静态的	对于非均质性强的油藏，由于不能考虑非均质性带来的影响，所以不适用
"交替"布井	运算量较大，大多数的网格都小是经过插值得到，结果较精确	由于每次布井，只有一口生产井，故未考虑井间干扰问题，与实际生产开发有一定的差别
固定生产井	运算量较少	生产井布置过多，油藏能力供应小足，造成压降过快，与实际生产有较大的误差
固定生产井和注水井	运算量较小，较为真实地反映实际生产情况	对于实际生产不是采用注水开发的油藏，存在较大误差
模糊综合评判	计算过程简单不用运行模型	对指标的选取、权重大小的确定主观性较强，且计算较复杂

　　考虑到测试模型的单一性可能说服力欠佳，引入 3 个非均质性较强的测试模型对常见的四种生产潜力评价公式进行对比和分析。

　　数学优化方法有考虑静态因素的可动油法、剩余油储量丰度法和优势潜力指数法，以及综合考虑了动态因素和静态因素的生产潜力指数法，公式如下：

　　可动油法：

$$J_{ijk}(t) = \left[S_{oijk}(t) - S_{or} \right] \tag{5-41}$$

　　剩余油储量丰度法：

$$J_{ijk}(t) = \frac{100h\left[S_{oijk}(t) - S_{or} \right]\rho_o}{B_o} \tag{5-42}$$

　　优势潜力指数法：

$$J_{ijk}(t) = \left[S_{oijk}(t) - S_{or} \right] \ln K_{ijk}\phi h \tag{5-43}$$

　　生产潜力指数法：

$$J_{ijk}(t) = \left[S_{oijk}(t) - S_{or} \right]\left[p_{oijk}(t) - p_{min} \right] \ln K_{ijk} \ln r'_{ijk} h\phi \tag{5-44}$$

针对单纯利用数学优化方法进行优化中未考虑实际储层的特征、计算效率低的问题。引入生产潜力图约束布井范围，提高计算的效率。评价不同部位可采价值、动用难易程度，得到生产潜力分布图，为布井提供方向。

优化理论寻优初始化具盲目性，易导致迭代初始值较小，不利于收敛这一缺点，因此提出了改进的潜力评价方法对初始化布井进行约束，使油井布置在高潜力区域，基于潜力约束的初始化布井如图 5-16 所示。

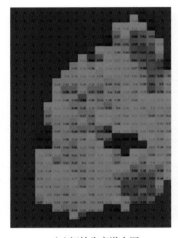 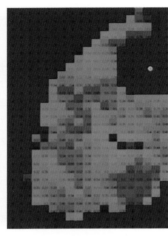 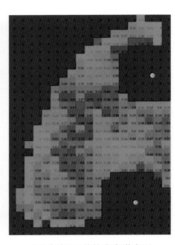

（a）初始生产潜力图　　　　（b）布完1口井的生产潜力图　　　　（c）布完2口井的生产潜力图

图 5-16　基于潜力约束的初始化布井示意图

为了测试四种生产潜力评价方法的优缺点和适应性，分别选取了 3 个测试模型对这 4 种生产潜力评价方法进行了测试，模型见图 5-16，模型测试方案数见表 5-3，每个模型在每种潜力评价方法下运行 5 组，每组 10 个方案，每种方法有 200 个方案，共 800 个方案。

表 5-3　模型测试方案数

模型	饱和度法	剩余油储量丰度法	优势潜力指数法	生产潜力指数法
模型 1	10×5	10×5	10×5	10×5
模型 2	10×5	10×5	10×5	10×5
模型 3	10×5	10×5	10×5	10×5

为了减小随机性，将 3 种模型分别在 4 种评价方法下运行 5 次，以代表该模型在某种潜力评价方法下的平均表现，并分别对比每个模型下的 4 种评价方法目标函数值的分布及大小。

模型 1~3 使用四种评价方法的测试结果如图 5-17 至图 5-19 所示。分析上述 3 个测试模型在不同的生产潜力评价方法下 NPV 的表现，可知生产潜力指数法的应用使得初始化布井时，得到优质方案的概率更大，其对应的 NPV 也更好，因此选用生产潜力指数法为油藏潜力评价方法。

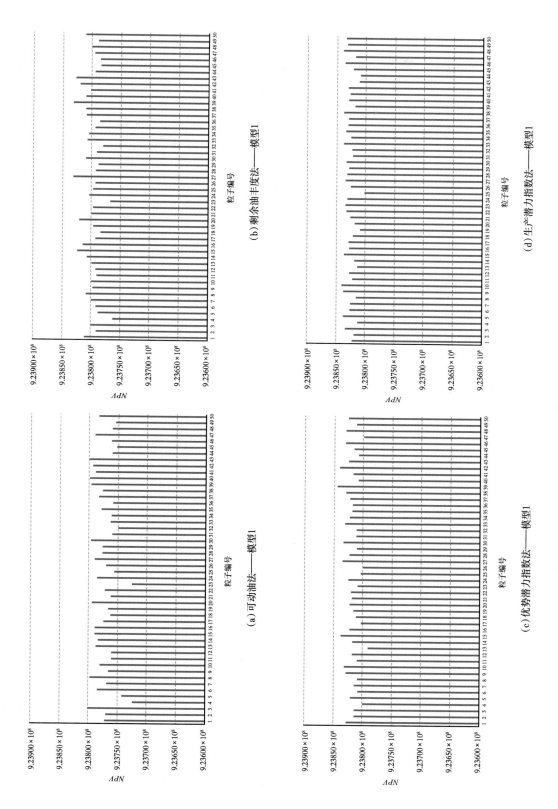

图 5-17 模型1测试结果图

(a) 可动油法——模型1

(b) 剩余油丰度法——模型1

(c) 优势潜力指数法——模型1

(d) 生产潜力指数法——模型1

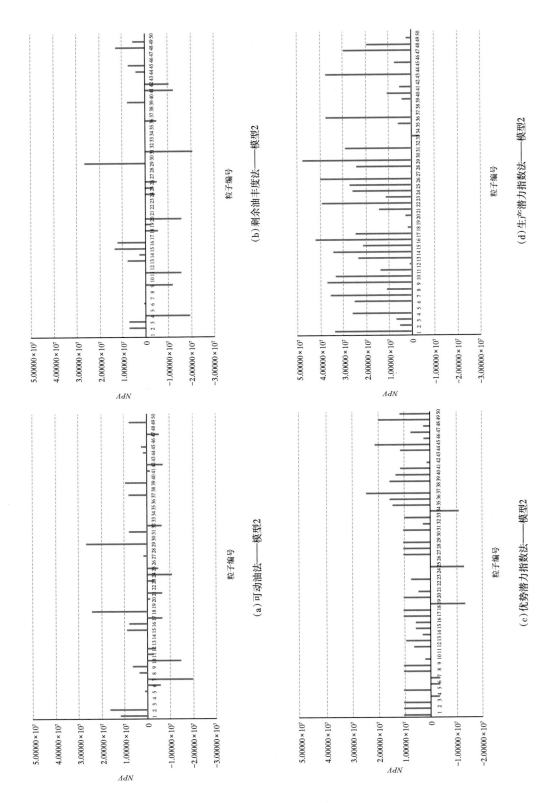

图 5-18　模型2测试结果图

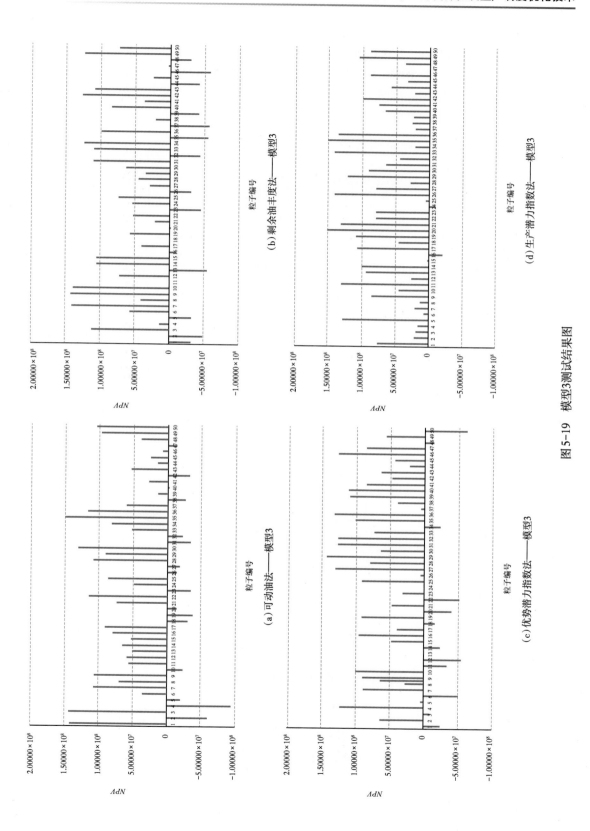

图5-19　模型3测试结果图

　　基于生产潜力约束,设计了井位优化设计方法流程图,如图 5-20 所示。首先确定优化的参数,然后在高生产潜力区内随机生成对应维数的粒子。将粒子信息写入 ECLIPSE 运行文件,调研 ECLIPSE 获得目标函数值,如 NPV。根据速度、位置更新策略,更新粒子的信息进行计算,判断布井方案是否位于生产潜力区内,如不在,重新更新粒子速度、位置进行计算。当满足迭代条件后,跳出循环,终止计算,输出最优方案。

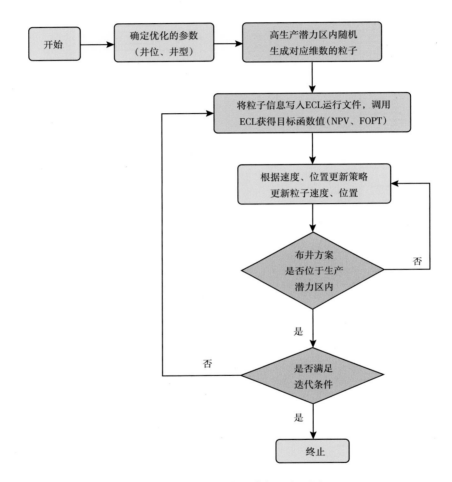

图 5-20　井位优化设计方法流程图

第四节　井位优化方法测试

一、理论模式测试

　　建立典型的数值模拟模型,依据上述井位优化模型进行应用效果的评价。随机生成多个渗透率随机分布模型(图 5-21),一方面可对比不同物性分布下的布井效果,另一方面有利于测试算法稳定性,避免单纯应用一个模型带来的偶然性。

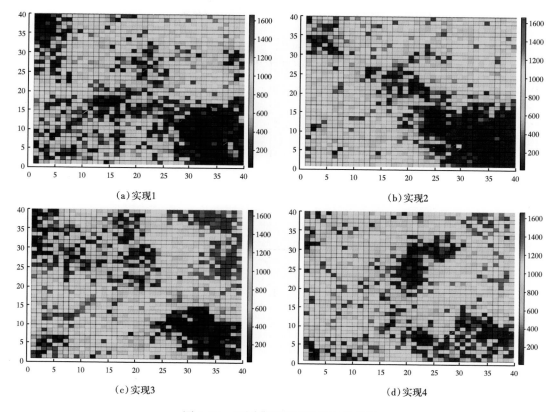

图 5-21　不同典型模型渗透率分布图

通过图 5-21 可以看出，4 种不同的随机方法生成的模型应用效果差异较大。采用最优布井方法进行设计，充分考虑了不同位置的生产潜力。通过这两种组合可以实现该油藏井型、井位的优化：组合一——无注水井 +6 口生产井；组合二——2 口注水井 +3 口生产井。在不同的组合中不同井的生产制度设置相同。

对不同的数学方法以及与生产潜力区相结合的方法应用效果对比，主要对比的方法有标准粒子群算法（PSO）、改进粒子群算法（MPSO）、中心渐进粒子群算法（CP-PSO）以及生产潜力图 + 改进粒子群算法（QP+MPSO）。对同一种方法计算三次，防止由于计算的随机性带来的误差。

（一）组合一：无注水井 +6 口生产井井位优化

该区块含油面积较大，布置一口直井难以有效的动用，因此考虑多建新井，进而高效开发该区块。以实现 4 中的模型为基础进行多生产井的优化，分析不同的方法对同一模型的优化结果，将井位投影到归一化的生产潜力分布图上，如图 5-22 所示。对于多井的优化，不同的数值方法获得的布井方式差异较大。从总体情况来看，不同井的分散程度较高，不同的布井方案都可以对整个油藏的储量进行控制。

通过图 5-23 可以看出，对于多井布井优化而言，QM+MPSO 方法具有较好的适应性，获得的最优值以及收敛的速度都达到了较好的效果，在大规模的优化中这种方法的优势将会更加明显。

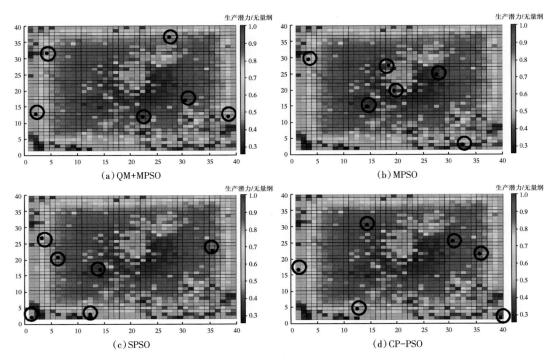

图 5-22　组合一布井采用不同方法的优化结果

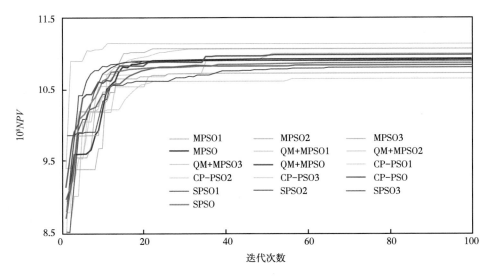

图 5-23　组合一布井采用不同方法 NPV 随迭代次数变化

（二）组合二：2 口注水井 +3 口生产井井位优化

组合一是针对全部为生产井的模型进行优化，油田开发过程中基本上都需要进行注水开发。因此在井位优化的过程中必须考虑注水井的布置以及注水井与生产井的位置关系。图 5-24 为不同方法优化得到的油水井布井图。

通过图 5-25 可以看出，在不同井型的优化过程中 QM+PSO 方法在前期的收敛速度较快，达到稳定需要的代数较少，并且最后的结果也相对较高。

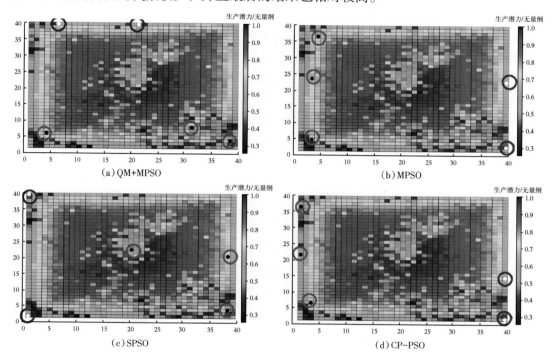

图 5-24 组合二布井采用不同方法的优化结果

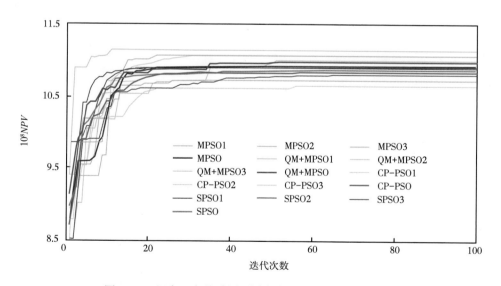

图 5-25 组合二布井采用不同方法 NPV 随迭代次数变化

通过对典型模型的优化，可以得到不同方法在优化过程中的稳定性，以及算法的相对稳定性，通过对比发现基于 QM+PSO 和 PSO 方法获得目标函数值的速度以及算法的稳定性，以及最终的优化结果都是最优的，模型越大，生产制度越复杂，算法的优越性越高。

在实际应用中，QM+PSO 可以起到较好的应用效果。

二、PUNQ-S3 模型测试

对于实际模型的应用仍然采用之前的 PUNQ-S3 油藏，由于该油藏具有较大的水体和气顶能量，如图 5-26 所示，因此不需要布置其他的注水井，完全依靠注水开发即可实现油藏的高效动用，该油藏的生产潜力在此不再赘述，对该油藏进行生产井的布置，按照原始的开发方案布井数为 10 口。不同方法的布井结果如图 5-27 所示，可以看出，不同方法的布井方案都是围绕在气顶周围，分布于气顶底水之间的油环中。且布井的位置相差不大。

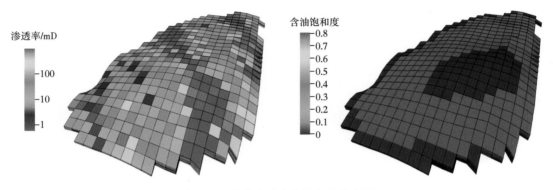

图 5-26　油藏渗透率和饱和度分布图

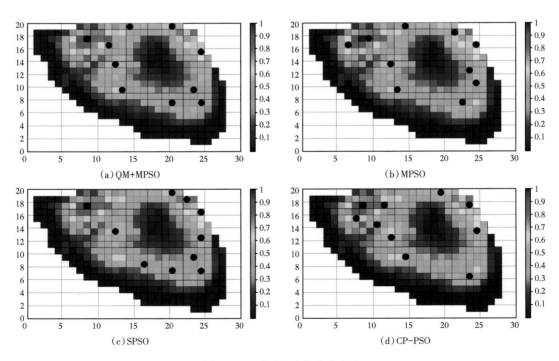

图 5-27　不同方法的布井方案

图 5-28 为不同方法 NPV 随迭代次数变化图，可以看出，利用生产潜力图，将井初始化在高生产潜力区中，可以有效避免初始迭代的发散性，在初始迭代中具有较高的 NPV 值，并且在最后的优化结果的 NPV 值最高。对于实际模型该算法具有较好的适应性。

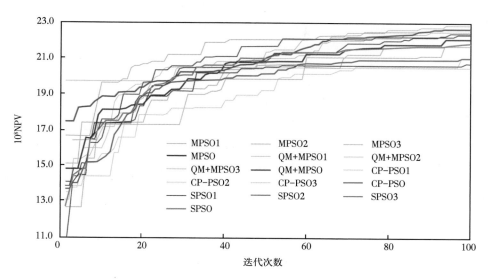

图 5-28　实际模型中不同方法 NPV 随迭代次数变化图

第五节　油藏生产制度优化

基于优化理论的注采变量多，随着井数和调控次数增大，优化变量急剧增多，加上算法本身的中间变量就多，计算量成级数增多，收敛难度大，对于复杂油藏、多井数大油藏和预测年限较长的油藏模型已经不再适用。本节创新地采用一种基于深度学习神经网络的生产制度优化方法，基于油田中井的生产动态特征曲线，通过采用深度学习的神经网络学习，多层的网络层将数据抽象刻画得更深入，能够深入挖掘数据间存在的隐含关系，更强的函数模拟能力。该方法不用反复运算数值模拟模型，可节省大量的运行时间。

一、深度学习算法优选

（一）算法应用现状

在油藏数值模拟中，为了使动态预测尽可能接近实际情况，通常要进行历史拟合，即用已有的油藏参数，例如渗透率、孔隙度、饱和度等计算油田的开发历史，并将其计算出的开发指标（如压力、产量、含水率等）与油田开发实际动态进行对比。如果计算的结果与实际测量数据值不一致，则表明输入的参数与实际情况不符合，需要调整参数并重新进行计算，直到计算结果与实际数据值在允许的误差范围内为止。模型拟合好后，再用来进行生产动态预测，从而指导油田现场开发调整。

油藏模拟历史拟合问题属于典型的反问题，历史拟合按照其发展过程与实现方法，可分为人工历史拟合和自动历史拟合两大类。目前普遍通过人工的反复试算来修改油层参数，减小历史拟合误差，工作艰苦烦琐，需要依赖油藏工程师经验、智慧等不确定因素，并且实际油藏往往非均质性强、参数多，而高精度油藏模型网格数巨大，难以满足需要长期开发的大型油藏的需求。因此，引入了计算机和优化算法进行自动调整油藏参数，并且逐渐形成了自动历史拟合技术。自动历史拟合弥补了手工试算的不足，利用最优化方法自动修正模型参数及结构，力求减少拟合时间并达到了更高的精度。由于众多自动历史拟合方法各有特点，而且实测资料具有多样性以及反问题固有的不适定性，使得不同的方法在解决同一问题时效果各异。

近年来机器学习算法在拟合问题上显示出了惊人的优势，被广泛应用于各种数据拟合回归问题。利用机器学习算法建立产量预测模型简便实用，许多学者通过 BP 神经网络和支持向量机等机器学习方法来实现油井产量的动态预测，具有很好的应用价值[15, 16]。但这些传统的机器学习方法忽略了产量随时间的变化趋势和前后数据之间的关联性，导致预测效果差，因此，探索考虑参数时序特征与较高预测能力的深度学习方法，提高生产动态拟合和预测精度，具有重要的意义。

深度学习生产优化模拟器是用没有物理含义的神经网络模型去逼近未知的物理的过程，这个过程隐式地捕捉了油井增产的物理模型，再显式地对未来进行预测，比如，使用深度学习模拟器，可以预测未来的油井压力产量，但却不知道油田的孔隙度、渗透率、饱和度的值。本研究运用神经网络算法，对井况分析，用历史数据进行模型训练，通过训练好的模型评价不同注水工艺对井下环境的影响，如图 5-29 所示。

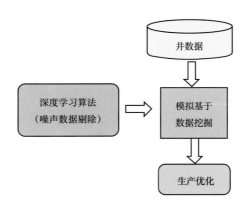

图 5-29　深度学习生产优化示意图

（二）LSTM 算法

在众多深度学习算法中，循环神经网络（RNN）可处理序列问题。常见的序列有一段连续的语音、一段连续的手写文字、一条句子等。这些序列长短不一，又比较难拆分成一个个独立的样本来训练。RNN 假设样本是基于序列的。比如给定一个从索引 0 到 T 的序列，对于这个序列中任意索引号 t，它对应的输入都是样本 x 中的第 t 个元素 $x(t)$。而模型在序列索引号 t 位置的隐藏状态 $h(t)$，则是由 $x(t)$ 和在 $t-1$ 位置的隐藏状态 $h(t-1)$ 共同决定的。而模型在 t 时刻的输出 $o(t)$，就是由 $h(t)$ 通过非线性转换得到的，如图 5-30 所示。

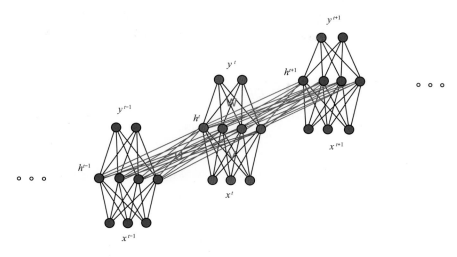

图 5-30　RNN 算法神经网络结构示意图

1. 循环神经网络的前向传播算法

循环网络的前向传播算法非常简单，对于 t 时刻：

$$h^{(t)} = \phi\left(Ux^{(t)} + Wh^{(t-1)} + b\right) \tag{5-45}$$

式中 ϕ 为激活函数，一般来说会选择 $\tanh$ 函数，b 为偏置，则 t 时刻的输出为

$$o^{(t)} = Vh^{(t)} + c \tag{5-46}$$

最终模型的预测输出为

$$y = \sigma\left(o^{(t)}\right) \tag{5-47}$$

式中 σ 为激活函数，激活函数通常选择 softmax 函数。

2. 循环神经网络的反向传播算法

对于 RNN，由于我们在序列的每个位置都有损失函数，因此最终的损失 L 为

$$L = \sum_{t=1}^{n} L^{(t)} \tag{5-48}$$

因此可以得到 U、V、W 的偏导，其中 V 较易求得：

$$\frac{\partial L}{\partial V} = \sum_{t=1}^{n} \frac{\partial L^{(t)}}{\partial o^{(t)}} \cdot \frac{\partial o^{(t)}}{\partial V} \tag{5-49}$$

而在求得 W 和 U 的时候就比较复杂了。

在反向传播时，在某一序列位置 t 的梯度损失由当前位置的输出对应的梯度损失和序列索引位置 $t+1$ 时的梯度损失两部分共同决定的。对于 W 在某一序列位置 t 的梯度损失需要反向传播一步步的计算。比如以 $t=3$ 时刻为例，有

$$\frac{\partial L^{(3)}}{\partial W}=\frac{\partial L^{(3)}}{\partial o^{(3)}}\frac{\partial L^{(3)}}{\partial h^{(3)}}\frac{\partial h^{(3)}}{\partial W}+\frac{\partial L^{(3)}}{\partial o^{(3)}}\frac{\partial L^{(3)}}{\partial h^{(3)}}\frac{\partial h^{(3)}}{\partial h^{(2)}}\frac{\partial h^{(2)}}{\partial W}+ \\ \frac{\partial L^{(3)}}{\partial o^{(3)}}\frac{\partial L^{(3)}}{\partial h^{(3)}}\frac{\partial h^{(3)}}{\partial h^{(2)}}\frac{\partial h^{(2)}}{\partial h^{(1)}}\frac{\partial h^{(1)}}{\partial W}$$

（5-50）

$$\frac{\partial L^{(3)}}{\partial U}=\frac{\partial L^{(3)}}{\partial o^{(3)}}\frac{\partial L^{(3)}}{\partial h^{(3)}}\frac{\partial h^{(3)}}{\partial U}+\frac{\partial L^{(3)}}{\partial o^{(3)}}\frac{\partial L^{(3)}}{\partial h^{(3)}}\frac{\partial h^{(3)}}{\partial h^{(2)}}\frac{\partial h^{(2)}}{\partial U}+ \\ \frac{\partial L^{(3)}}{\partial o^{(3)}}\frac{\partial L^{(3)}}{\partial h^{(3)}}\frac{\partial h^{(3)}}{\partial h^{(2)}}\frac{\partial h^{(2)}}{\partial h^{(1)}}\frac{\partial h^{(1)}}{\partial U}$$

（5-51）

因此，在某个时刻对 W 或是 U 的偏导数，需要追溯这个时刻之前所有时刻的信息。根据上面的式子可以归纳出 L 在 t 时刻对 W 和 U 偏导数的通式为

$$\frac{\partial L^{(t)}}{\partial W}=\sum_{k=0}^{t}\frac{\partial L^{(t)}}{\partial o^{(t)}}\frac{\partial o^{(t)}}{\partial h^{(t)}}\left(\prod_{j=k+1}^{t}\frac{\partial h^{(j)}}{\partial h^{(j-1)}}\right)\frac{\partial h^{(k)}}{\partial W}$$

（5-52）

$$\frac{\partial L^{(t)}}{\partial U}=\sum_{k=0}^{t}\frac{\partial L^{(t)}}{\partial o^{(t)}}\frac{\partial o^{(t)}}{\partial h^{(t)}}\left(\prod_{j=k+1}^{t}\frac{\partial h^{(j)}}{\partial h^{(j-1)}}\right)\frac{\partial h^{(k)}}{\partial U}$$

（5-53）

而对于里面的乘积部分，我们引入激活函数，则可以表示为

$$\prod_{j=k+1}^{t}\frac{\partial h^{(j)}}{\partial h^{(j-1)}}=\prod_{j=k+1}^{t}\tan h'W_s$$

（5-54）

或者是

$$\prod_{j=k+1}^{t}\frac{\partial h^{(j)}}{\partial h^{(j-1)}}=\prod_{j=k+1}^{t}\text{sigmoid}'W_s$$

（5-55）

sigmoid 函数的导数范围是（0, 0.25]，$\tan h$ 函数的导数范围是（0, 1]，其导数最大都不大于 1。因此在上面求梯度的乘积中，随着时间序列的不断深入，小数的累乘就会导致梯度越来越小，直到接近于 0，这就会引起梯度消失现象。梯度消失就意味着那一层的参数再也不更新了，则模型的训练毫无意义。

LSTM 是 RNN 的一种特定形式，是 RNN 的改进 [17]。LSTM 算法最早由 Sepp Hochreiter 和 Jürgen Schmidhuber 于 1997 年提出，是一种特定形式的 RNN（循环神经网络）。LSTM 的通过增加输入门限、遗忘门限和输出门限，使得自循环的权重是变化的，这样一来在模型参数固定的情况下，不同时刻的积分尺度可以动态改变，从而避免了梯度消失或者梯度膨胀的问题。其 LSTM 的节点如图 5-31 所示。

LSTM 最重要的概念就是三个门，即输入、输出、遗忘门，以及两个记忆，即长记忆 C、短记忆 h。

（1）输入门，决定让多少新的信息加入细胞状态，这一步将输出细胞状态，其表达式为

$$i_t=\sigma\left(W_i\left[h_{t-1},x_t\right]+b_i\right)$$

（5-56）

式中，i_t 为输入门；σ 为 sigmoid 激活函数；W_i 为输入门权重系数；b_i 为输入门的偏值项；h_{t-1} 为上一时刻的输出；x_t 为当前时刻的输入。

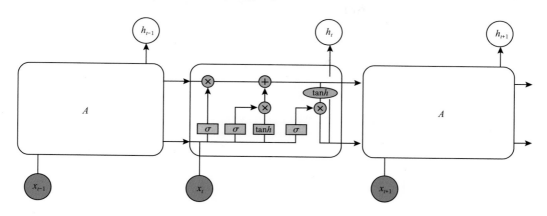

图 5-31　LSTM 单一节点示意图

（2）遗忘门，决定从细胞状态中丢弃什么信息。其表达式为

$$f_t = \sigma\left(W_f\left[h_{t-1}, x_t\right] + b_f\right) \tag{5-57}$$

式中，f_t 为遗忘门；W_f 为遗忘门权重系数；b_f 为遗忘门的偏值项。

新候选细胞信息 $\tilde{C}_t$ 可表示为

$$\tilde{C}_t = \tan h\left(W_C \cdot \left[h_{t-1}, x_t\right] + b_C\right) \tag{5-58}$$

式中，W_C 和 b_C 为新候选细胞权重系数。

LSTM 通过将遗忘门和输入门的所输出的信息进行结合，从而可以对旧的单元状态 C_{t-1} 进行更新，其更新过程可以表述如下：

$$C_t = f_t * C_{t-1} + i_t * \tilde{C}_t \tag{5-59}$$

式中，* 为对应元素相乘。

（3）输出门，确定输出值，该输出值基于细胞状态，通过将 sigmoid 层的输出与 $\tan h$ 层的输出两者进行相乘运算来最终得到当前时刻 t 时的中间输出，其表达式为

$$o_t = \sigma\left(W_o\left[h_{t-1}, x_t\right] + b_o\right) \tag{5-60}$$

$$h_t = o_t * \tan h\left(C_t\right) \tag{5-61}$$

式中，o_t 为输出门；W_o 为输出门权重系数；b_o 为输出门的偏值项；* 为对应元素相乘。

LSTM 优点为：（1）分类的准确度高；（2）并行分布处理能力强，分布存储及学习能力强；（3）对噪声神经有较强的鲁棒性和容错能力，能充分逼近复杂的非线性关系；（4）具备联想记忆的功能。

二、生产动态智能优化过程

生产动态优化流程图如图 5-32 所示。首先收集数据，并进行预处理，建立样本空间；

然后建立基于多输入的 LSTM 网络结构的生产动态预测模型，以收益率最大为目标函数，对油藏工程约束下的注采方案进行迭代计算，最终优选出最佳方案。

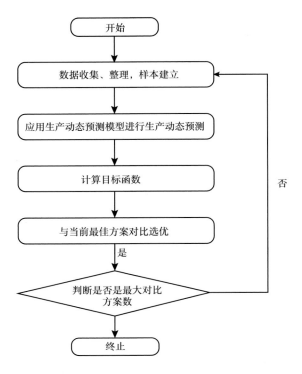

图 5-32　生产动态优化流程图

（一）数据的收集、预处理与样本空间的建立

根据油藏的地质和流体数据，建立数值模拟模型，并从中获取多井联合动态数据和含油饱和度场数据[18]。假设有 N 口井，生产 T 天，则作为主输入的生产动态和辅助输入的饱和度场数据内容如下。

1	2	3	4	5
6	7	8	9	10
11	12	13	14	15
16	17	18	19	20
21	22	23	24	25

图 5-33　饱和度数据提取示意图

设在第 t 天，由所有注水井的注水量、所有生产井的产油量和产液量组成向量 $\boldsymbol{q}_t$，则作为主输入的生成动态的数据表 $Q=\{q_0, q_1, \cdots, q_t, \cdots, q_{n-1}\}$。一次性将所有井的生产动态合成一个数据矩阵作为输入，经过神经网络结构学习，能够映射出多井间的联通关系和生产关系，更加接近油藏生产实际。

设在第 t 天第 i 口井周围 5×5 网格的饱和度数据按照如图 5-33 顺序形成向量 $\boldsymbol{s}_{t,i}$，则第 i 天的由所有井组成的饱和度向量为 $\boldsymbol{S}_t=\{s_{t,1}, s_{t,2}, \cdots, s_{t,N}\}$，则作为辅助输入的生产动态数据表为 $\boldsymbol{S}=\{S_0, S_1, \cdots, S_{T-1}\}$。

再经过以下步骤最终获得深度神经网络需要的样本空间：

（1）数据清理。

本次主要是去除噪声点，因为生产动态的这些不浮动点和其他点不在同一生产条件下，具有人为原因，所以需要对这些点进行数据清洗。方法采用分段回归插补法，即以30天的数据线性回归，当真实值大于预测值某一个范围，则用预测值替代真实值。

（2）数据标准化。

本次采用min-max标准化，原始各个特征值经线性变换，数据取值范围变换为 [0，1] 之间。min-max标准化公式如下：

$$x^* = \frac{x - x_{min}}{x_{max} - x_{min}} \tag{5-62}$$

式中，x^* 为归一化后的特征值，x 为归一化前的原始特征值。x_{max} 为样本数据的最大值，x_{min} 为样本特征数据的最小值。

分别对生产动态数据和饱和度场输入数据表进行按列归一化。

（3）数据降维。

因为辅助输入的饱和度场数据取每口井周围 5×5 的数据点，数据的维数大，如果直接作为输入神经元会引起维度灾难，导致过拟合等问题，所以需要进行数据降维。采用PCA降维方法，通过一系列的矩阵变换，将原始样本的维度 n 降成维度 k，即用 k 维数据表示原始 n 维的大部分信息。其步骤如下：

步骤1——按照式（5-62）对数据标准化；

步骤2——计算所有样本均值 $\mu = \frac{1}{n} \sum_{i=n}^{n} x_i$，$i$ 代表第 i 个特征；

步骤3——计算出样本数据的协方差矩阵；

步骤4——对该协方差矩阵进行特征分解，得到特征向量 u_i 和特征值 λ_i；

步骤5——确定主成分，得到新样本基向量；

步骤6——用新的基向量对原始数据变换，获得新 k 维样本数据。

（4）处理成监督数据。

分别将生产动态数据和饱和度场数据的第 t 天和第 $t+1$ 天的数据作为输入数据 X，用第 $t+2$ 天的数据作为输出数据 Y，整理成新的数据表。

（5）数据集划分。

本次以70%的数据作为训练集，以30%的数据作为验证集。

（二）建立基于多输入的神经网络结构的生产动态预测模型

多井生产动态联合输入可以训练出井间联通关系，而含油饱和度场与生产动态具有直接相关性，引入饱和度场数据辅助输入，将有助于神经网络解析油水流动关系，提高生产动态曲线预测更符合实际生产情况。根据LSTM算法建立多输入深度神经网络结构，如图5-34所示，使得该结构具有生产动态预测功能。

（三）基于油藏工程约束的对比方案模型生成

该步骤将调控频率作为注采参数设计的一部分，结合油藏工程约束，生成不同的注采方案，再运用上一步形成的生产动态预测模型进行生产动态预测，得到每一个方案的未来生产动态结果。

　　每一个方案需要设计的参数有：（1）调控频率；（2）每一次调控时的每口注水井的注水量；（3）每一次调控时每口生产井的产液量。

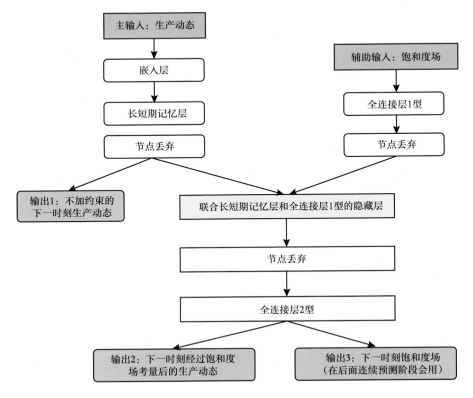

图 5-34　深度神经网络结构示意图

　　假设有 N 口井，T 个时间段，则油藏工程约束有如下。

（1）单井液量上下限约束：

$$q^{\min}<q^i<q^{\max}, \quad \forall i \in (0,1,\cdots,T-1) \tag{5-63}$$

　　对于注水井来说，需要满足单井最小注入量＜注水井注水量＜单井最大注入量；对于生产井来说，需要满足单井经济极限产量＜生产井产量＜单井最大产量。

（2）油藏总产液量约束：

$$Q_{\mathrm{l,min}}<\sum_{j=1}^{N}\sum_{i=0}^{T-1}q_{\mathrm{l},j}^i \Delta t^i<Q_{\mathrm{l,max}} \tag{5-64}$$

　　式中，$q_{\mathrm{l},j}^i$ 为第 i 时间段内第 j 口井的产液量，Δt^i 为第 i 个时间段。总产液量需要满足大于最小总产液量，小于最大总产液量。

（3）油藏总注入量约束：

$$\sum_{j=1}^{N}\sum_{i=0}^{T-1}q_{\mathrm{w},j}^i \Delta t^i = Q_{\mathrm{const}} \tag{5-65}$$

式中，$q^i_{\text{w},j}$ 为第 i 时间段内第 j 口井的产水量，总产水量需要满足一个定值。

（4）注采平衡：

$$\sum_{j=1}^{N}\sum_{i=0}^{T-1} q^i_{\text{l},j}\Delta t^i = \sum_{j=1}^{N}\sum_{i=0}^{T-1} q^i_{\text{w},j}\Delta t^i \qquad (5-66)$$

（5）总产液量等于总注水量。

根据以上内容生产的注采方案贴近生产实际，且随着对比方案数的增多，最优方案的调控频率接近真实最优调控频率。

（四）基于目标函数的对比优选

该步骤根据每一个方案的历史生产动态数据和预测的生产动态数据，计算各个方案的目标函数值，并以目标函数值作为优选标准，选出最大目标函数值对应的方案作为最终的优化方案。

从油藏经营管理的角度上来讲，油田开发以追求投资期内产量最大化和利益最大化为目标。下面以油田开发的经济净现值（NPV）为目标函数，净现值越大，注采方案越优，投资效益越好，NPV 计算方法见式（5-1）。

根据每个对比方案的生产历史数据和预测的未来生产动态数据，计算每个对比方案的目标函数，并基于目标函数进行对比优选。本次的目标函数为净现值 NPV。以 NPV 最大值作为优选目标，选出最大 NPV 对应的生产制度方案。

大数据模拟器速度极快，不需要工程师预选方案，只需要通过算法对每个参量给出不同取值，最后组合出上万种甚至数十万种方案，大数据模拟器对所有生产优化注水方案进行预测，最后在几十万种方案中找出最优方案。

三、智能生产动态优化测试实例

选用由 Oliveira and Reynolds 于 2014 年提出的针对注采优化的测试模型，王相等学者引用成为行业标准生产制度优化测试模型。其渗透率和井位分布图如图 5-35 所示。

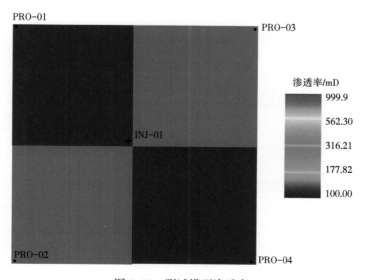

图 5-35　测试模型渗透率

图中红色为高渗区域，蓝色为低渗区域。在油藏四个角分别布置有四口生产井 PRO-01、PRO-02、PRO-03、PRO-04，中心一口注水井 INJ-01。该油藏的各项参数见表5-4。

表5-4　油藏参数

参数	网格数量	每个网格大小	高渗区	低渗区	孔隙度	含油饱和度	地层压力	产油速度	注水速度
数值	51×51×1	$x=y=10m$, $z=5m$	1000mD	100mD	0.2	0.8	20MPa	PRO-01、PRO-04（40~80m³/d）；PRO-02、PRO-04（20~40m³/d）	INJ-01（120~240m³/d）

该油藏拥有生产历史2年，预测1年，通过调整生产制度，使得在未来的一年内目标函数净现值 NPV 达到最大值。生产动态优化过程参数设置见表5-5。

其生产动态预测情况如图5-36至图5-38所示，利用训练集训练的网络对生产动态进行预测，与验证集数据对比，生产动态预测精度为0.9。

表5-5　生产动态优化过程参数设置

类别	参数名称	取值
生产相关参数	最大注入速度/（m³/d）	320
	最小注入速度/（m³/d）	80
	最大产油速度/（m³/d）	80
	最小产油速度/（m³/d）	20
	最大产液速度/（m³/d）	80
	最小产液速度/（m³/d）	20
NPV 相关参数	递减率/无量纲	0.1
	油价/（美元/m³）	385
	注水价格/（美元/m³）	20
	废水处理费用/（美元/m³）	40
	总钻井费用/万美元	37500
算法相关参数	预测时长/d	360（1年）
	最大调控次数/次	12
	对比方案数/个	1000
	数据迭代次数/次	5000
	一次样本训练量/个	30
	训练集占比/无量纲	0.7

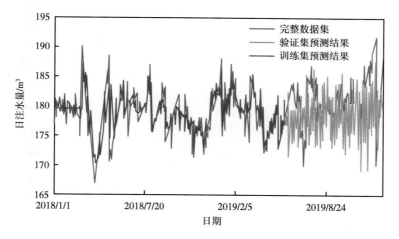

图 5-36　INJ-01 井日注水量预测结果

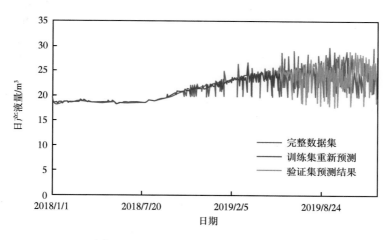

图 5-37　PRO-01 井日产液量预测结果

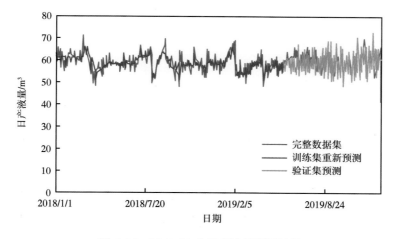

图 5-38　PRO-02 井日产液量预测结果

以最后一个时刻生产动态不变持续生产一年为基础方案，以经过生产动态优化后的生产方案为优化方案，两者的生产制度情况如图 5-39 和图 5-40 所示。优化方案调控频率28 天调控一次，共调控 13 次。其生产效果对比如图 5-41 和图 5-42 所示。预测时长一年，含水率整体下降，累计产油量基本保持稳定，累计产水量下降。

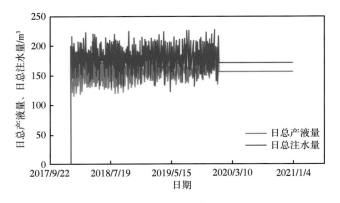

图 5-39　调控前注采方案

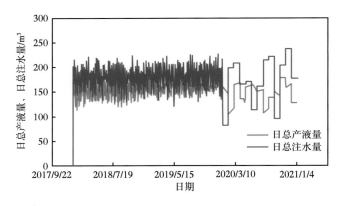

图 5-40　调控后注采方案

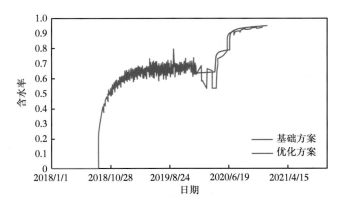

图 5-41　优化前后含水率对比

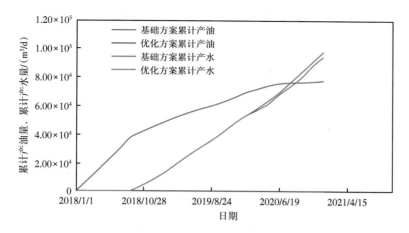

图 5-42　优化前后累计产油量、累计产水量对比

参 考 文 献

[1] 张凯，吴海洋，徐耀东，等. 考虑地质及开发因素约束的三角形井网优化 [J]. 中国石油大学学报（自然科学版），2015，39（4）：111-118.

[2] 赵娟，韩家新，王家华. 遗传算法在布井优化中的应用 [J]. 计算机时代，2008，12：53-55.

[3] 丁帅伟，姜汉桥，周代余，等. 基于改进粒子群算法的不规则井网自动优化 [J]. 中国海上油气，2016，8（1）：80-85.

[4] 王鸣川，段太忠，孙红军，等. 油藏自动历史拟合研究进展 [J]. 科技导报，2016，34（18）：236-245.

[5] 闫霞，张凯，姚军，等. 油藏自动历史拟合方法研究现状与展望 [J]. 油气地质与采收率，2010，17（4）：69-73

[6] AlQahtani G，Vadapalli R，Siddiqui S，et al. Well Optimization Strategies in Conventional Reservoirs. SPE Saudi Arabia Section Technical Symposium and Exhibition[J]. 2012，SPE 160861.

[7] Onwunalu J E，Durlofsky L J. Application of a particle swarm optimization algorithm for determining optimum well location and type[J]. Computational Geosciences，2010，14（1）：183-198.

[8] Onwunalu J E，Durlofsky L J. A new well-pattern-optimization procedure for large-scale field development[J]. SPE Journal，2011，16（3）：594-607.

[9] 任伟建，黄晶，杨有为，孟翠茹. 基于改进粒子群算法的油田注水管网优化设计 [J]. 科学技术与工程，2009，9（11）：2929-2933.

[10] 汤国平，姜汉桥，丁帅伟，等. 深水油藏生产潜力评价方法对比研究 [J]. 复杂油气藏，2013，6（2）：46-49.

[11] 孙致学，苏玉亮，聂海峰，等. 基于生产潜力的深水油田井位优化方法及应用 [J]. 断块油气田，2013，20（4）：473-476.

[12] Floris F，Bush M，Cuypers M，et al. Methods for quantifying the uncertainty of production forecasts[J]. Petroleum Geoscience，2001，7：87-96.

[13] Shahkarami A，Mohaghegh S. Applications of smart proxies for subsurface modeling [J].Petroleum Exploration and Development，2020，47（2）：372-382.

［14］ 樊灵，赵孟孟，殷川，等 . 基于 BP 神经网络的油田生产动态分析方法［J］. 断块油气田，2013，20（2）：204-206.

［15］ Negash B M，Yaw A D. Artificial neural network based production forecasting for a hydrocarbon reservoir under water injection［J］.Petroleum exploration and Development，2020，47（2）：357-365.

［16］ 安鹏，曹丹平，赵宝银，等 . 基于 LSTM 循环神经网络的储层物性参数预测方法研究［J］. 地球物理学进展，2019，34（5）：1849-1858.

［17］ Tang L，Li J，Lu W，et al. Well Control Optimization of Waterflooding Oilfield Based on Deep Neural Network［J］. Geofluids，2021：88733782.

第六章　巴西深海盐下微生物岩油藏精细表征与开发优化

　　巴西深海盐下微生物岩油气藏是目前世界油气勘探的热点领域之一，由于受盐岩遮挡，地震分辨率低，优质储层预测精度差，气顶中高含 CO_2，开发方案部署难度大。本章以巴西 J 油田碳酸盐岩油藏为研究对象，综合应用岩心、测井、地震、测试及生产动态等资料，通过开展层序划分和对比、断裂体系研究、构造特征研究、沉积相研究、储层特征以及流体分布规律等研究，建立深海盐下碳酸盐岩有效储层识别方法、储层非均质表征方法、储层预测技术及油藏动静态模型，为油藏数值模拟、油田开发方案实施提供科学依据。

第一节　地质概况

一、地质背景

　　J 油田位于桑托斯盆地中部 [图 6-1（a）]，离岸 290km，水深 2060~2600m，属远岸超深海油田。油田构造演化与桑托斯盆地类似，经历了裂陷前期、裂陷早期、裂陷期、坳陷期、漂移期。其中裂陷前期对应于前寒武系结晶基底[1]。裂陷早期系指距今 130Ma 之前地层，对应于纽康姆期岩浆活动形成的火成岩。裂陷期包括早巴雷姆—早阿普特阶，距今 130~127Ma，对应于研究区 PIC 段和 ITP 段，岩性分别为湖相烃源岩，介壳灰岩（其他地区储层）和泥岩。坳陷期位于中—下阿普特阶，对应于研究区 BVE300-100 段，是 J 油田主

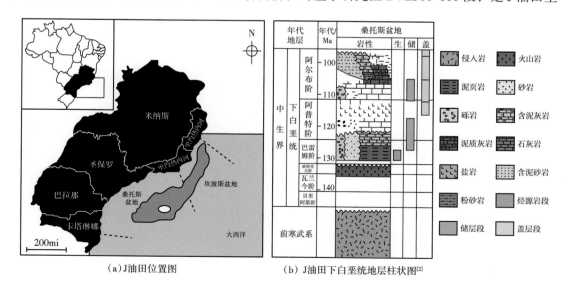

（a）J 油田位置图　　　　　　（b）J 油田下白垩统地层柱状图[2]

图 6-1　桑托斯盆地 J 油田位置及地层柱状图

173

要储层发育段，岩性主要为微生物灰岩。漂移期位于中—上阿普特阶，沉积厚 2500m 的蒸发岩，为研究区主要盖层［如图 6-1（b）］。

二、三级层序地层划分方案

（一）三级层序划分

桑托斯盆地盐下段发育 4 个重要的区域性不整合，分别为 SB1——基底不整合，SB2——DPA 构造不整合，SB3——DIA 构造不整合，SB4——盐底不整合。这四个不整合面对应为三级层序界面，并对应划分出三个三级层序。自下而上分别为 SQ1、SQ2 和 SQ3。需要说明的是，由于 J 油田四口井的钻进深度均没有钻至基底，同时层序界面为稳定的整合或不整合面，在一定的区域内能够向外延伸，故在 J 油田仅发育部分 SQ1。

SQ1 位于盐下段底部，其底界为 SB1，为 CAM 与火山岩基地的分界；顶界为 SB2，为 ITP 和 BVE300 的分界。在整个桑托斯盆地，SQ1 由 CAM、PIC 和 ITP 构成。SQ2 位于盐下段中部，其底界为 SB2；顶界为 SB3，为 BVE300 与 BVE200 的分界。本层序由 BVE300 构成。SQ3 位于盐下段上部，其底界为 SB3；顶界为 SB4，为 BVE100 与盐岩的分界。本层序由 BVE200、BVE130 以及 BVE100 构成[3, 4]。

（二）体系域划分及特征

研究区内，在三级层序的岩性特征上，最大湖泛面以下的湖侵体系域主体为低能碳酸盐岩（球状微生物岩、层纹石灰岩），表明水体相对较深，水动力较弱；最大湖泛面以上湖退体系域主体为高能碳酸盐岩沉积（颗粒灰岩、叠层石灰岩等），显示水体相对较浅，水动力较强。

以 J-1 井为例，该井测井资料包括 ITP-BVE100，SQ1 湖退体系由 ITP 构成，岩性下部主体为生屑灰岩并夹有颗粒灰岩发育，中部发育一段泥晶灰岩，上部过渡为厚层稳定沉积的生屑灰岩，整体反映出水体由深变浅、能量由高到低的演化过程。SQ2 湖侵体系域与湖退体系域由 BVE300 构成，该井中 SQ2 湖侵体系域底部发育一套介壳灰岩，反映水体能量较强；上部岩性以球状微生物岩为主，反映出水动力条件较弱，水深较深；湖退体系域发育在 BVE300 上部，主要岩性为叠层石和叠层石与颗粒灰岩的互层，反映出水动力较下部明显增强，对应水深变浅的过程。SQ3 湖侵体系域由 BVE200 构成，整体发育泥晶颗粒灰岩、颗粒泥晶灰岩，体现出水体深的低能环境；BVE130-100 共同构成湖退体系域，主要发育颗粒灰岩，同时发育泥晶颗粒灰岩、颗粒泥晶灰岩，反映出水体向上变浅，水动力向上增强。最大湖泛面反映为 CGR 曲线上的局部高值以及在地球化学特征中，碳同位素与氧同位素出现了明显的升高（图 6-2）。

（三）层序地层对比

根据 J 油田内部现有 J-1、J-2、J-3 和 J-4 四口井，J-1、J-2、J-3 与 J-4 剖面呈北东—南西向，并以此建立研究区层序地层对比格架（图 6-3、图 6-4）。

过该剖面 SQ1 的湖进体系域（LTST）钻遇不全，J-3 井及 J-1 井相对较为发育，J-2 井未钻遇。该体系域由 PIC 层段构成，岩性自下而上由较高能碳酸盐岩转变为泥岩反映出水体逐渐变深，能量由高到低，沉积物呈退积的沉积演化过程。SQ1 的湖退体系域（LRST）各井均较发育，该体系域由 ITP 层段构成，其中以 J-1 井与 J-2 井较具代表性，岩性主要为介壳灰岩等高能碳酸盐岩夹少量泥晶灰岩等低能环境沉积物。

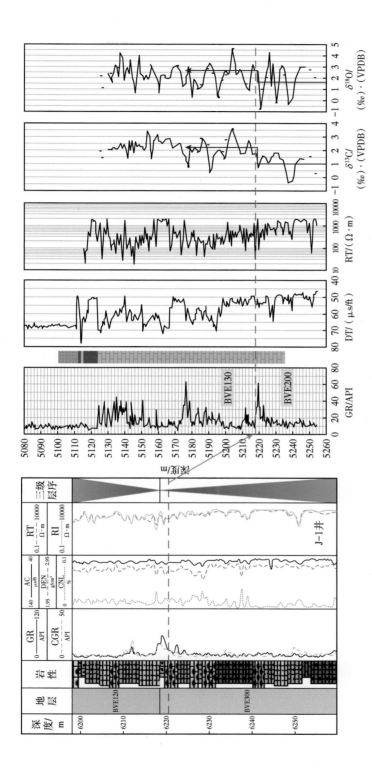

图 6-2 J-1井SQ3内最大湖泛面同位素和测井突变

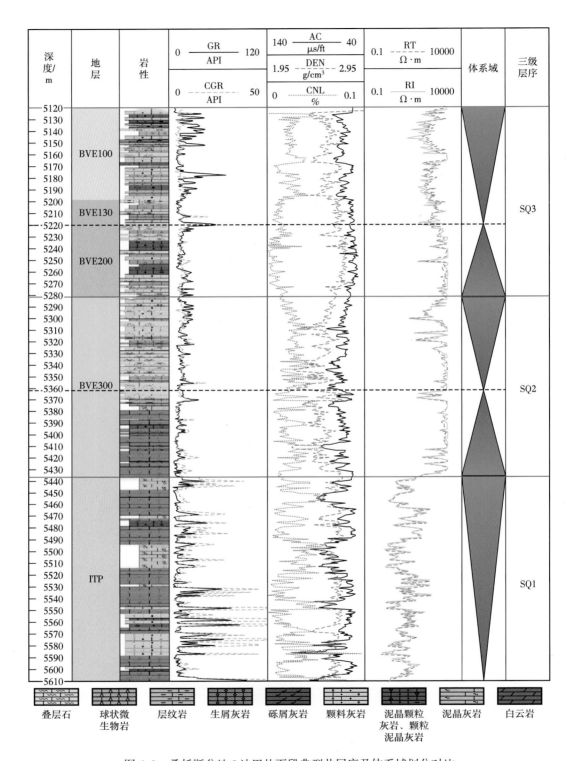

图 6-3 桑托斯盆地 J 油田盐下段典型井层序及体系域划分对比

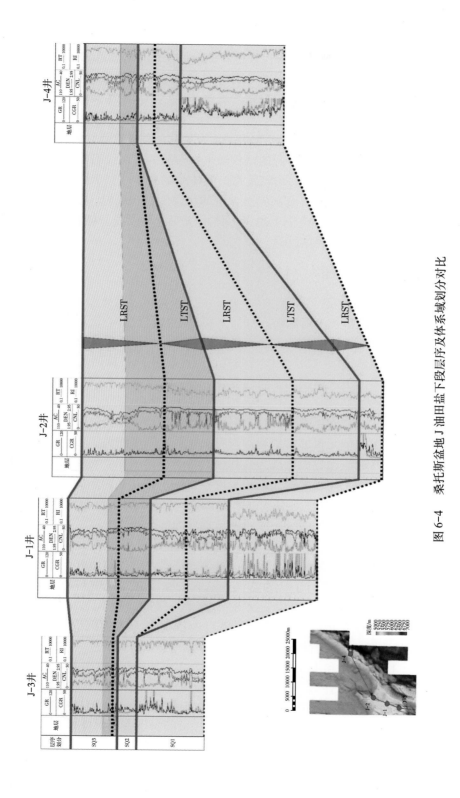

图 6-4　桑托斯盆地 J 油田盐下段层序及体系域划分对比

SQ2 湖进体系域（LTST）与湖退体系域（LRST）各井均较为发育，该层序由 BVE300 层段构成。湖进体系域岩性以较低能的球状微生物岩、泥晶颗粒灰岩或颗粒泥晶灰岩为主，其中 J-2 井 BVE300 层段下部较有代表性。湖退体系域主要沉积高能的叠层石石灰岩以及颗粒灰岩，夹有少量层纹岩，反映出水体整体变浅，水体能量增大的沉积演化过程。研究区的四口井中，J-2 井的体系域发育较为典型，J-3 井的 BVE300 层段湖退体系域不发育，J-4 井湖进体系域发育较薄。

SQ3 湖进体系域 J-1 井和 J-2 井发育较好，J-3 井发育层厚较薄，J-4 井不发育。该体系域由 BVE200 层段构成，岩性多为低能球状微生物石灰岩、层纹石灰岩及少量叠层石石灰岩、颗粒灰岩等。湖退体系域各井均较发育，该体系域由 BVE130 和 BVE100 层段构成，岩性多为高能的颗粒灰岩、叠层石石灰岩及少量球状微生物石灰岩、层纹石灰岩等。SQ3 湖进体系域至上部湖退体系域，整体上也呈水体由浅变深再变浅、能量由高变低再变高、沉积物由退积变为进积的沉积演化过程。

三、四级层序地层特征

（一）四级层序划分及特征

针对研究区目的层段位于深海区域，同时上覆厚层盐岩且岩心资料相对较为缺乏的问题，故依据测井资料采用小波变换的方法有效识别高频层序界面，建立高频层序格架。小波变换被称为"数学显微镜"，对自然伽马曲线进行小波变换是旋回地层学研究的主要技术，这种方法能够将不同级次地层的旋回性变化分别体现出来，在层序地层学的研究中得到了很好的应用。

自然伽马测井（GR）能够反映出地层中铀（^{238}U）、钍（^{232}Th）、钾（^{40}K）三种主要放射性元素的含量，其中，铀元素的富集通常与有机碳含量较多相关，然而在碳酸盐岩台地沉积环境中海水或湖水的淹没界面表现为钍和钾含量的快速增加。对于对比碳酸盐岩台地和盆地沉积，分析海平面、湖平面变化趋势来说，去除了铀元素影响的去铀自然伽马测井（CGR）曲线对于高频测序划分更具有实际意义。J-1 井井壁取心资料较全且岩性与 CGR 曲线的对应关系良好，以此作为四级层序研究与划分的标准井。

为了更加客观准确地确定层序界面的级别，本章中四级层序的划分使用了 Matlab 中的小波分析工具箱并充分结合岩性发育特征。具体方法是：首先对研究区内 J-1、J-2、J-3、J-4 四口井的 CGR 曲线分别进行了低通滤波，从而去除测井曲线中与地层性质无关的毛刺，继而使用 Dmey 小波对 CGR 曲线变换得到 10 条一维离散的小波曲线（d1—d10），同时结合岩性发育规律发现 d10 和 d8 的震荡趋势与 CGR 曲线反映的沉积旋回结构有较高的匹配度。通过观察比对 d8 曲线的震荡趋势，J-1 井中可以将 SQ1 进一步划分为 5 个四级层序（1-1、1-2、1-3、1-4 和 1-5），将 SQ2 划分为 3 个四级层序（2-1、2-2 和 2-3），将 SQ3 划分为 4 个四级层序（3-1、3-2、3-3 和 3-4），如图 6-5 所示。这里需要说明的是，由于全区 ITP 层段的岩性特征，即发育泥晶颗粒灰岩或泥晶灰岩放射性较强，可能与火山作用较强有关，故划分四级层序时除了依据 d8 曲线也同时结合了岩性发育特征。

这些四级层序边界在 d8 曲线上通常表现为数值的减小，岩性组合上反映为由高能沉积变为低能沉积再到高能沉积的转变。底部的四级层序主要发育介壳灰岩—颗粒灰岩—介壳灰岩或叠层石灰岩（颗粒灰岩）—球状微生物岩—叠层石灰岩（颗粒灰岩）的岩性组合，

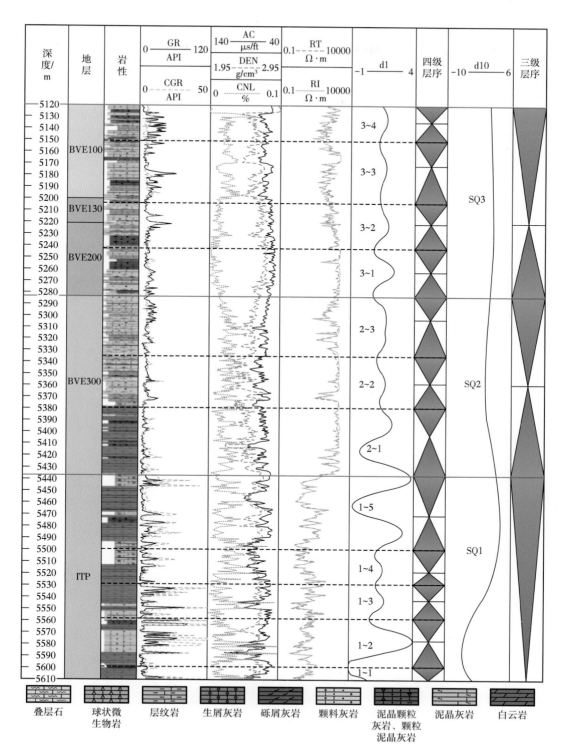

图 6-5　桑托斯盆地 J-1 井盐下段四级层序划分方案

向上逐渐变化为球状微生物岩—层纹石灰岩（颗粒泥晶灰岩）—球状微生物岩的岩性组合，反映出碳酸盐岩台地逐渐扩张，微生物礁逐渐发育的趋势。

（二）四级层序对比研究

利用以上方法对位于 J-1 井东北部的 J-2 井进行层序地层划分（图 6-6），可以发现 J-2 井的四级层序结构能够和 J-1 井很好地对比，两口井的 d8 和 d10 曲线与四级层序和三级层序均有良好的对应关系。SQ1 中 ITP 段由于 J-1 井和 J-2 井的测井资料和取心资料不完全，只能有部分对应，SQ2 内部的 3 个四级层序对应关系良好，SQ3 在 J-1 井内识别出 4 个四级层序，在 J-2 井内识别出 5 个四级层序，且厚度差逐渐减小，这在一定程度上反映出碳酸盐台地发育范围逐渐扩大。

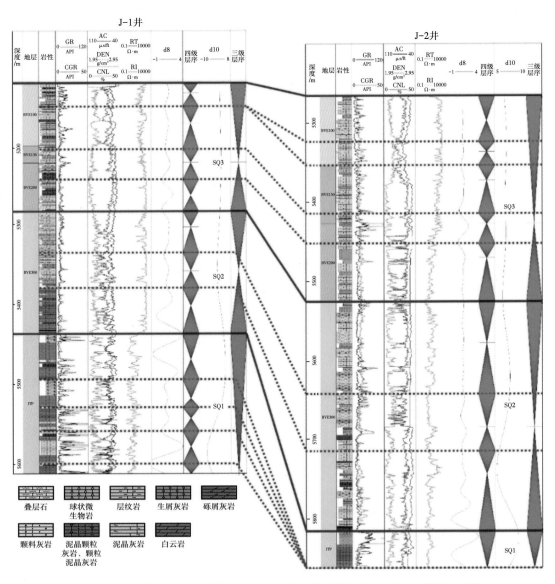

图 6-6　桑托斯盆地 J-1 井和 J-2 井盐下段小波变换结果与四级层序划分方案

第二节　深海盐下微生物岩储层沉积相及物性特征

一、沉积相类型及特征

（一）微相与组合

基于岩心和薄片照片的观察分析，结合常规测井、成像测井以及地球物理相关资料，在研究区内划分出碳酸盐岩台地（浅湖）亚相和半深湖—深湖亚相两种沉积亚相，并将碳酸盐岩台地（浅湖）亚相划分为 7 种微相，见表 6-1。

表 6-1　J 油田盐下段沉积相及岩石类型

亚相	微相	岩石类型
碳酸盐岩台地亚相	介壳滩微相	介壳灰岩、泥晶颗粒灰岩、泥晶灰岩
	颗粒滩微相	颗粒灰岩、层纹岩、叠层石
	球粒滩微相	球状微生物岩、层纹岩
	微生物礁微相	叠层石、球状微生物岩、颗粒灰岩
	台内洼地微相	泥晶灰岩、层纹岩、颗粒泥晶灰岩、泥晶颗粒灰岩
浅湖亚相	台间洼地微相	泥晶灰岩
半深湖—深湖亚相	半深湖—深湖灰泥微相	泥岩、泥晶灰岩
	风暴滩微相	砾屑灰岩

1. 介壳滩微相

介壳滩沉积微相在研究区内发育在 ITP 段，是 ITP 段沉积的典型特征。该微相组合的优势岩相为介壳灰岩，整体上表现为介壳灰岩与泥晶颗粒灰岩的互层，反映出较高能的沉积水动力。介壳滩微相特征如图 6-7 所示。

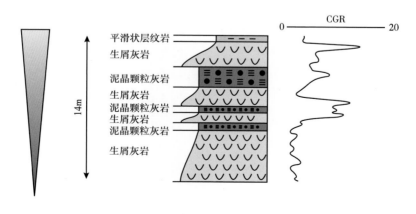

图 6-7　介壳滩微相特征

2. 颗粒滩微相

颗粒滩微相在研究区内广泛发育，典型见于 J-2 井 BVE100 段上部及 BVE300 段上部，颗粒灰岩层厚逐渐增加，微齿状层纹岩厚度逐渐减小，或厚层的颗粒灰岩沉积。观察井壁取心，自下而上内碎屑颗粒分选磨圆变差，含量增多，为颗粒支撑，颗粒灰岩颜色为棕色—灰色；微齿状层纹岩纹层呈现轻微的齿状起伏，棕色至浅棕色，其中的暗色纹层可能为黏土矿物或有机质。颗粒滩微相特征如图 6-8 所示。

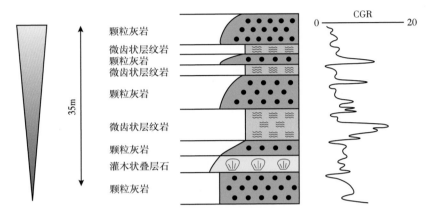

图 6-8　颗粒滩微相特征

3. 球粒滩微相

球粒滩岩相组合主要发育在 BVE130 段及 BVE200 段，BVE300 段也有少量发育。球粒滩组合岩性以球状微生物岩为主，垂向上与层纹岩叠置，其颜色多为还原色，镜下球状微生物岩多为泥晶—粉晶碳酸盐岩胶结。微生物球粒是受到水深的影响和波浪的作用，微生物侧向生长而后受到水流的微弱动荡形成的。整体上，球粒滩微相组合的发育环境水动力较弱，形成于微生物礁背风一侧的台间洼地的上部。球粒滩微相特征如图 6-9 所示。

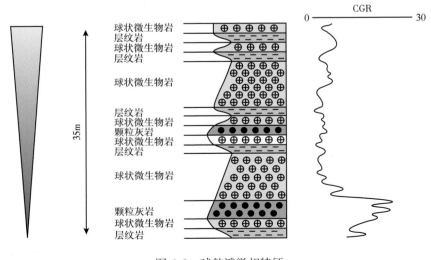

图 6-9　球粒滩微相特征

4. 微生物礁微相

微生物礁微相是微生物碳酸盐岩沉积的典型组合模式，在J油田主要发育在BVE100段上部，其中J-2井发育较为典型。该微相组合底部发育有颗粒灰岩，其颗粒成分多为微生物礁碎屑，如台地内早先沉积的叠层石或球状微生物岩的碎屑。向上依次发育球状微生物岩、灌木状叠层石以及树状叠层石。球状微生物岩的沉积厚度较薄，基质支撑，泥粉晶胶结以及填隙物发育。叠层石个体由泥晶—粉晶碳酸盐质点组成，叠层石个体之间由白云石或交代的硅质胶结。树状叠层石个体呈现柱状，高宽比大，叠层石格架间泥晶基质少，反映出沉积时的强水动力条件；灌木状叠层石个体呈现灌木状，高宽比小，沉积时水动力较树状叠层石弱，形态上的变化表明微生物的抗浪水平变化。该微相组合发育在台地高部位，整体代表浅水高能环境。微生物礁微相特征如图6-10所示。

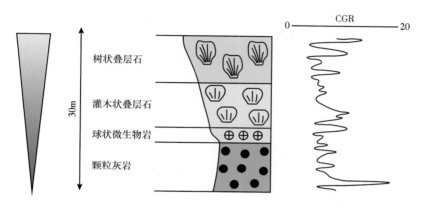

图6-10 微生物礁微相特征

5. 台内洼地微相

台内洼地微相主要发育在SQ1与SQ2体系域。由于水动力相较颗粒滩等高能环境弱，故沉积岩性以低能的泥晶灰岩、层纹岩、颗粒泥晶灰岩、泥晶颗粒灰岩为主。垂向上，层纹岩或泥晶灰岩与球状微生物岩或泥晶颗粒灰岩或颗粒泥晶灰岩叠置发育。台内洼地微相主要发育在碳酸盐岩台地水深较深的部位，其微相特征如图6-11所示。

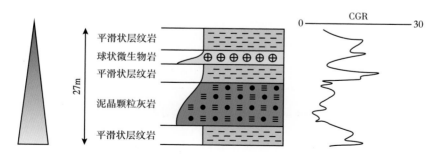

图6-11 台内洼地微相特征

（二）测井相特征

通过对常规测井资料的分析，无铀伽马曲线能较好地反映沉积环境的变化，通过测试地层中放射性元素的多少来指示地层的泥质含量的变化，从而间接判断沉积环境能量大小以及沉积物颗粒大小等，如图 6-12 所示。同时结合电阻率测井以及补偿中子测井、密度测井和声波时差测井，利用常规测井值大小和曲线形态，通过测井值和取心井段的对比标定，识别出不同微相组合常规测井响应模式[5]。

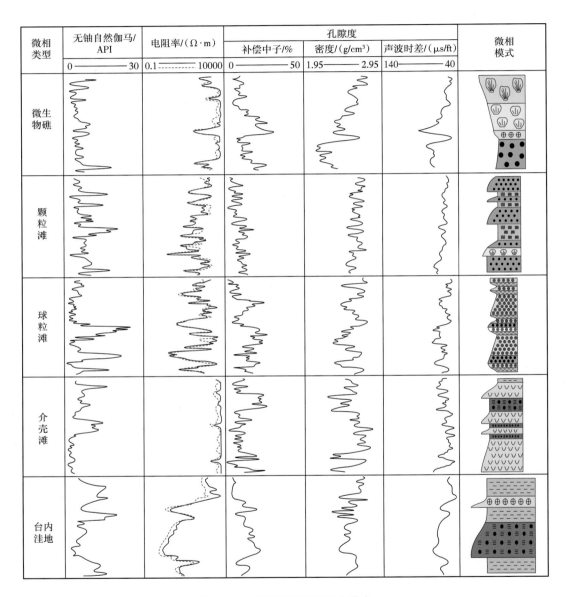

图 6-12　不同微相常规测井模式

此外，通过对 J 油田 4 口井的成像测井分析，依据静态图像与动态图像的特征，完成了 J 油田成像测井岩性识别（图 6-13）。叠层石在成像测井响应的静态图像中为浅棕色，动态图像中叠层石发育位置对应为暗色的条带，宽度较大，条带边缘呈现波状或火焰状。球状微生物岩在静态图像响应中为棕色，电阻率较高；动态图像中暗色低电阻率区域呈不明显格架状表现为黏结结构。层纹岩响应以亮暗交替的互层状为特征。颗粒灰岩在静态图像中为棕色，电阻率较高；动态图像中能够观察到明显的暗色低电阻率和亮色高电阻率斑点。颗粒泥晶灰岩以及泥晶灰岩等泥质含量较高的岩性在成像测井响应静态图像中为深棕色，动态图像中由于泥质的不均匀分布，图像中高电阻率以及低电阻率区域呈现团块状分布。结晶岩类如结晶灰岩或晶粒白云岩的成像测井响应通常较为均一，呈现出块状构造。

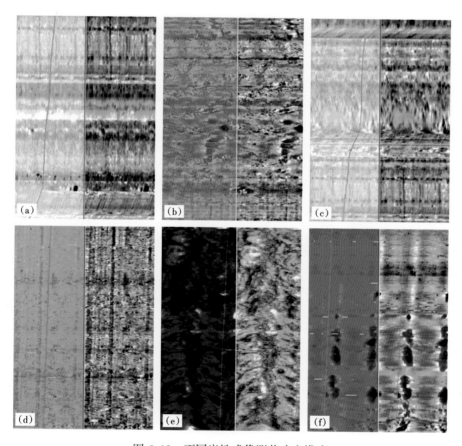

图 6-13　不同岩性成像测井响应模式

（a）叠层结构（树状叠层石、灌木状叠层石）；（b）黏结结构（球状微生物岩）；（c）纹层结构（平滑状层纹岩、微齿状层纹岩）；（d）颗粒结构（颗粒灰岩）；（e）泥质结构（颗粒泥晶灰岩、泥晶颗粒灰岩、泥晶灰岩）；（f）块状结构（结晶灰岩、晶粒白云岩）

（三）单井相分析

本次研究在岩心和测井曲线综合分析的基础上，结合岩相组合分析，对桑托斯盆地 J 油田内的 4 口井开展了系统研究，并建立了 4 口井的综合柱状图，选取 1 口典型井，对其单井相进行详细的描述（图 6-14）。

该井在很大程度上反映了桑托斯盆地 J 油田的沉积特征，J-1 井纵向上沉积微相的变化表现出一定的规律性。ITP 段主要发育生屑灰岩，为介壳滩沉积微相组合，向上 BVE300 段变为微生物礁与颗粒滩微相组合沉积，BVE200 与 BVE130 段层较薄，沉积相变为球粒滩沉积，沉积水深变深，而后到 BVE100 段又变为颗粒滩微相组合沉积，微生物礁沉积较少，沉积水深又变浅。总体上，J-1 井 ITP—BVE100 段为碳酸盐岩台地浅滩微相组合，微生物礁微相组合发育程度相对较高。

185

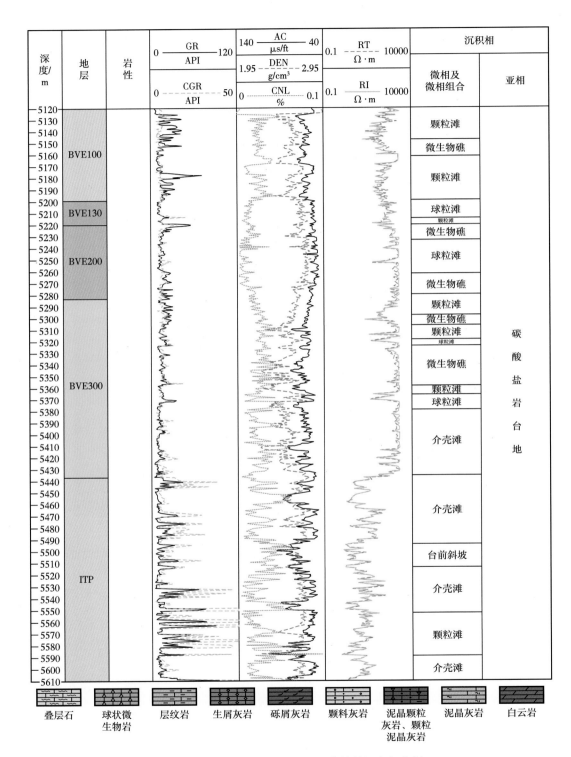

图 6-14　桑托斯盆地 J 油田 J-1 井单井沉积相分析

（四）连井相对比

在单井相研究的基础上，为了更加全面地了解各微相组合的横向展布情况，选取了J-1井、J-2井以及J-3井，对这三口井进行了沉积微相的横向对比（图6-15）。这三口井位于J油田的西南高部位，连井整体呈现北东—南西走向，能够良好地反映该区域的沉积微相发育特征。

通过连井分析可以发现，J油田横向上主要发育浅滩沉积，包括颗粒滩、介壳滩以及球粒滩，同时发育微生物礁微相。其中颗粒滩厚度由J-2井到J-3井逐渐减薄，整体沉积厚度J-2井最厚，J-3井最薄，表明J-2井在沉积时为台地内部的高部位，沉积速率较快，沉积厚度较厚，而J-3井在沉积时水深较深，沉积速率较慢，沉积厚度较薄。

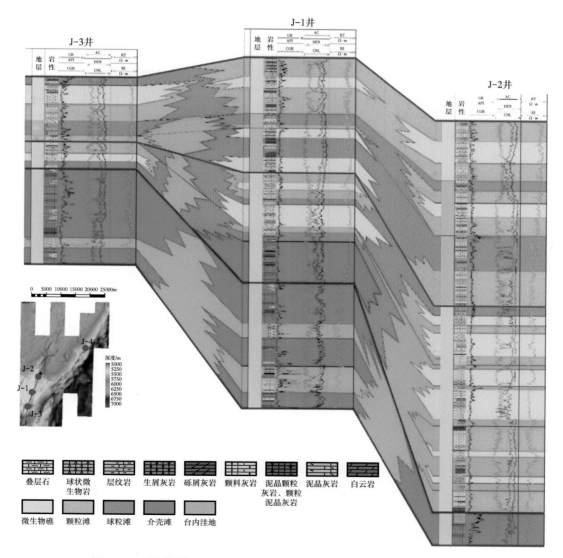

图6-15　桑托斯盆地J油田J-3井—J-1井—J-2井沉积微相剖面对比图

二、沉积相及沉积相模式

（一）层序格架内平面相

1. SQ1 湖退体系域

SQ1 湖退体系域时期，J 油田主要发育介壳滩微相组合，台内洼地微相、台间洼地微相以及半深湖—深湖亚相，其沉积相平面分布如图 6-16 所示。油田的东南部发育一定规模的半深湖—深湖亚相，岩性以灰黑—黑色泥岩为主，并在油田内部发育一近北东—南西向以层纹石灰岩为主的碳酸盐岩台地，碳酸盐岩台地西北部发育大面积的台间洼地微相沉积（泥岩、泥灰岩为主），碳酸盐台地西南部也发育小规模的台间洼地微相沉积。在碳酸盐岩台地内发育四个小规模的介壳滩沉积，岩性以介壳灰岩为主，分别位于 J-1 井和 J-2 井一带、J-3 井区、J-4 井区及 J-3 井区东部。围绕介壳滩发育台内洼地微相沉积。

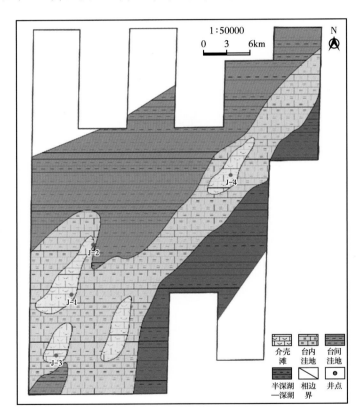

图 6-16　J 油田 SQ1 湖退域平面相图

2. SQ2 湖进体系域

SQ2 湖进体系域时期，J 油田主要发育颗粒滩微相、介壳滩微相、台内洼地微相、台间洼地微相以及半深湖—深湖亚相，其沉积相平面分布如图 6-17 所示。在油田的东南发育一定规模的半深湖—深湖亚相，并在油田内部发育一近北东—南西向的台内洼地微相，主要岩性为泥晶灰岩和部分层纹岩，台地西北部发育大面积的台间洼地微相，台地西南部台间洼地微相消失。在碳酸盐岩台地内部发育多个颗粒滩微相以及介壳微相。介壳滩微相在 J-1 井区大体呈北东—南西走向，J-3 井区与 J-4 井区发育颗粒滩沉积，大致走向同样为北东—南西，在 J-2 井区发育规模较小的微生物礁微相，围绕微生物礁微相发育颗粒滩微相。

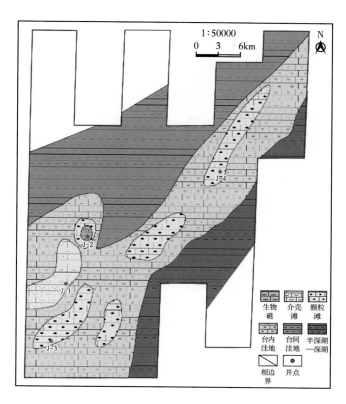

图 6-17　J 油田 SQ2 湖进域平面相图

3. SQ2 湖退体系域

SQ2 湖退体系域时期与 SQ2 湖进体系域时期相比，J 油田沉积相类型更加多样：主要发育微生物礁微相、颗粒滩微相、球粒滩微相、台内洼地微相以及半深湖—深湖亚相，其沉积相平面分布如图 6-18 所示。油田东南发育半深湖—深湖亚相，西北部发育台间洼地微相，台地内的高能沉积发育面积进一步扩大，颗粒滩发育面积较 SQ2 湖进体系域更大，且 J-1 井和 J-2 井均发育微生物礁微相，且围绕微生物礁外围发育球粒滩。J-3 井整体缺失 SQ2 湖退体系域的发育。

4. SQ3 湖进体系域

SQ3 湖进体系域，J 油田主要发育微生物礁微相、颗粒滩微相、球粒滩微相、台内洼地微相、台间洼地微相以及半深湖—深湖亚相，其沉积相平面分布如图 6-19 所示。油田内碳酸盐岩台地规模继续增大，台地两侧分别被半深湖—深湖亚相和台间洼地微相包围，半深湖—深湖亚相和台间洼地微相发育范围减少，微生物礁等高能沉积相发育范围增大。颗粒滩微相在 SQ2 湖退体系域的基础上进一步扩大，微生物礁微相的分布面积与 SQ2 体系域差别不大，主要分布在 J-1 井西部、油田的东南及东北的高部位。球粒滩主要围绕 J-1 井—J-2 井附近的微生物礁发育。

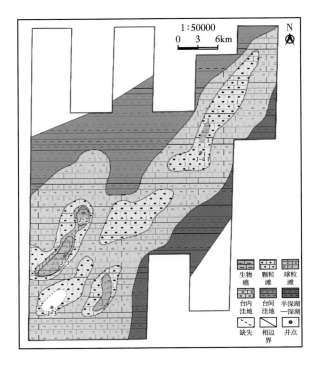

图 6-18　J 油田 SQ2 湖退域平面相图

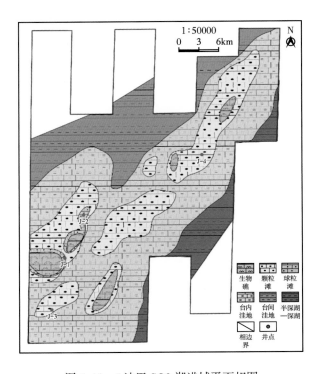

图 6-19　J 油田 SQ3 湖进域平面相图

SQ3 湖退体系域时期与 SQ3 湖进体系域时期相比，沉积相发育类型相同，油田内半深湖—深湖亚相规模进一步减小，碳酸盐岩台地的规模进一步扩大，台间洼地微相规模进一步减小，其沉积相平面分布如图 6-20 所示。碳酸盐岩台地内部发育大规模的颗粒滩微相以及球粒滩和微生物礁微相。在 J-1 井、J-2 井、J-3 井以及 J-4 井区都发育较大规模的微生物礁微相沉积，围绕微生物礁外围发育球粒滩微相。整体上，颗粒滩连片发育。高能微相发育走向基本与碳酸盐岩台地走向相同，为北东—南西向。

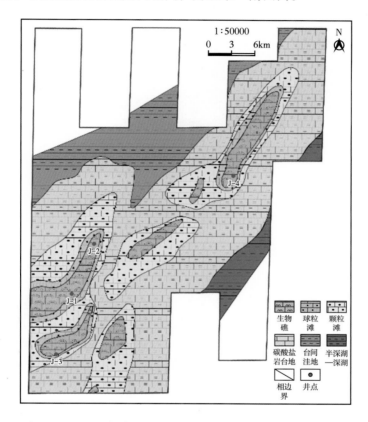

图 6-20　巴西桑托斯盆地 J 油田 SQ3 湖退体系域沉积相平面图

（二）沉积相模式

在通过对研究区区域构造特征、层序地层、沉积充填演化等综合分析的基础上，并结合典型现代碳酸盐岩台地沉积特征，建立了桑托斯盆地 J 油田碳酸盐岩沉积相模式（图 6-21）。

在裂陷期早期（CAM 发育期），研究区内基性火山岩发育，构成了研究区基底，同时受到拉张作用影响形成了多条正断层。之后在 PIC 沉积期水体变深，区内洼陷区沉积大规模暗色泥岩，为区内重要的烃源岩沉积。裂陷期晚期（ITP 沉积期），区内水体逐渐变浅，整体上研究区远离物源同时光照充足、水温适合碳酸盐岩发育，多发育一定规模的碳酸盐岩台地相。该时期的水体特征适合瓣鳃类、腹足类以及介形虫等生物的生长，故在沉积高能区发育以介壳灰岩为主的介壳滩微相沉积。靠近台地之间的洼陷地区，随着水体变深，逐渐演变为中低能台地沉积。

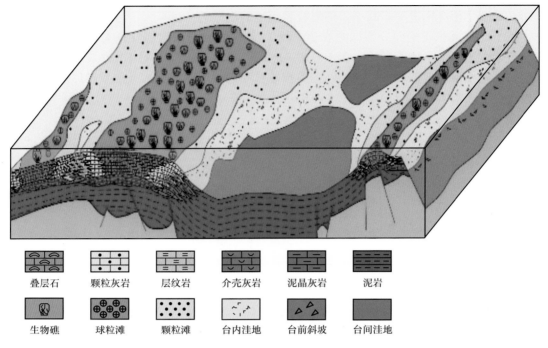

叠层石	颗粒灰岩	层纹岩	介壳灰岩	泥晶灰岩	泥岩

生物礁	球粒滩	颗粒滩	台内洼地	台前斜坡	台间洼地

图 6-21　J 油田下白垩统盐下段沉积相模式图

　　裂陷期之后，研究区逐渐进入转换期（BVE300 沉积期）至坳陷期（BVE200—BVE100 沉积期），构造活动逐渐减弱，区内沉积基底地貌起伏逐渐变缓；浅水区面积逐渐扩大，深海区面积缩小；为储层发育的重要时期。在研究区的高部位（受构造作用控制的地垒区）发育大规模的碳酸盐岩沉积。该时期水体介质呈高盐度、高碱度的特征，适合耐盐性的藻类、微古生物聚类等生物大量生长。在转换期（BVE300 沉积期），碳酸盐岩台地内发育层纹岩，台地内的高能区域主要发育颗粒灰岩，微生物礁发育范围较小且局限。坳陷期（BVE200—BVE100 沉积期），区内覆水进一步变浅，碳酸盐岩台地规模最大；在碳酸盐岩台地内部浅水高能区多发育以树状叠层石、灌木状叠层石为主的生物礁微相，生物礁多发育在浅水高能的高部位；台地内的低洼区域，水深变深，能量相对较弱，多发育以微齿状层纹岩、平滑状层纹岩为主的沉积。

三、盐下微生物碳酸盐岩储层特征

（一）储层岩石学特征

　　碳酸盐岩的结构以及形成环境与油气在岩石中的储集性能有着密不可分的关系，通过前文对岩相的分析，根据桑托斯盆地 J 油田盐下碳酸盐岩有利储层岩性进行了分类：优势储层岩性为叠层石、颗粒灰岩；一般储层岩性为球状微生物岩、泥晶颗粒灰岩；差储层岩性为颗粒泥晶灰岩、层纹岩。

　　优势储层岩性沉积时，水动力较强，水体相对动荡，沉积的细粒沉积物相对较少，颗粒灰岩与介壳灰岩通常呈颗粒支撑，尤其是叠层石内部倾向于形成对油气储集有利的与微生物有关的储集空间；一般储集岩性中，由于沉积时水动力减弱，碳酸盐岩质点更加易于沉淀形成沉积；差储层岩性沉积时水动力最弱，泥晶碳酸盐岩最发育。

（二）储层物性特征

1. 孔隙类型

通过对井壁取心薄片的观察研究，J油田盐下碳酸盐岩储层储集空间类型多样，包括生物格架孔、粒间孔、粒内孔、晶间孔、铸模孔等类型（图6-22）。

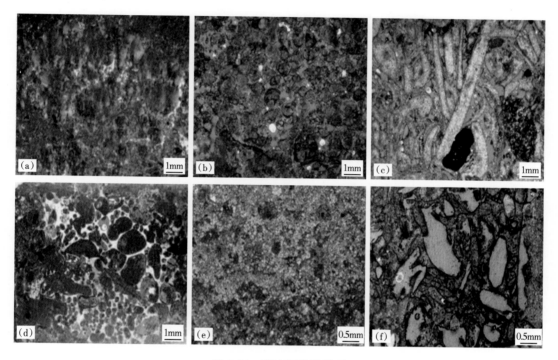

图6-22　研究区孔隙类型

（a）叠层石格架孔，J-1井，5136m；（b）颗粒灰岩粒间孔，J-1井，5309m；（c）介壳灰岩粒间孔，J-1井，5431m；（d）颗粒灰岩粒内孔，J-1井，5144m；（e）白云岩内晶间孔，J-1井，5287m；（f）介壳灰岩铸模孔，J-1井，5568m

2. 物性特征

储层物性主要受到沉积作用、成岩作用与构造作用等综合因素的影响，对于储层物性分析主要是通过孔隙度和渗透率两个基本参数来表征。

微生物碳酸盐岩孔隙度与渗透率呈现明显的正相关关系（图6-23），相关系数 R^2 为0.6288，总体相关性良好，但低于总体水平，表明微生物结构明显控制并且影响微生物碳酸盐岩储层的孔渗关系。

内碎屑碳酸盐岩孔渗关系同样呈现明显的正相关关系（图6-23），且相关系数 R^2 为0.7911，相关性明显且显著高于微生物碳酸盐岩。这是由于内碎屑碳酸岩在沉积过程中，与碎屑岩沉积有类似之处，在内碎屑碳酸岩中占比较大的颗粒灰岩较为发育颗粒支撑结构，原生粒间孔较发育，孔隙之间的连通性通常较好，加之后续成岩作用对储层的改造往往易于形成高孔—高渗的有利储层。

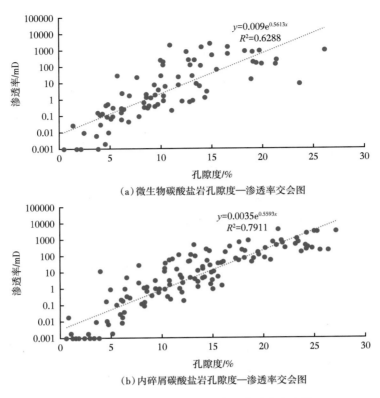

（a）微生物碳酸盐岩孔隙度—渗透率交会图

（b）内碎屑碳酸盐岩孔隙度—渗透率交会图

图 6-23　J 油田盐下段孔隙度—渗透率交会图

四、储层主控因素

（一）构造作用

根据大地构造背景和盆地构造演化历史，研究区在 ITP 沉积期构造作用普遍较为强烈，同沉积断层发育，造成沉积盆地基底地形起伏变化大。基底隆起的构造高点通常发育介壳灰岩，但其横向展布范围通常较小，而其两侧发育泥晶灰岩。

在 BVE300 沉积期，受到早期裂陷构造起伏的影响，在继承性高部位地区普遍发育内碎屑碳酸盐岩等主要储层，其横向展布规模较 ITP 沉积期有所扩大，同时储层的物性较好。

BVE200—BVE100 沉积期，区域内整体构造作用变弱，深大断裂不发育，存在少量规模较小的正断层，整体上沉积基底地势较为平缓，适合碳酸盐岩台地大规模连片发育。研究区位于构造高部位，发育规模较大的内碎屑碳酸盐岩及叠层石，储层规模大，储层物性好；在构造低部位覆水具有一定深度，发育一定的球状微生物岩储层。

（二）沉积作用

在研究区内沉积作用对储层的控制作用主要体现在对沉积相发育的控制。J 油田碳酸盐岩储层整体为礁滩相沉积，且根据前文对储层储集空间的分析可知，沉积时的气候与水介质的性质对微生物碳酸盐岩有着至关重要的作用。已有研究表明，桑托斯盆地早白垩世为封闭性湖盆。在储层重点发育层段 BVE300—BVE100 沉积时期，区内整体处于干旱气候环境，气候炎热，适合耐盐性藻类、微古生物菌类大量生长。在浅水高能区域，由于光照作用充足，高能水体供应养分充足，微生物岩生长效率高，垂向生长优势较为明显，使其呈现出高宽比大，类似树状的外形，从而发育树状叠层石。随着水深的加大，由于光照不足，水动力条件减弱，为了最大程度获取阳光以及养分，微生物岩的形态逐渐变为相对低矮的灌木状，侧向生长逐渐占据优势；当水深进一步加深时，光照进一步减弱，受到湖流的作用，微生物岩呈现球状微生物结构。

考虑到地形以及水动力作用的横向差异，通常在微生物礁的两侧，尤其是微生物礁的背浪一侧，受到湖流的作用将微生物骨架打碎后在微生物礁后方沉积下来。由于水动力作用较强，微生物骨架碎片通常呈现颗粒支撑，原生粒间孔隙发育。

总体来说，水动力作用以及光照等条件在垂向上和横向上均通过沉积作用控制了研究区内储层的发育情况。

（三）层序界面

前文将 CGR 测井值通过 Matlab 进行小波变换后得到了四级层序划分方案，将其与实测孔隙度数据做对比后发现，在研究区范围内，四级层序界面对碳酸盐岩储层的孔隙发育有着较为显著的控制效果。通过观察分析 J-1 井 BVE200—BVE100 段的孔隙发育情况与四级层序划分对比能够发现（图 6-24）：孔隙度高值往往出现在四级层序界面处，如 3-3 与 3-4 四级层序交界处；同时，在四级层序的湖侵半旋回中，孔隙度发育呈现逐渐降低的趋势，湖退半旋回中，孔隙度发育呈现逐渐增高的趋势。整体来说，在研究区内孔隙发育情况与四级层序有着良好的耦合关系。

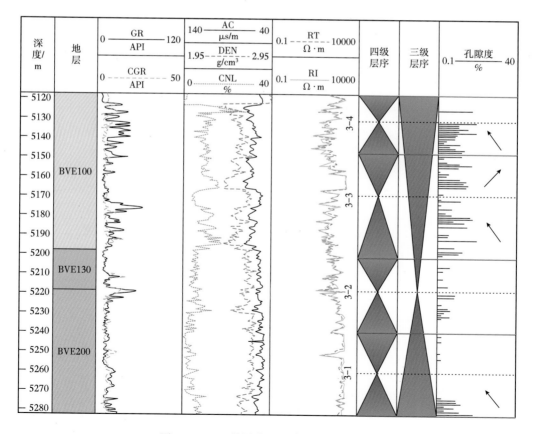

图 6-24　J-1 井层序—孔隙度耦合关系图

（四）成岩作用

研究区内的建设性成岩作用以准同生期溶蚀作用、表生岩溶作用、热液溶蚀作用为主，破坏性成岩作用以压实作用、胶结作用等为主。

总体来说，研究区盐下碳酸盐岩储层成岩作用类型丰富多样（图6-25）。在断陷期

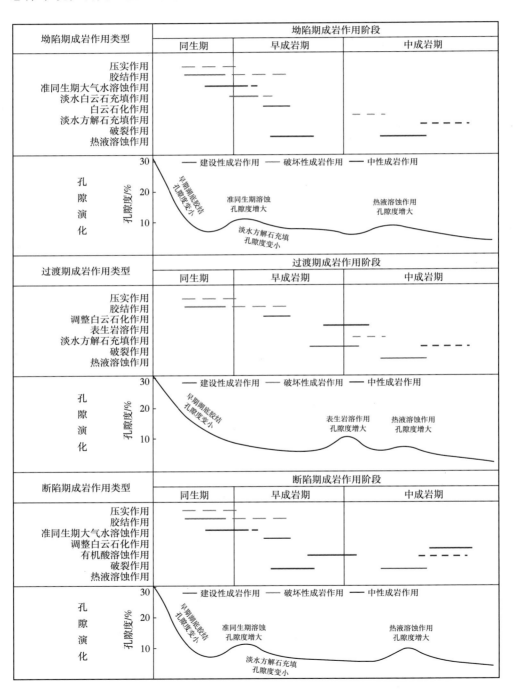

图6-25　J油田盐下碳酸盐岩三阶段成岩作用序列

（ITP 沉积时期）发育压实作用、胶结作用、准同生期溶蚀作用、调整白云石化作用、有机酸溶蚀作用、断裂作用和热液溶蚀作用。其中准同生期溶蚀作用、有机酸溶蚀作用、断裂作用和热液溶蚀作用是建设性成岩作用，发生时期主要在早—中成岩期。在过渡期（BVE300 沉积时期）发育压实作用、胶结作用、调整白云石化作用、表生岩溶作用、淡水方解石充填作用、破裂作用以及热液溶蚀作用，其中表生岩溶作用、破裂作用、热液溶蚀作用为建设性成岩作用，主要发生在中成岩阶段。在坳陷期成岩作用类型最多，发育压实作用、胶结作用、准同生期溶蚀作用、淡水白云岩充填作用、破裂作用以及热液溶蚀作用，其中准同生期溶蚀作用、破裂作用以及热液溶蚀作用是建设性成岩作用，发生时期贯穿同生期—中成岩期。

第三节　少井条件下深海盐下油藏地质建模

J 油田处于开发初期，目前仅有四口探井资料，加上深海条件复杂及盐岩遮挡，地震资料品质不高，精细建模难度较大。综合有限的井资料和地震资料，在沉积控制条件定量分析的基础上建立 J 油田 BVE200—BVE100 小层碳酸盐岩台地沉积三维正演模型，并以该正演模型作为三维训练图像，采用多点地质统计学方法对整个 BVE 砂组台地沉积进行模拟。该方法将沉积正演模拟的沉积规律与多点地质统计的条件化优势实现有效结合，所建地质模型精度得到了提高，对碳酸盐岩储层地质建模技术发展具有推动作用，同时对于其他类型油藏的多点统计建模具有一定借鉴意义。关于少井条件下深海盐下油藏地质建模内容可见参考文献 [6] 第十二章第二节或参考文献 [7]，这里不再累述。

第四节　超临界 CO_2 气顶影响下油气相态拟合

提取 J 油田流体组分相关数据，获得井流物数据，气顶与油环各组分含量见表 6-2，包含 CO_2、N_2、$C_1\sim C_{19}$ 实测值以及 C_{20+} 拟组分摩尔含量、相对分子质量、相对密度。其中油环中 C_{20+} 重组分摩尔含量为 14.13%，远远大于气顶中 C_{20+} 摩尔含量（0.92%），表明油环中重组分含量显著偏高。气顶中异戊烷及以下包含 CO_2 及 N_2 等轻组分摩尔含量为93%，油环中该类组分摩尔含量为 77%，显著低于气顶区。

表 6-2　J 油田代表井流物组成

序号	组分	摩尔含量 / %		序号	组分	摩尔含量 / %	
		气顶	油环			气顶	油环
1	CO_2	76.61	57.20	6	iC_4	0.15	0.18
2	N_2	0.42	0.27	7	nC_4	0.29	0.40
3	C_1	17.11	16.26	8	iC_5	0.10	0.15
4	C_2	1.34	1.58	9	nC_5	0.13	0.23
5	C_3	0.78	0.95	10	C_6	0.16	0.37

续表

序号	组分	摩尔含量 / %		序号	组分	摩尔含量 / %	
		气顶	油环			气顶	油环
11	C_7	0.15	0.54	19	C_{15}	0.14	0.73
12	C_8	0.21	0.68	20	C_{16}	0.10	0.53
13	C_9	0.21	0.64	21	C_{17}	0.09	0.47
14	C_{10}	0.20	0.58	22	C_{18}	0.10	0.49
15	C_{11}	0.18	0.60	23	C_{19}	0.09	0.52
16	C_{12}	0.18	0.72	24	C_{20+}	0.92	14.13
17	C_{13}	0.18	0.83	25	C_{20+}摩尔数	369.83	572.40
18	C_{14}	0.16	0.88	26	C_{20+}密度	0.9084	0.9825

从表 6-2 还可以看出，气顶和油环中高含 CO_2，其中气顶中 CO_2 含量达 76.61%，油环中中 CO_2 含量达 57.2%。目前，高含 CO_2 相态拟合无经验可循，主要存在两大难点：（1）受 CO_2 抽提影响，气顶与油环组分含量差异很大，气油水三相紧密接触，不断进行相间传质，相态拟合困难；（2）油气共用一套 PVT 参数构建难度大，前人将气与油分开拟合，近似表征了地下流体，但随着开发过程中相态不断变化，计算误差变大。

一、高含 CO_2 流体相态拟合的思路

气样相态实验数据主要包含恒质膨胀实验（CCE）和定容衰竭实验（CVD），如图 6-38 所示。图 6-26（a）为气样流体样品体积和压力的关系，实验结果表明，油藏原始压力从 60MPa 左右降到 30MPa，气体相对体积系数小幅度增大，表明在此压力段，气顶气的膨胀能较小，流体更接近液态。而油藏压力一旦降到 30MPa 以下，气顶气区的弹性膨胀能大幅度增加。图 6-26（b）展示了液相饱和度随油藏压力的变化特征。油藏压力由 60MPa 降到 50MPa 左右，液相油析出量小于 2%；一旦油藏压力降到 50MPa 以下，液相油析出量与压力下降值几乎成直线关系，在油藏压力降到 10MPa 左右，液相油饱和度可达 17%~20%[8]。

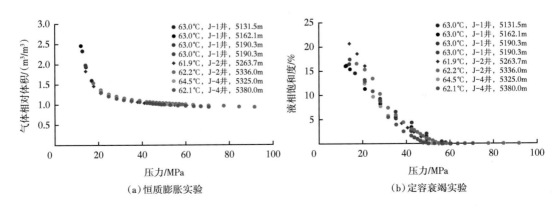

(a)恒质膨胀实验　　　　　　　　(b)定容衰竭实验

图 6-26　J 油田气样测试实验

油样的差异分离实验与气样的等容衰竭实验类似（DL）。对两口井的 5 个油样开展了差异分离实验，包括原油体积系数、溶解气油比、原油黏度和原油密度等原油高压物性参数进行了分析，结果如图 6-27 所示。原油体积系数整体随油样深度增加而减小。对单一油样而言，在泡点压力之上，原油体积系数在 1.3~1.5 之间，随油藏压力减小，原油体积系数在增加。油藏压力一旦低于原油的泡点压力，原油体积系数随油藏压力的降低而快速减小。原油溶解气油比随原油取样深度增加而减小，在泡点压力之上最大为 230m³/m³，最小为 160m³/m³。原油黏度随取样深度增加而增加，从靠近气油界面附近的 2mPa·s 增加到靠近油水界面的 15mPa·s，以泡点压力分界，大于泡点压力，原油黏度随压力的增加而增加，越靠近下部原油的黏度增加幅度越大，而靠近上部原油的增加幅度较小；在泡点压力之下，随压力的降低，溶解气析出，原油黏度逐渐增加[8]。

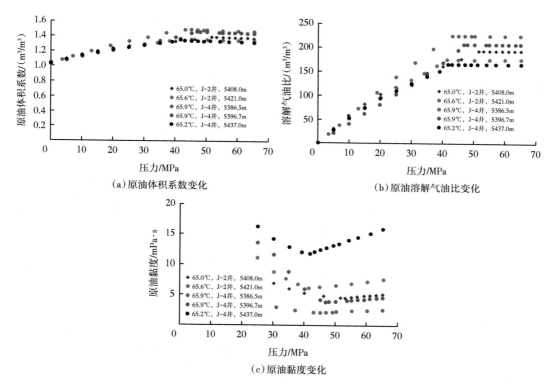

（a）原油体积系数变化

（b）原油溶解气油比变化

（c）原油黏度变化

图 6-27　J 油田油样 DL 实验曲线

针对以上所收集的资料与信息。明确相态拟合重要意义，针对 J 油田高含 CO_2 流体相态拟合，考虑采取通过"三步走"的思想来完成相态拟合及探究：

第一步，了解相态拟合对 J 油田的重要性。高压高温系统条件下，高含量的 CO_2 使得油藏流体处于超临界混相状态，只有进行精准的相态拟合才可得到准确的 PVT 参数，为后期的开发政策提供基础。

第二步，对相态数据进行分析，并结合 J 油田气油水三相分布规律，确定拟合步骤以及拟合原则。采取传统相态拟合方法（气、油两相分开拟合获得两套临界参数）对类似 J 油田是否适用或是采取新方法进行相态研究。

第三步，针对拟合结果，验证 PVT 参数的可靠性。将相态拟合结果与 J 油田真实情况相对比，验证拟合结果是否准确，并根据所得 PVT 参数建立关于 J 油田的 PVT 模型。

二、拟合原则的确定及拟合方法的建立

（一）拟合原则和拟合总流程

探究 J 油田气、油两相独立拟合，包括各组分不经过任何处理以及依据各组分含量的多少进行相态拟合，结果无法达到较精准的情况，归纳总结问题如下：

（1）J 油田组分分布规律过于复杂，在高温高压且 CO_2 含量如此之多的情况下，不仅涉及抽提作用，也涉及混相作用，油藏各组分以超临界的存在形式用常规的拟合方法不适用。在制定拟合总流程时，需要明确拟合原则并指定最佳方案减小拟合误差（关键在于加组分的处理）。

（2）根据所收集到的 J 油田各组分含量以及实验数据，发现部分实验数据点与常规认知存在较大偏差，在拟合过程中需要对其进行行之有效的处理，以提高拟合精度。

（3）相态拟合需要结合 J 油田实际情况，简单地将油、气分开拟合导致黏度密度以及临界参数差异较大，不符合 J 油田相间密切接触且达到传质平衡的实际情况。

J 油田气、油、水三相紧密接触，不断进行相间传质，达到动态平衡。黑油模型无法体现油气过渡带的传质特征与相态特征，因此必须选择组分模型进行计算。此外 J 油田气、油、水三相处于同一个水动力系统，任意一方平衡被打破都会引起其他两相的变化，因此油气分开拟合不能表现传质动态特征，必须将油、气统一拟合建立共用一套临界参数的相态模型。此外，油藏各组分的黏度、密度等都与临界参数密切相关，因此获得准确的临界参数就必须进行精确的相态拟合。基于以上考虑，首先确定气油两相统一拟合原则，制定组分劈分与重组方法，形成了一套适用于高含 CO_2 气顶油藏劈分重组相态拟合技术。

（二）组分劈分方法的建立

J 油田流体分布规律复杂，尤其是在油环中体现为重油油藏，特别在底油中重组分含量占比大，约为 14.13%，相对密度较大，达到了 0.98g/cm³，因此将拟组分仅仅设置到所提供的 C_{20+} 不能够满足拟合精度要求，需要建立一套更加合适的劈分方法。

经过调研分析，获得目前的主要组分劈分方法有 Multi-feed、Whitson 及 PNA Distribution。其中 Multi-feed、PNA Distribution 方法主要适应于轻质油以及凝析油等常规油藏，对类似于 J 油田这样的高含 CO_2 的重质油藏则不适用。经过对比分析，Whitson 方法适用范围广，特别是对重质油藏具有良好的适应性。

从 J 油田原油组成的特征分析，原油组分分布符合伽马分布函数特征。伽马分布函数是表征各类油藏尤其是针对重油油藏的函数，该函数指出重油油藏中各组分由轻到重呈现出递减趋势，且呈现出左偏分布。伽马分布函数主要计算原理积分式为

$$\int_{C_{n-1}}^{C_n} P(x)\mathrm{d}q = qC_{n+} \tag{6-1}$$

针对 J 油田高含 CO_2 气顶底水油藏典型情况，底油中重组分含量明显偏高为低黏度的重质油特点。优选了 Whitson 劈分方法，因为该方法考虑了伽马分布函数对组分分布的影响，而 J 油田各组分符合伽马函数分布规律，伽马分布函数为

$$P(x) = \frac{(x-\eta)^{\partial-1} \exp\left(\dfrac{x-\eta}{\beta}\right)}{\beta^{\partial}\Gamma(\alpha)} \tag{6-2}$$

令 $x=M$，即 x 为单碳数组的相对分子质量，则某一组分的累计出现频率为

$$\alpha \cdot \beta = M_{C_n} \pm \eta \tag{6-3}$$

则该组分的摩尔分数 Z_i 正比于累计出现频率：

$$f_i = \int_{M_{i-1}}^{M_i} P(x)\mathrm{d}x \tag{6-4}$$

采用 Whitson 劈分方法对 J 油田 C_{20+} 以上重组分进行劈分，将 C_{20+}（摩尔含量 14% 以上）继续往后劈分至 C_{35+}，最终得到 C_{35+} 摩尔含量为 1.7%，较之前未劈分直接将 C_{20+} 应用更加精确，误差更小。由图 6-28 可知，随着碳组分数的增大，与实际摩尔组分误差不断减小。将 C_{20+} 继续往下劈分保证了相态拟合的精确性，说明 Whitson 劈分方法适用于 J 油田组分的劈分。

（三）重组方法的建立

针对 J 油田大气顶薄油环，气顶气区以 CO_2 组分（75%）为主，油环为低黏度的重油，特别在底油中的 C_{7+} 以上的组分明显偏高，且之前已经将拟组分又重新劈分为了众多组分，为了进行组分的统一化和方便相态拟合，因此需要依据热力学性质对劈分后的中多组分进行合并重组。

目前判断重组可靠性标准主要是"四点合一原则"。"原则"是应满足相图特征点变化幅度较小的原则，四点为临界点、临界凝析温度点、临界凝析压力点、饱和压力点。图 6-29 是判断重组拟合结果的特征点位置，即检验四点合一原则的图示。而根据热力学参数的相似性制定重组方案是重组方法建立的关键。原理是根据各原油组分，针对各组分的临界温度、临界压力、摩尔质量、沸点、偏心因子等热力学参数进行相似性分析，制定重组方案。

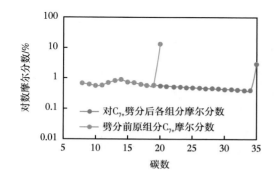

图 6-28　Whitson 劈分方法效果图

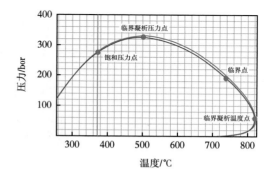

图 6-29　四点合一原则效果图

表 6-3 为依据 J 油田性质的各种重组方案。从依据原油热力学性质得到的重组方案可以看出，组分的不同性质对分组的影响有很大的差别，主要体现在轻组分和重组分的划分上，而中间组分划分规律基本相同。

表6-3　J油田组分重组方案

	挥发性组分分组	中间组分分组	C₇₊ 重组分组		
相对分子质量	(N_2)、(C_1)、(CO_2)	$(C_2+C_3+C_4)$、(C_5+C_6)	$(C_7\sim C_8)$、$(C_9\sim C_{14})$、$(C_{15}\sim C_{19})(C_{20}\sim C_{34})$、$(C_{35+})$		
沸点	(CO_2)、(C_1+N_2)	$(C_2+C_3+C_4)$、(C_5+C_6)	$(C_7\sim C_{10})$、$(C_{11}\sim C_{19})$、$(C_{20}\sim C_{34})$、(C_{35+})		
临界温度	(CO_2)、(C_1+N_2)	$(C_2+C_3+C_4)$、(C_5+C_6)	$(C_7\sim C_{10})$、$(C_{11}\sim C_{34})$、(C_{35+})		
临界压力	(CO_2)、(N_2)、(C_1)	$(C_2+C_3+C_4)$、(C_5+C_6)	$(C_7\sim C_{16})$、$(C_{17}\sim C_{34})$、(C_{35+})		
偏心因子	(CO_2)、(C_1+N_2)	$(C_2+C_3+C_4)$、(C_5+C_6)	$(C_7\sim C_8)$、$(C_9\sim C_{14})$、$(C_{15}\sim C_{19})$、$(C_{20}\sim C_{34})$、(C_{35+})		

　　针对J油田各组分的临界温度、临界压力、摩尔质量、沸点、偏心因子等热力学参数进行相似性分析，考虑到后期开采选择回注CO_2开发方式，通过劈分重组弱化最后加组分的实验误差，确定了表6-4的重组方案（分为8组，较之前6组拟合结果更为精确）。前期的重组方法没有将加组分劈分，直接进行重组，必然会造成误差，导致黏度、密度计算误差较大。

表6-4　重组方案确定

组分数	1	2	3	4	5	6	7	8
之前研究	CO_2	N_2	C_1	$C_2\sim C_4$	$C_5\sim C_6$	C_{7+}		
本次研究	CO_2	C_1+N_2	$C_2\sim C_4$	$C_5\sim C_6$	$C_7\sim C_{10}$	$C_{11}\sim C_{19}$	$C_{20}\sim C_{34}$	C_{35+}

（四）回归变量的设置方法

（1）回归变量的优选——Hessian矩阵（下三角矩阵）。通过Hessian矩阵完成回归变量的选择，其原理为在Hessian矩阵中每一列找出比该列对角线数值绝对值大的作为回归参数，绝对值大说明相关性差，需要全面考虑，绝对值小说明相关性好，则不作为回归变量，为了计算简便，只保留一个即可。表6-5为J油田流体相态拟合的Hessian矩阵，所标记数值的绝对值均远小于对角线数值，说明与对角线代表的回归变量相关性好，不应作为回归变量，除此之外的其他值可作为回归变量。

（2）参数的优化——Correlation相关性矩阵（下三角矩阵）。J油田在油气两相统一拟合过程中，由于气油两相组分含量差异较大，导致拟合困难，拟合精度不够高。解决这一问题除了需要设置回归变量，还需要对选择的回归变量进行优化处理。优选回归变量完成之后，在Correlation矩阵每一列数值把接近于1的（接近于1，说明这些参数之间相关性很好），只保留一个即可，具体保留哪一个需要考虑各个参数的敏感性大小。表6-6为J油田相态拟合的Correlation矩阵，所标记数值的绝对值均接近于1，综合考虑敏感性，只保留一个即可。

　　经过一系列劈分重组以及参数优化，完成了对相态的高精度拟合，并针对高含CO_2气顶油藏的相态以及流体高压物性进行拟合并获得油气两相共用一套临界参数，建立数学模型，见表6-7。

表6-5　J油田相态拟合的 Hessian 矩阵

	Pcrit: C_{7+}	Pcrit: C_{11+}	Pcrit: C_{20+}, C_{35+}	Tcrit: C_{7+}	Tcrit: C_{11+}, C_{20+}, C_{35+}	ZcritV: C_{7+}	ZcritV: C_{11+}	Acf: C_{20+}, C_{35+}	Omega_A: C_{7+}	Omega_A: C_{11+}	Omega_A: C_{20+}, C_{35+}	Omega_B: C_{7+}	Omega_B: C_{11+}	Omega_B: C_{20+}, C_{35+}
Pcrit: C_{7+}	32.524													
Pcrit: C_{11+}	-165.17	1588.7												
Pcrit: C_{20+}, C_{35+}	467.98	-5025.3	41559											
Tcrit: C_{7+}	-863.2	26455	-1.125×10^6	6.3037×10^7										
Tcrit: C_{11+}, C_{20+}, C_{35+}	-2.5287×10^6	3.3011×10^6	7.7414×10^7	1.245×10^6	1.1889×10^{14}									
ZcritV: C_{7+}	162.84	-637.06	1906.8	-288.88	4743.9	878.42								
ZcritV: C_{11+}	1390.2	-5440	16310	-2468.5	40888	7501	64053							
Acf: C_{20+}, C_{35+}	718.54	-7721.6	42783	-8.8311×10^5	5.5041×10^5	2701.1	23082	50893						
Omega_A: C_{7+}	-13.147	66.18	-882.77	26793	-5.3714×10^5	-74.335	-635.74	-776.47	24.816					
Omega_A: C_{11+}	170.16	-2861.2	10459	-1.0952×10^5	2.6283×10^5	341.58	2919	15326	-91.189	6268.3				
Omega_A: C_{20+}, C_{35+}	796.49	-8839.5	47521	-9.5198×10^5	1.4743×10^5	2913.2	24895	57309	-835.71	17705	64654			
Omega_B: C_{7+}	-6.283	35.89	292.75	-14550	1.5537×10^6	-25.781	-219.44	121.78	-8.5202	-27.085	119.91	8.2129		
Omega_B: C_{11+}	-202.81	2048.4	-7637.9	80090	-2.7935×10^6	-769.62	-6573.6	-10805	112.1	-3815.6	-12318	26.4	2697.9	
Omega_B: C_{20+}, C_{35+}	-9.5243×10^6	1.2371×10^7	2.9552×10^8	6.747×10^6	4.4972×10^{14}	-10308	-87818	5.2312×10^6	-2.1289×10^6	1.3451×10^6	3.8954×10^6	5.9105×10^6	-1.0773×10^7	1.7014×10^{15}

表6-6　J油田相态拟合的相关性矩阵

	Pcrit: C7+	Pcrit: C11+	Pcrit: C20+, C35+	Tcrit: C11+, C20+, C35+	ZcritV: C7+	ZcritV: C11+	Acf: C20+, C35+	Omega_A: C11+	Omega_A: C20+, C35+	Omega_B: C11+	Omega_B: C20+, C35+
Pcrit: C7+	1										
Pcrit: C11+	0.57007	1									
Pcrit: C20+, C35+	-0.5271	0.98793	1								
Tcrit: C11+, C20+, C35+	-0.2376	-0.22854	0.17251	1							
ZcritV: C7+	-0.23366	0.56061	-0.51747	-0.15034	1						
ZcritV: C11+	0.16808	-0.62008	0.57759	0.16394	-0.99725	1					
Acf: C20+, C35+	-0.78436	-0.45789	0.46081	0.43015	0.31891	-0.26064	1				
Omega_A: C11+	-0.72081	-0.93954	0.94172	0.30834	-0.29396	0.36249	0.72519	1			
Omega_A: C20+, C35+	0.79261	0.52757	-0.53398	-0.41972	-0.2603	0.19906	0.9963	-0.77934	1		
Omega_B: C11+	-0.57309	-0.99942	0.98817	0.2302	-0.55642	0.61628	0.46258	0.94283	-0.53209	1	
Omega_B: C20+, C35+	0.25084	0.2331	-0.17851	-0.99978	0.13767	-0.15233	0.44537	-0.31816	0.43494	-0.23484	1

表 6-7　针对相态拟合结果临界参数

原油组分	临界压力 /MPa	临界温度 /℃	相态参数 Ω_A	相态参数 Ω_B	偏心因子	临界体积	临界压缩因子
CO_2	3.20	−51.11	0.32	0.097	0.138	0.184	0.319
C_1+N_2	4.48	−145.49	0.32	0.097	0.106	0.075	0.318
$C_2\sim C_4$	3.02	−69.75	0.32	0.097	0.128	0.182	0.325
$C_5\sim C_6$	2.17	11.79	0.32	0.097	0.258	0.326	0.298
$C_7\sim C_{10}$	3.87	133.85	0.32	0.101	0.330	0.465	0.532
$C_{11}\sim C_{19}$	3.30	785.4	0.43	0.08	0.498	0.743	0.278
$C_{20}\sim C_{34}$	1.98	1632.38	0.22	0.102	0.525	1.339	0.167
C_{35+}	0.96	2063.05	0.22	0.109	0.767	2.272	0.112

三、相态拟合结果

（一）饱和压力拟合结果

经过针对 J 油田气油两相统一拟合，对 C_{20+} 拟组分进行进一步劈分、利用热力学性质重组以及对回归变量设置及优化后，得到拟合结果。饱和压力拟合结果见表 6-8，气样与油样饱和压力拟合结果精度在 99% 以上。

表 6-8　J 油田油、气统一拟合—饱和压力拟合精度

类型	观察值 / MPa	初步拟合值 / MPa	回归变量优化值 / MPa	优化后误差率 / %	优化后拟合精度 / %
气样	55	55.18	55.01	0.018	99.982
油样	42	41.74	41.86	0.33	99.67

由表 6-8 可以得出，气样 CCE 实验观察到露点压力为 55MPa，建立油气统一拟合后初步拟合值为 55.18MPa，回归变量优化后为 55.01MPa，误差率降至 0.018%，拟合精度可达 99.98%。通过油样 DL 实验观察到饱和压力为 42MPa，建立油气统一拟合原则后初步拟合值为 41.74MPa，回归变量优化后为 41.86MPa，进行回归变量优化后误差率降到了 0.33%，拟合精度可达 99.67%。饱和压力平均拟合精度可达 99% 以上。

（二）气样和油样实验数据拟合

气样 CCE 实验关于压力—相对体积拟合结果如图 6-30 所示，红色点为实验观察值，绿色趋势线为本项目拟合结果，红色虚线为之前研究的拟合结果。可明显看出，相对体积计算结果接近实验观察值，拟合精度为 99%。

油样 DL 实验压力—黏度结果如图 6-31 所示，由于原始实验数据运用存在难点，因此在拟合原则基础上，对可靠数据点进行了拟合。图 6-31（a）为油样压力—流体黏度拟合结果，拟合精度为 95% 左右。图 6-31（b）为压力—相对体积拟合结果，拟合精度为 93%。本次拟合不仅将油气两相统一拟合，且通过创新性拟合方法得到的拟合结果精度更高。

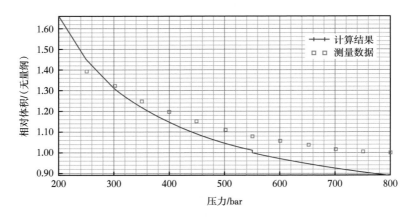

图 6-30　J 油田 CCE 实验压力—相对体积拟合结果

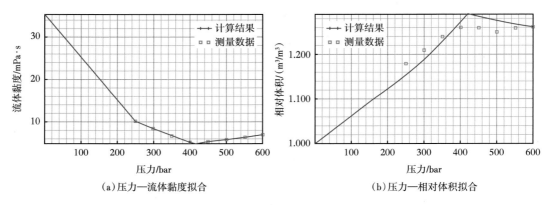

（a）压力—流体黏度拟合　　　　　　　（b）压力—相对体积拟合

图 6-31　J 油田 DL 实验拟合结果

（三）气样与油样相图

气油两相相图如图 6-32 所示，图 6-32（a）为气体处于 62.2℃和 59MPa 压力下的相图，可以观察到 J 油田气体更接近于凝析气藏，但临界点又与凝析气藏不相同。图 6-32（b）为原油处于 65.6℃和 59MPa 压力下的相图，可以观察到 J 油田原油更接近于高挥发性重油油藏。

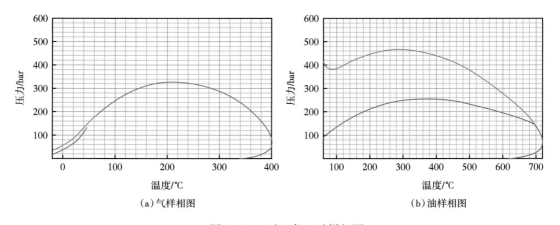

（a）气样相图　　　　　　　　　　　　（b）油样相图

图 6-32　J 油田气、油样相图

（四）验证 PVT 参数的准确性

针对 J 油田的数值模拟模型进行从上到下过滤切割，统计气顶区与油环区不同深度下相态拟合劈分重组得到的 PVT 参数计算出的各组分含量。如图 6-33 所示，随着深度的增加，CO_2 含量逐渐降低，到达均 5370m 油气界面处，含量发生突降现象，CO_2 含量由 76% 突变为 65% 左右。重组分尤其体现在 C_{7+}，该类组分含量随着深度的增加呈现出逐渐增加趋势，尤其是在底油中重组分含量明显偏高。如图 6-33 所示，本次划分的组分随深度拟合效果较好，几乎全部数据点均已准确拟合。

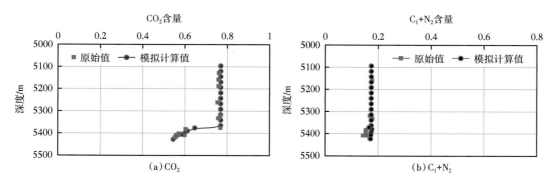

图 6-33　J 油田不同深度各组分含量对比

第五节　大气顶、薄油环、强底水油藏开发方案设计

一、油藏静态模型粗化方法

（一）模型粗化方法

在沉积相模型相同的网格基础上，建立属性模型。依照油藏工程的要求对原有地质模型进行了粗化并充分参考了油藏特征。考虑到计算机的计算能力和时间，平面上数值模拟的边界为油水边界外推 300~500m。平面上，网格从原有的 200m×200m 粗化为 300m×300m。纵向上，考虑油气水层侧重不同进行了非均匀粗化：油气界面之上的 BVE100 和 BVE130 的网格厚度从原有的 1m 粗化为 10m；BVE200 部分在气油界面之下，故而网格厚度从原有的 1m 粗化为 5m；BVE300 油层较为集中，也有较大厚度的水层，粗化为 1~3m；ITP 基本以水层为主，故粗化为 10~20m（表 6-9）。属性模型粗化合并的过程中，孔渗模型均采用体积权重的几何平均算法。粗化后的属性模型如孔隙度、渗透率等，均从地质模型中导入（图 6-34、图 6-35）。

（二）流动模型

J 油田不同部位岩性不同，非均质性很强，需要用不同的相渗曲线和毛管压力曲线。按照岩性和流动单元的关系，按照流动单元指标 FZI 大小分别指定相渗曲线和毛管压力曲线。按照 FZI 的划分标准，J 油田划分 3 个流动单元（图 6-36），按流动单元分别指定相应的相渗曲线和毛管压力曲线（图 6-37、图 6-38）。

表 6-9 静态模型网格参数

地层	粗化前		粗化后	
	平面网格 / m	垂向网格 / m	平面网格 / m	垂向网格 / m
BVE100	200 × 200	1	300 × 300	10
BVE130	200 × 200	1	300 × 300	10
BVE200	200 × 200	1	300 × 300	5
BVE300	200 × 200	1	300 × 300	1~3
ITP	200 × 200	2	300 × 300	10~20
总网格数	1824 万		150 万	

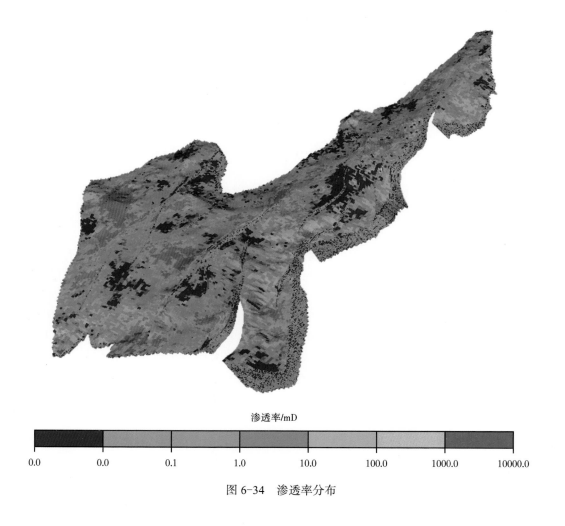

渗透率/mD

| 0.0 | 0.0 | 0.1 | 1.0 | 10.0 | 100.0 | 1000.0 | 10000.0 |

图 6-34 渗透率分布

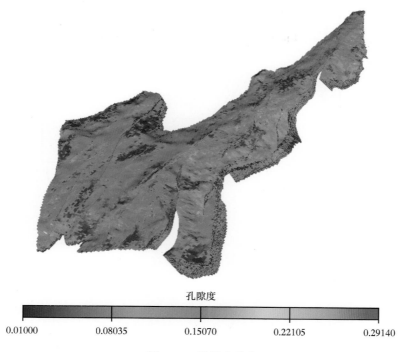

孔隙度

| 0.01000 | 0.08035 | 0.15070 | 0.22105 | 0.29140 |

图 6-35　孔隙度分布

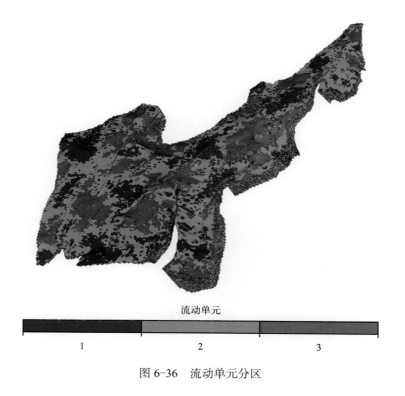

流动单元

| 1 | 2 | 3 |

图 6-36　流动单元分区

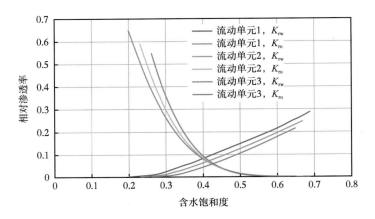

图 6-37　油水相渗曲线

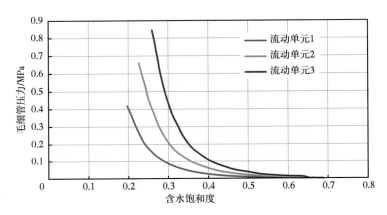

图 6-38　油水毛细管压力曲线

　　由于缺乏动态资料，对水体能量大小的评估仅能通过区域地质和地质建模下部储层ITP规模大小。借鉴桑托斯盆地附近油藏水体规模进行设置。利用数值模拟软件进行初始化运算，三相饱和度分布如图6-39所示。

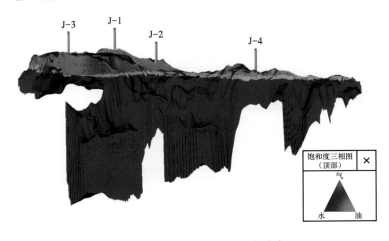

图 6-39　模型初始化饱和度分布

二、不同气顶指数下油藏开发特征

（一）J 油田的油水分布情况

J 油藏作为一个气顶底水油藏，表现出气顶、边底水分布不均匀的特点[9]。如图 6-40（a）所示，中部区域底水能量大，气顶指数较小，少部分区域没有气顶覆盖，该类型作为小气顶强底水协同驱替模式；两边区域气顶指数较大，作为大气顶强底水协同驱替模式。

J 油田平面顶部以及沿东北—西南方向三相饱和度图如图 6-40（b）所示，该油藏北部边底水能量较大，南部气顶较大，存在气顶油环区域；沿东北—西南方向发育断层，沿此方向气顶减小边底水能量充足。且部分区域只存在气顶而不存在油环，考虑到厚隔夹层取代了油环的位置。油藏东西方向气顶发育厚度均匀；东南部发育气顶油环区域；西部底水能量较小，但边水能量充足；东部发育大断层，隔断东部边水。在后期布井时要考虑断层的影响。经过三相饱和度图评价，该油藏总体处于强底水能量状态下。

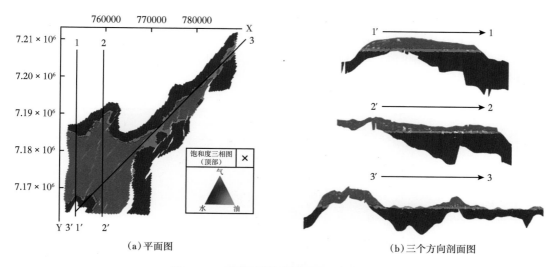

（a）平面图　　　　　　　　　　（b）三个方向剖面图

图 6-40　J 油田顶部及剖面饱和度三相图

初步探究 J 油田主要可分为两种气顶底水类型：大气顶、大水体类型；小气顶、大水体类型。由于气顶、水体大小不同，因此对开发过程能量贡献也有较大差异。该差异主要表现为对井网井距、开发敏感性、产量以及注入参数设计影响很大。分别统计气顶、油层、水体的孔隙体积，整个油藏平均气顶指数为 2.5，底水倍数为 13.5 倍。综合考虑 J 油田平面和纵向上的不同部位的气顶指数、底水倍数、油层厚度，研究了气顶指数分别为 0.5、1.5 和 3 时的生产特征。

（二）驱替机理分析

结合 J 油田实际参数，选取油环厚度为 80m，气顶厚度为 40m，水体倍数为 1000 倍，渗透率选择为 120mD，孔隙度为 12.5%。并依据 PVTi 所得 J 油田的 PVT 参数，建立气顶指数为 0.5 的小气顶强底水组分机理模型，如图 6-41 所示。该模型选取一口水平井布在油层中部，水平段长度 1000m。选取定油生产 2000m³/d，限液生产 5000m³/d，限气生产 300×10^4 m³/d，生产时间共 20 年。

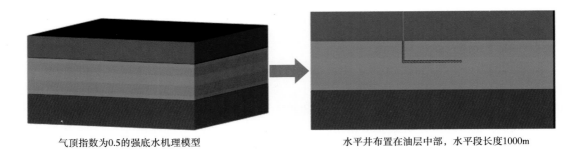

气顶指数为0.5的强底水机理模型　　　　　　水平井布置在油层中部，水平段长度1000m

图 6-41　气顶指数为 0.5 的组分机理模型

1. 驱替机理分析

探究不同生产时间内的驱替特征，如图 6-42 所示。由图可知，在生产开采过程中主要分为四个阶段：第一阶段为生产的初始阶段，气油水三相保持平衡状态；第二阶段为稳产阶段，即气和水没有明显突破油井，导致气窜或水窜现象，因此油产量持续稳产；第三阶段为气窜与水窜共同作用阶段，在该阶段气水开始突破油井，含水率开始升高，产气量迅速增加，油产量开始下降；第四阶段为高含水阶段，在该阶段含水率迅速上升，油产量持续下降。

阶段	饱和度场图（平行井筒）	饱和度场图（垂直筒）	场图解释
初始			未开发前的初始状态
稳产阶段			水、气未明显突破，油产量稳产
气窜+水窜			气、水开始突破油井
高含水			含水率迅速上升，油产量开始下降

图 6-42　气顶指数为 0.5 的驱替机理研究

2. 生产动态规律分析

由图 6-43 可知，日产油先以 2000m³ 稳产 8 年左右，后逐渐降低。日产气先以少量进行短暂稳产，考虑到该气体全部来源于油环溶解气，井底压力降低到泡点压力后快速上升，当日产油降低后逐渐减小。由含水率曲线可知，含水量先逐渐增加，但出现暂时减少现象，因为该时段气窜程度很剧烈，有效抑制了水窜剧烈程度，故出现短时间减小。

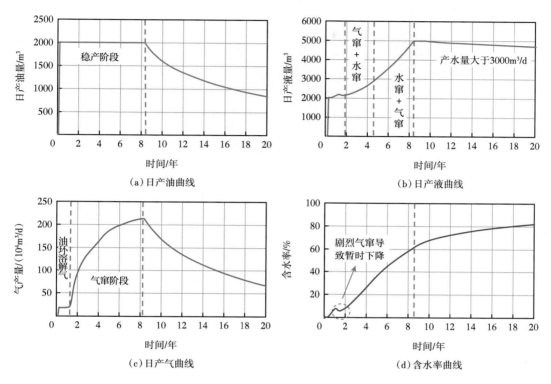

图 6-43　气顶指数为 0.5 的生产动态曲线图

在生产初期，气、水未明显侵入油井，产油相对持续稳产。随着生产的进行先气窜加水窜，气窜占主导作用；后强底水作用明显，水窜占主导作用。气窜和水窜共同进行，油藏含水率持续上升。到达开发后期，水侵油环和气顶，开发进入高含水阶段。最终采出程度为 10.34%。

3. 气锥与水锥波及规律范围评价

分别从平行井筒方向与垂直井筒方向，探究油气藏开发过程中，气锥与水锥对井筒的波及范围。不仅可以研究驱替机理，而且可为后期井网井距的确定提供参考。

如图 6-44 所示，在单独考虑气锥影响时，在平行井筒方向：生产 5 年，气锥对井筒波及范围为 50m；生产 10 年，气锥对井筒波及范围为 150m；生产 20 年，气锥对井筒波及范围为 250m。在垂直井筒方向：生产 5 年，气锥对井筒波及范围为 300m；生产 10 年，气锥对井筒波及范围为 500m；生产 20 年，气锥对井筒波及范围为 600m。垂直井筒方向波及范围大于平行井筒波及范围。根据波及驱替特征，单考虑气锥影响时，生产 20 年，水平井在平行井筒方向波及范围 250m，在垂直井筒方向为 600m 较合适。因此针对气顶指数为 0.5 的高含 CO_2 气顶底水油藏来说，在单独考虑气顶指数布井时，建议排距下限为 500m，井距下限为 1200m。

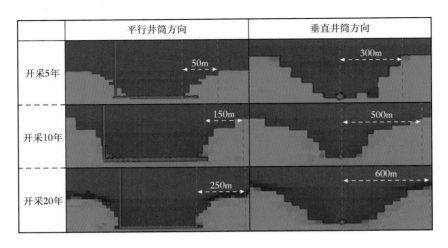

图 6-44 气顶指数为 0.5 的气锥波及规律范围

如图 6-45 所示，在单独考虑水锥影响时，在平行井筒方向：生产 5 年，水锥对井筒波及范围为 400m；生产 10 年，水锥对井筒波及范围为 800m；生产 20 年，水锥对井筒波及范围为 1000m。在垂直井筒方向：生产 5 年，水锥对井筒波及范围为 600m；生产 10 年，气锥对井筒波及范围为 1000m；生产 20 年，气锥对井筒波及范围为 1500m。垂直井筒方向波及范围大于平行井筒波及范围。根据波及驱替特征，单考虑水锥影响时，生产 20 年，水平井在平行井筒方向波及范围 1000m，在垂直井筒方向为 1500m 较合适。因此针对气顶指数为 0.5 的高含 CO_2 气顶底水油藏来说，在单独考虑水锥波及布井时，建议排距下限为 2000m，井距下限为 3000m。

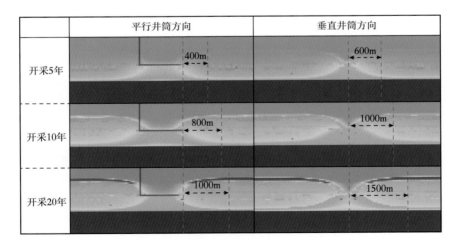

图 6-45 气顶指数为 0.5 的水锥波及规律范围

4. 采出烃类来源分析

基于 J 油田原油中溶气、气中带油的特点，在开采动态过程中，定向分析油环与气顶在不同的开采时期产出烃类的贡献动态变化，探究采出烃类来源。图 6-46 为在开采过程中 CO_2 和烃类摩尔含量随时间的变化趋势。由图分析可知：区域 1 为全部油环贡献，初始溶解气产量为 3850mol/d；区域 2 水平井开始发生气窜，采出烃类贡献由油环向气顶转变。

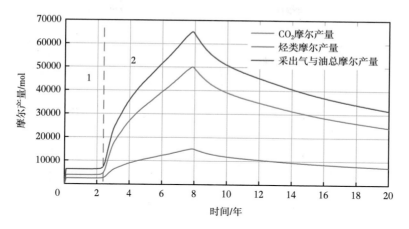

图 6-46　气顶指数为 0.5 时烃类与 CO_2 摩尔产量

为了更加精确地探究气顶与油环对采出烃类的贡献大小，结合 PVTi 拟合所得结论：气顶区 CO_2 摩尔分率为 76.66%，烃类摩尔含量为 23.34%。得出气顶区对采出油计算公式：

$$气顶对采出烃类贡献 = \frac{\dfrac{CO_2气总产量 - CO_2溶解气产量}{76.66\%} \times 23.34\%}{烃类总产量} \qquad (6\text{-}5)$$

根据油环、气顶对采出烃类的贡献值曲线如图 6-47 所示，可以看出，生产初期所采出烃类来源均来自油环，气顶对采出烃类的贡献初始值是 0，油环贡献且暂时稳定，是因为在开发初始阶段，气和水未明显突破油井。从发生气窜开始，气顶中的烃类开始通过井筒被采出，随着地层压力逐渐降低、气窜加剧，油井所采出的烃类的主要来源开始由油环向气顶过渡。到达生产后期，采出烃类主要来源由气顶提供。生产 8 年时，油环与气顶对采出烃类贡献相当，对采出烃类的贡献各占 50%；生产 20 年时，油环贡献值由 1 降到 0.25，气顶对采出烃类来源由 0 上升到 0.75。

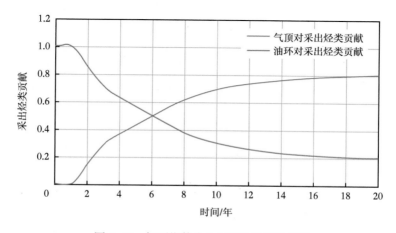

图 6-47　气顶指数为 0.5 时采出烃类来源

（三）不同气顶指数下差异性分析

1. 不同气顶指数对气窜剧烈程度的影响

在处于强底水条件下（油环厚度相同，流体及储层关键参数相同）。生产 20 年累计产气量和累计产水量如图 6-49 所示。气顶指数为 0.5 时累计产气量为 $9.39 \times 10^9 m^3$，累计产气量为 $18.73 \times 10^6 m^3$；气顶指数为 1.5 时累计产气量为 $10.64 \times 10^9 m^3$，累计产水量为 $16.40 \times 10^6 m^3$；气顶指数为 3.0 时累计产气量为 $11.8 \times 10^9 m^3$，累计产水量为 $14.63 \times 10^6 m^3$。气顶指数越大，气窜发生越剧烈，产气量越多。同理，气顶指数越大，水窜程度越低，产水量越少。

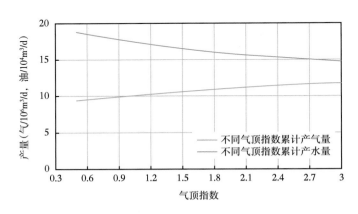

图 6-48　不同气顶指数生产气、水产量变化图

2. 不同气顶指数对采出烃类来源的影响

在相同生产制度以及相同储层、相同流体参数条件下，随着气顶指数的增大，气顶与油环对采出烃类贡献值相同的时间越短。如图 6-49 所示，气顶指数越大，最终气顶对采出烃类贡献越大，斜率变化也就越快。在开采动态过程中，定向分析不同气顶指数的油环与气顶在不同的开采时期对采出烃类的贡献大小，论证了 J 油田在开发后期，所采烃类大多数来自气顶。

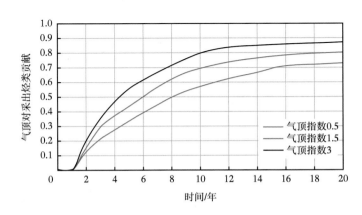

图 6-49　不同气顶指数对采出烃类来源变化趋势图

3. 不同气顶指数对采出程度的影响

J油田的组分分布规律较为复杂,气中有油、油中带气。在油环厚度相同情况下,气顶指数越大,地下气体体积增大,烃类总储量就相对越大。图6-50为三种气顶指数生产20年最终得到的采出程度趋势图,由图中可以看出,气顶指数为0.5时采出程度最大,气顶指数为3时采出程度最小。

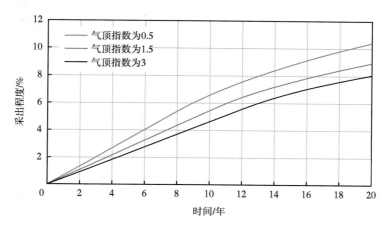

图 6-50 不同气顶指数采出程度结果

在相同生产年限以及相同的生产制度条件下,气顶指数越大,采油量与采气量越大,但是由于油环厚度相同,气顶指数变大使得气顶中含油量也增大,加上气窜更加严重,因此得到的采出程度越低,如图6-51所示。

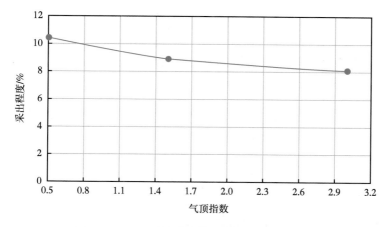

图 6-51 不同气顶指数与采出程度变化趋势图

4. 不同气顶指数对生产井动用范围的影响

在强底水条件下(油环厚度相同),随着气顶指数的增大,气锥波及范围逐渐扩大,而水锥波及范围逐渐缩小。如表6-10所示,随着气顶指数的增大,单考虑水锥动用范围,平行井筒方向动用范围逐渐减小,垂直井筒动用范围逐渐减小,建议井距排距下限逐渐减小。单考虑气锥动用范围,平行井筒方向动用范围逐渐增大,垂直井筒动用范围逐渐增大，建议井距排距下限逐渐增大。

表 6-10　不同气顶指数气锥与水锥动用范围

气顶指数	水 锥				气 锥			
	平行井筒动用范围/m	垂直井筒动用范围/m	建议井距/m	建议排距/m	平行井筒动用范围/m	垂直井筒动用范围/m	建议井距/m	建议排距/m
0.5	1000	1500	3000	2000	250	600	1200	500
1.5	750	1150	2300	1500	550	900	1800	1100
3	600	1000	2000	1200	800	1200	2400	1600

如图 6-52 所示，强底水条件下，随着气顶指数的增大，可以有效遏制水窜剧烈程度，因此水锥动用范围越小，井距、排距也逐渐减小。气顶指数越大，气窜程度越大，生产井动用范围也越大。

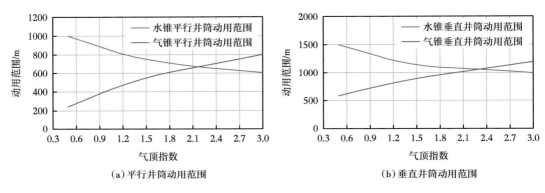

（a）平行井筒动用范围　　　　　　　　　　　　（b）垂直井筒动用范围

图 6-52　不同气顶指数动用范围变化趋势图

（四）不同隔夹层位置对布井位置的开发影响特征

1. 隔夹层存在于油层上方的开发特征

结合 J 油田实际参数，建立隔夹层存在于油层上方，选取油环厚度为 80m，气顶厚度为 40m，水体倍数为 1000 倍，渗透率选择为 120mD，孔隙度为 12.5%。并依据 PVTi 所得 J 油田的 PVT 参数，建立气顶指数为 1.5 的气顶强底水组分机理模型。如图 6-53 所示。该模型选取一口水平井分别布在油层上、中、下部，水平段长度 1000m。生产制度选取定油生产 2000m³/d，限液生产 5000m³/d，限气生产 300×10⁴m³/d。生产时间共 20 年。

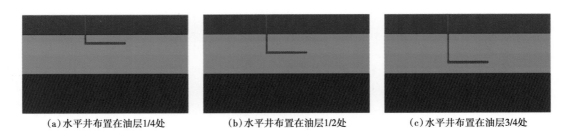

（a）水平井布置在油层1/4处　　　　（b）水平井布置在油层1/2处　　　　（c）水平井布置在油层3/4处

图 6-53　隔夹层位于油层上方不同布井位置机理模型

（1）场图对比分析。由图 6-54 可知，当各隔夹层存在于油层上方时，油井布在 1/4 处，生产初始阶段即发生气窜现象，但波及范围不大，水窜发生剧烈程度最低，突破油井时间最迟。油井布在 3/4 处时，生产初始阶段即开始发生明显的水锥侵入油井现象，且波及范围较大，水窜剧烈程度较大。气锥侵入油井现象在生产 10 年才开始发生，油井含水率显著偏高。

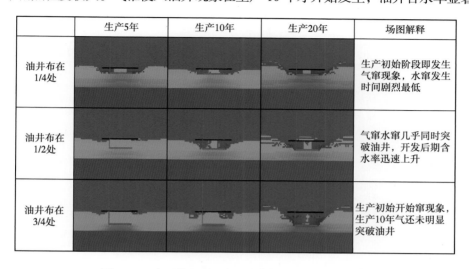

	生产5年	生产10年	生产20年	场图解释
油井布在 1/4 处				生产初始阶段即发生气窜现象，水窜发生时间剧烈最低
油井布在 1/2 处				气窜水窜几乎同时突破油井，开发后期含水率迅速上升
油井布在 3/4 处				生产初始开始窜现象，生产10年气还未明显突破油井

图 6-54　夹层位于油层上方不同布井位置场图对比

（2）生产规律对比分析。由图 6-55 可知，隔夹层在油层上方可显著地抑制气窜，减小产气量的生产。因此将油井布在 1/4 处可以有效地规避气窜程度，并且拉长与边底水的距离，有效延长水窜的开始时间，抑制水窜的剧烈程度。将油井布在 1/4 处得到的累计产油量以及采出程度最大，产水量最小。因此隔夹层存在于油层上方时优选布井位置为油层 1/4 处。

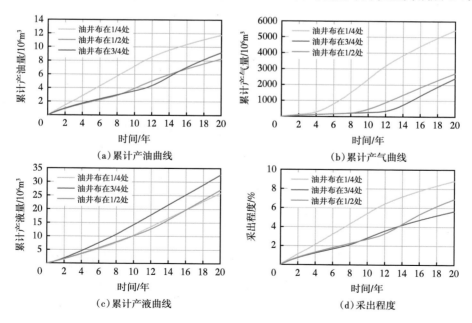

（a）累计产油曲线　　　（b）累计产气曲线
（c）累计产液曲线　　　（d）采出程度

图 6-55　夹层位于油层上方生产规律对比

2. 隔夹层存在于油层下方的开发特征

（1）场图对比分析。如图6-56所示，当各隔夹层存在于油层下方时，油井布在1/4处，生产初始阶段即发生气窜现象，且程度剧烈，产气量迅速上升将油井布在3/4处可有效延长气窜的开始时间，抑制气窜的剧烈程度，得到的累产油以及采出程度最大。到达开发后期，含水率迅速上升，气窜发生时间延迟，水窜抑制效果明显，油井含水率显著偏高。

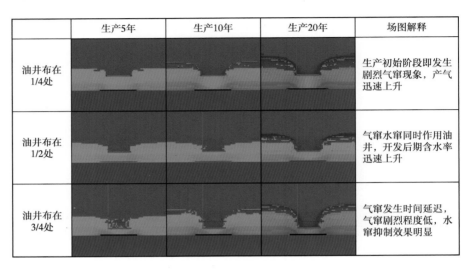

图6-56　夹层位于油层下方不同布井位置场图对比

（2）生产规律对比分析。由图6-57可知，隔夹层在油层下方可显著地抑制水窜，减小水量的生产，将油井布在1/4处气窜严重，采出程度低，不利于开发的高效生产。因此

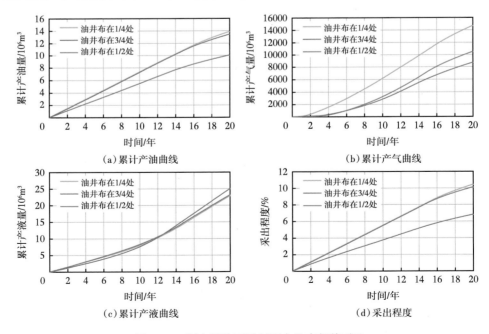

图6-57　隔夹层位于油层下方生产规律对比

将油井布在 3/4 处可以有效地规避水窜程度，并且拉长与气顶的距离，有效延长气窜的开始时间，抑制气窜的剧烈程度。将油井布在 3/4 处得到的累计产油量以及采出程度最大，产气量最小。因此隔夹层存在于油层上方时优选布井位置为油层 3/4 处。

三、J 油田开发技术政策

（一）基于气顶指数确定平面布井方案

参照不同气顶指数及不同作用程度将 J 油田划分为四个区域，结合各区域特点采取不同的井网井距制定布井方案，如图 6-58 所示。

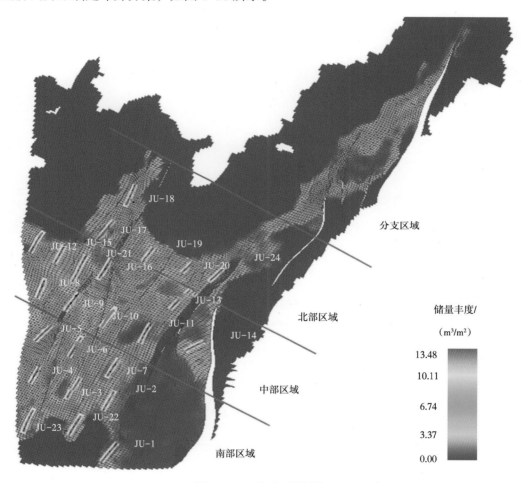

图 6-58　J 油田区域划分

分支区域：该区域油层较薄，储层物性较差，且计算过程中出现不收敛问题，开发风险较大，暂不对该区域布井。

北部区域：该区域平均气顶指数约为 0.7，根据之前机理模型对动用范围研究确定井网井距为井距 2800m，排距下限为 1600m，累计布井 5 口，水平井段长 1600m。

中部区域：该区域平均气顶指数约为 1.8，根据之前机理模型对动用范围研究确定井网井距为井距 2000m，排距下限为 1500m，累计布井 10 口，水平井段长 1600m。

南部区域：该区域发育大隔夹层，部分区域只存在大气顶，没有油环存在。经计算统计，该区域平均气顶指数约为 3.3，根据之前机理模型对动用范围研究确定井网井距为井距 3000m，排距下限为 2000m，累计布井 9 口，水平井段长 1600m。

（二）基于隔夹层分布确定纵向布井位置

经过对模型特点进行分析研究，可知 J 油田隔夹层发育程度高，经过解剖抽提可对隔夹层分为三类：第一类为无用隔夹层，该类隔夹层体积过大，导致完全横穿油环，只在其上方存在部分气顶，该类隔夹层对实际开发优化井位没有贡献；第二类为隔夹层在油环上方处，之前机理模型已对隔夹层进行探究，隔夹层存在于油层上方时，水平井应布置在油环中部偏上位置；第三类为隔夹层存在于油环下方，水平井应布置在油环中部偏下位置，如图 6-59 所示。

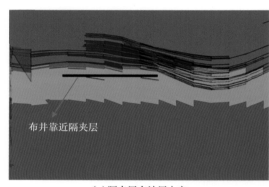

（a）隔夹层在油层上方　　　　　　　（b）隔夹层在油层下方

图 6-59　隔夹层与井位置的关系

（三）基于海上平台约束性确定生产制度

由于海上油田开发受限，需要采用 FPSO 海上平台技术生产，因此生产井受 FPSO 的处理能力控制[10]。经过统计分析 FPSO 处理能力（表 6-11），结合 J 油田实际，最终确定生产制度为：定油生产 1200m³/d，限气生产 120×10⁴m³/d，限液生产 5000m³/d。总共累计生产 20 年。

表 6-11　FPSO 海上平台处理能力

	限制条件	设计值
FPSO	日产液量	$5.0\times10^4m^3$
	日产油量	$3.5\times10^4m^3$
	日产水量	$2.3\times10^4m^3$
	日产气量/日注气量	$15\times10^6m^3$
生产井	初始日产油量	5000m³
	最小日产油量	50m³
	最大含水率	95%
	最低井底流压	50MPa
注气井	最大注气量	$5\times10^6m^3/d$
	最大井底流压	100MPa

（四）产能预测及开发效果评价

根据不同区域特点完成差异化布井，经过生产20年后进行产能预测，如图6-60所示，得到产油规律——日产油先相对稳产，再逐渐降低；产气规律——先较快增加，发生气窜，后逐渐平稳至降低；产液规律（含水率）——先增加，后短暂减小，再持续增大。含水率在开发后期不大，考虑是因为隔夹层发育，阻碍了水线的推进，抑制了水窜的发生。开发初期气、水未明显侵入油井，产油相对持续稳产。开发中期先气窜占主导作用；后强底水作用逐渐明显，含水率持续上升。开发后期气窜与水窜共同作用，生产20年采出程度为7.84%。

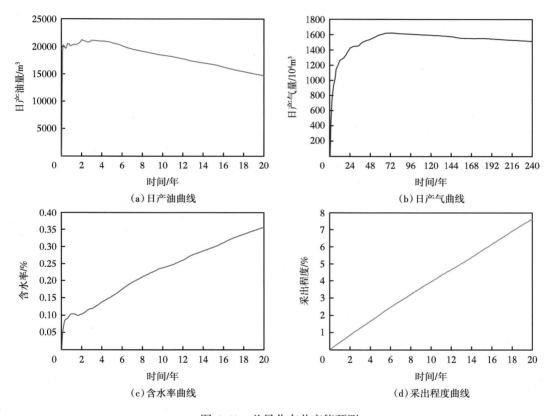

图 6-60 差异化布井产能预测

参 考 文 献

[1] 张德民，段太忠，张忠民，等.湖相微生物碳酸盐岩沉积相模式研究：以桑托斯盆地A油田为例 [J].
西北大学学报（自然科学版），2018，48（3）：413-422.

[2] 陶崇智，邓超，白国平，等.巴西坎波斯盆地和桑托斯盆地油气分布差异及主控因素 [J].吉林大学学报（地球科学版），2013，43（6）：1753-1761.

[3] 邬长武.巴西桑托斯盆地盐下层序油气地质特征与有利区预测 [J].石油实验地质，2015，37（1）：53-56.

[4] 罗晓彤，文华国，彭才，等.巴西桑托斯盆地L油田BV组湖相碳酸盐岩沉积特征及高精度层序划分 [J].

岩性油气藏，2020，32（3）：68-81.

［5］胡瑶，李军，苏俊磊．用地球物理测井方法识别碳酸盐岩储集层的岩性及孔隙结构：以巴西深海 J 油田案例［J］．地球物理学进展，2020，35（2）：735-742.

［6］段太忠，王光付，廉培庆，等．油气藏定量地质建模方法与应用［M］．北京：石油工业出版社，2019.

［7］张文彪，段太忠，刘彦锋，等．综合沉积正演与多点地质统计模拟碳酸盐岩台地：以巴西 Jupiter 油田为例［J］．石油学报，2017，38（8）：925-934.

［8］冯晓楠．高含 CO_2 气顶油藏相态特征及开发方式研究［D］．北京：中国石油大学（北京），2016.

［9］冯晓楠，陈志海，姜凤光，等．大气顶薄油环底水油藏开发方式［J］．断块油气田，2016，23（3）：346-349.

［10］王忠畅，杨天宇，陈晶华，等．巴西深水盐下油田开发工程模式探讨及对我国南海深水油气田开发的借鉴意义［J］．中国海上油气，2019，31（2）：155-159.

第七章 尼日利亚海上断块砂岩油藏精细表征与开发优化

尼日尔三角洲断裂系统复杂，同时发育泥底辟，断裂体系及断块划分难度大。受流体及砂岩放射性特征影响，沉积相及砂岩岩相识别划分、薄储层物性参数准确计算难度大。油田长期天然能量开发，部分油藏具有大气顶、底水特征，初期强采造成气窜、水锥严重，储量动用不均匀，剩余油分布复杂，开发效果差。本章通过对泥底辟发育特征、断块油藏建模方法和开发优化技术进行研究，形成海上断块砂岩油藏精细表征与开发优化技术。

第一节 研究区概况

研究工区为海上 OML123 区块，面积 367km²，位于西非尼日尔三角洲盆地东部，紧靠尼日利亚东边界，如图 7-1 所示。OML123 区块共有 13 个油田，其中有 8 个在产油田、4 个停产油田及 1 个在评价油田。OML123 区块为典型的海上断块砂岩油藏，纵向上发育多套储层，断裂及构造系统复杂。Agbada 组砂岩和未固结砂岩是 OML123 区块内的主要储层，主要为三角洲水下分流河道、河口坝、前缘席状砂和浊积砂体，储层横向变化受沉积环境和生长断层的双重控制。储层总厚度为 15~45m，但单层厚度较薄，为 3~5m。储层物性好，孔隙度为 20%~35%，渗透率为 1~5D。

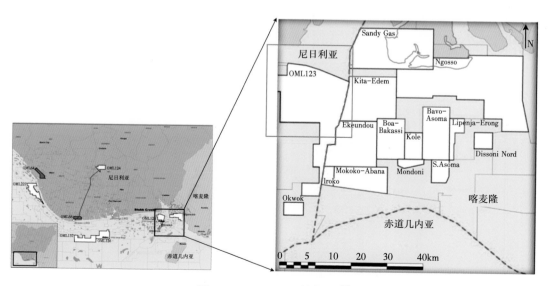

图 7-1 OML123 区块位置 [1]

OML123 区块内，Agbada 组按沉积韵律被划分为 P4、P5、P6、P7 等小层。与其他两个区块相比，该区 Agbada 组自下而上的砂泥岩厚度较小，但很稳定，厚度基本一致。为前三角洲—浅海沉积，受浪控作用明显。图 7-2 为三角洲沉积的年代地层—岩石地层—地震地层之间的关系，以及地震反射层代号的地质含义。

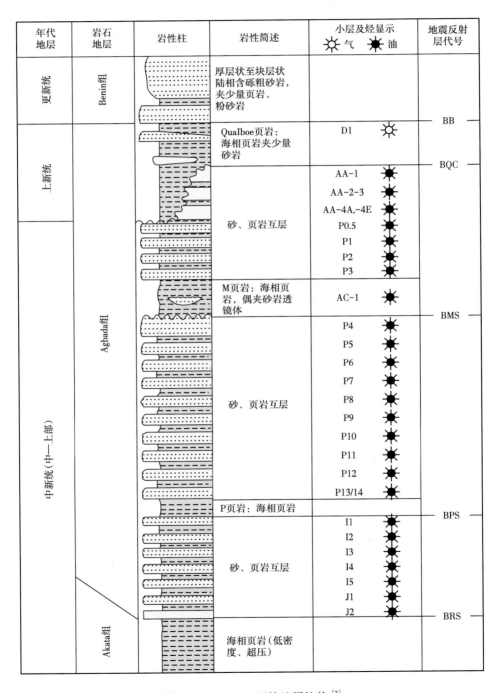

图 7-2　OML123 区块地层柱状[2]

各油藏一般都存在气顶，且边底水较大，为气顶气、边底水混合驱动类型。区块主力油气藏以高孔、中—高渗气顶/中油环/底水断块砂岩油气藏为主。由于断层发育，断层封隔性较好，各断块油气水关系更趋复杂，各油气藏都有相对独立的油气水系统。原油重度 19~40°API，中至轻质油，气油比较高。2017 年底油田综合含水率为 52%，平均气油比为 635m³/m³。采用"立管＋管汇＋立管气举＋生产平台"的生产系统，区块共有井口平台 14 座，生产平台 4 座，FPSO 一艘。

OML123 区块断层多、断层组合关系复杂（图 7-3）。在断块小、切割破碎的情况下，需要充分利用地震数据、井数据及层面空间趋势准确确定断层的空间展布规律。在断层—层面接触关系趋势分析和调整研究基础上，确保复杂断块油气藏断层与顶面构造数据的协调性和一致性。处理断层间特殊接触关系如 X、Y 型断层时，需要根据研究目标区与断层的匹配关系，优选网格类型，确保断层模型准确反映地质实际。

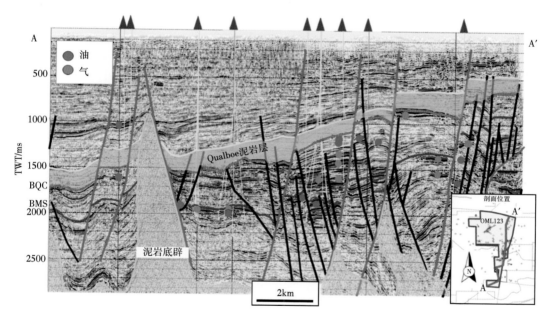

图 7-3　OML123 工区南北向地震剖面

第二节　泥底辟发育的断块油藏精细构造解释

一、泥底辟发育特征

研究区由于泥岩底辟和同生断层的作用，构造样式多样，主要类型有：断阶构造，简单滚动背斜构造，反向断层半地堑构造，泥岩底辟构造，塌顶泥岩底辟构造等。断阶构造以生长断层为主，阶梯状分布，泥岩底辟不发育。简单滚动背斜构造发育在正断层下降盘，与同沉积生长断层相伴生。反向断层半地堑构造属于同沉积生长断层的 Y 字形断层，断层下降盘坡度较大，称为半地堑构造。泥岩底辟构造在该地区深层以泥脊的形式存在，至浅层则只剩下泥丘。塌顶泥岩底辟构造主要发育在浅层，泥丘的顶部，由于正断层的作用使泥丘上覆地层塌陷而构成塌顶泥岩底辟构造。

OML123 区块的断裂—泥底劈构造具有分带性。北部以生长断层为主，泥底辟不发育；平面上，主要为近 E—W 走向的正断层；剖面上，以南倾为主，呈现阶梯状组合特征。中部正断层和泥底辟共同发育，断裂控制泥底辟。平面上，NE—SW 和 NW—SE 两组正断层，呈共轭组合关系，显示近 N—S 向拉张的特征；受泥底辟影响，断裂呈弧形；贝壳状形态是两组断裂的组合形态。剖面上，反向断层、滚动背斜发育；隐伏底辟发育，穿刺底辟主要是受主干断裂控制的被动底辟。南部由垒堑构造变形区向滑脱—泥底辟构造变形带过渡。断裂 + 泥底辟发育，以主动泥底辟及其顶盘的放射状断裂为特征，如图 7-4 所示。

	平面构造格局	地震剖面	断层性质	构造样式	构造应力	构造特征
北部	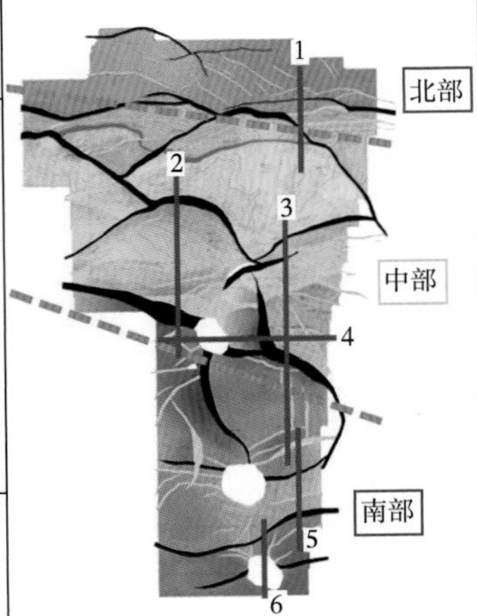	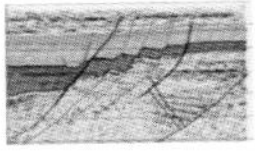	拉张正断层	断层构造	早期伸展拉张作用	近E—W向断裂组合
中部		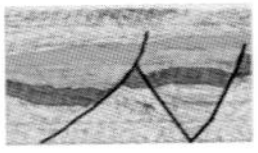	同沉积生长断层	简单滚动背斜	重力作用	弧形断裂组合；发育NW—SE向和NE—SW向两组断裂，呈弧形断裂组合；两组断裂组成贝壳状断块构造
		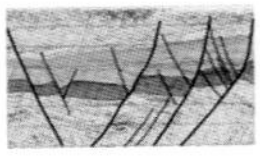	同沉积生长断层、反向正断层（Y字形断裂组合）	被反向断层复杂化的滚动背斜构造、半地堑构造		
		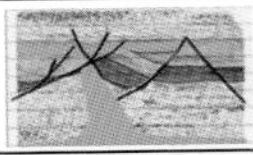	同沉积生长断层、泥底辟	半地堑构造、泥底辟构造		
南部		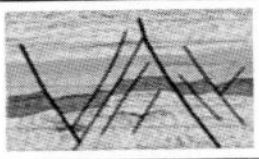	同沉积生长断层、次级反向正断层	堑垒相间断块构造	重力+底辟作用	主要断裂走向NE—SW；次要断裂和泥底辟组成放射状断裂组合
		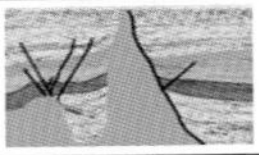	底辟伴生断层	塌顶构造、底辟构造		

图 7-4　OML123 区块构造样式集合图

OML123 地区构造上位于伸展构造带和前缘逆冲带的塑性过渡带。过渡构造带是生长断层和泥岩底辟共同发育区，泥底辟与同沉积生长断层的作用使得该区的断裂体系和构造样式更加复杂。平面上这一区域泥底辟和重力滑脱共同组成了两种断裂构造样式：放射状（章鱼状）断块构造和弯曲伸展状断块构造。由于重力滑脱的水平分量是面向沉积物向前推进的方向，因此，断块下掉的方向应该大体上是向南。构造样式是指在特定应力场作用下形成的构造几何形态，是同一期构造变形或同一应力作用下所产生的构造的总和，它们具有相似或相同的构造特征和变形机理。而断块的合理划分涉及对圈闭和油藏的认识。在构造样式指导下，平面和剖面相结合，可以使断层和断块解释得更合理，更符合区域构造应力机制。

从地震剖面上泥底辟和断层的精细解释入手，以分析泥底辟和断层的时空分布关系，以及从平面上和剖面上分析总结研究区的断裂类型和构造样式为主要研究内容，以相干分析技术、分频技术、速度场建模技术、精细时深转换方法等为技术手段，以区域范围构造成图、油藏范围精细成图以及断块构造区带划分和分布规律为主要研究成果和目的。这种以泥底辟为切入点，对尼日尔三角洲盆地过渡带构造形态和断块结构的详细解剖和总结，是一种思路的创新，有助于对OML123区块整体及局部构造形态和成因机制的理解，有助于探讨油气分布规律。图7-5是OML123区块南部泥底辟发育区深浅层相干切片分析图。虽然断层显示得很清晰，但是平面上如何划分断块、剖面上如何解释断层更合理成为准确认识油气藏的关键。

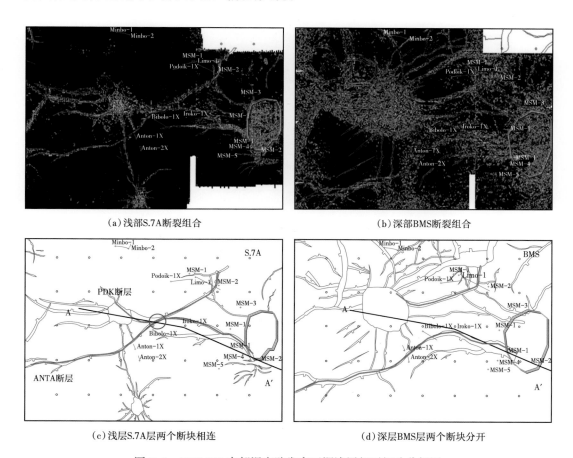

(a) 浅部S.7A断裂组合　　　　　　　　　　　　　(b) 深部BMS断裂组合

(c) 浅层S.7A层两个断块相连　　　　　　　　　　(d) 深层BMS层两个断块分开

图7-5　OML123南部泥底辟发育区深浅层相干切片分析图

　　图7-6（a）为过OML123南部泥底辟发育区东西向剖面，从泥底辟构造样式来看，除泥底辟周围发育的放射状断层外，其他断层的走向基本上呈东西向。综合深浅层平面图和剖面图，得出最终的解释方案，确定剖面和平面相组合的断块划分方案。OML123区块深层AKATA组泥岩刺穿BMS、BQC、S.7A。剖面上在IROKO-1井附近，BQC以上地层，是分别被PDK断层和ANTAN断层断开的两个独立的断块，与下面的深层地层不是被一条断层断开。平面上，PDK断层和ANTAN断层在浅层S.7A几乎相连，在深层BMS层两个断块分开。这两个大断层以及其余的断层，连同泥底辟把这个区块分割成了多个断块。泥底辟构造样式有效指导了整个OML123工区及其南部泥底辟发育区的地震数据体解释，断块划分和解释方案更趋合理［图7-6（b）］。

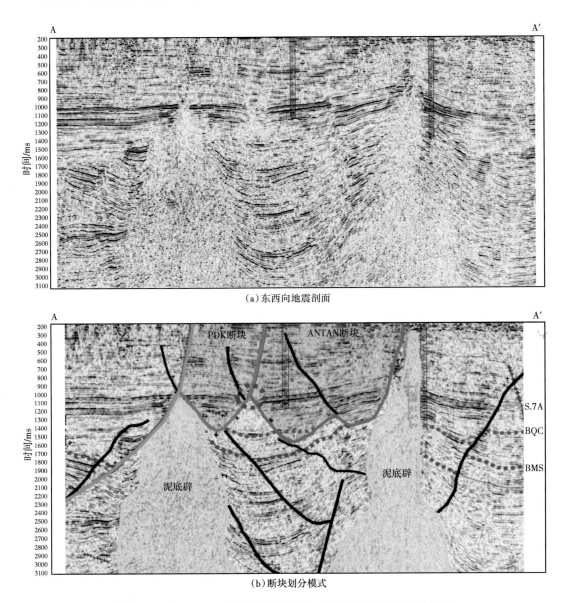

（a）东西向地震剖面

（b）断块划分模式

图 7-6　过 OML123 南部泥底辟发育区剖面解释及断块划分模式

二、相干体分析技术

相干体分析技术是目前解释断层最有效的方法之一。其实质是对地震数据进行求同存异，以突出那些不相干的数据，展现出断裂发育特征及平面分布，从而指导平面上断裂系统组合研究，研究断裂与剥蚀线平面分布。本次研究 AKM 油田的三个砂层组，也是三个主力油藏：P4、P5、P6。其中 P4 在构造高部位与不整合面 BMS 重合，P5 和 P6 与 BMS 呈角度不整合接触，如图 7-7（a）所示。OML123 区块内的油田，含油层系大多具有气顶，造成时间构造图幅度失真。同时由于多套含有层系的气顶在横向上分布不均匀，使得同一油藏的速度横向变化较大，对时深转换速度模型提出了挑战。此外，虽然都是气顶油藏，但由于 OML123 区块内不同油田构造类型不同，地下地质特征不同，因此，需要针对不同油田的具体构造特征、地质特征和资料特点，进行时深转换和构造成图方法研究。速度模型建立过程中，一是利用地震资料处理中的叠加速度，结合 VSP 测井速度，建立研究区的速度场，得到目的层位的平均速度平面图。二是在多口高质量合成记录井控制下，利用工区内多口井的时深数据拟合出一个二次或三次多项式曲线，用于时深转换，转换后得到的深度图在井点位置的误差通过井点校正的方法成图。

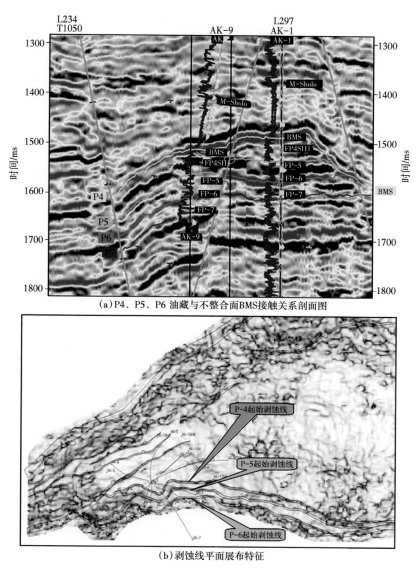

(a)P4、P5、P6 油藏与不整合面BMS接触关系剖面图

(b)剥蚀线平面展布特征

图 7-7　相干技术指导 AKM 油田断层及地层剥蚀面

准确落实 P4、P5、P6 三个油藏的剥蚀点（剥蚀线）在平面上的展布特征，从而确定三个油藏的边界范围，是本次 AKM 油田油藏开发研究中的重点，因此，利用相干分析技术，沿层计算了不整合面 BMS 的相干属性，如图 7-7（b）所示。相干属性图上清晰地反

映出 P4、P5、P6 砂层组的剥蚀线平面展布特征。在精细解释并落实地震剖面上各条断层的基础上，采取相干切片与地震剖面相结合的方式，剖面上依据各条断层的断点位置及上下盘相对位置，平剖反复对照，分析断层在平面上的展布规律，并注意岩性变化、古地层不整合等地质现象，对每一条断层在平面上的走向，及其与古地层不整合（剥蚀面）的相互关系，对 BMS、P4、P5、P6 进行了系统的断裂体系分析和组合，得到这 4 个层位的断裂系统平面分布。

同理，运用相干技术分析了 OML123 区块北部 KI 和 OR 油田的断裂体系发育和组合，如图 7-8 所示。

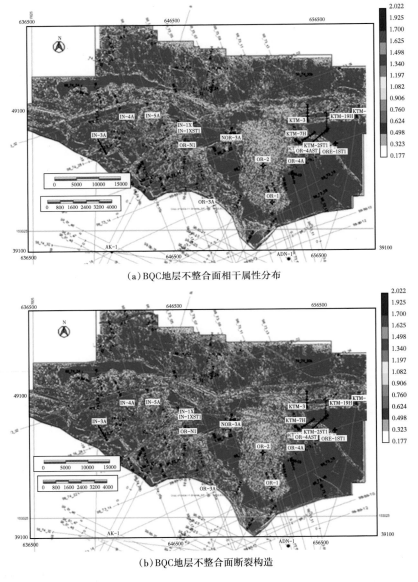

（a）BQC地层不整合面相干属性分布

（b）BQC地层不整合面断裂构造

图 7-8　相干技术指导 OML123 北部 KI 和 OR 油田的断裂体系发育和组合

　　OML123 区块的构造带 / 沉积带主要受生长正断层控制。这些生长正断层是由深部超压塑性海相页岩运动引发，即受大型重力滑动构造控制；同时陆坡的不稳定性对生长断层的形成也起到了促进作用。断层随深度加深变缓，在靠近超压海相页岩层序的顶部变成为一个主要的拆离面。塑性页岩之上犁状断层的几何形状和三角洲沉积物的差异负载导致了上盘滚动背斜的发育。随着沉积带中沉积负载的停止，沉积中心向海方向迁移，并承载了运动过来的厚层流动性页岩，形成新的沉积带。通过分频技术提高层位解释精度，构建泥底辟构造样式和相干分析指导复杂断裂组合及断块划分，综合多项式拟合和平均速度等手段，建立断块气顶油藏精细构造成图方法。

　　系统研究了 OML123 工区的断块构造区带划分和分布规律，完成了全区主要层位的时间、构造成图，如图 7-9 和图 7-10 所示。同沉积生长大断层、次生反向正断层、泥底辟以及伴随泥底辟形成的正断层，共同组成了 OML123 区块的断裂体系特征。北部断裂体系样式主要包括：一级控凹生长大断层弯曲伸展，凹面指向三角洲沉积方向，中间断距大，两头断距小；二级次生断层走向东西或近东西，与一级断层组成复杂断块构造。构造样式上呈贝壳状半地堑断块构造，断块内发育滚动背斜圈闭、断块圈闭。北部整体上呈贝壳形、叠瓦状依次向南排列。中部、南部泥底辟上拱作用中和了同沉积作用，一级生长大

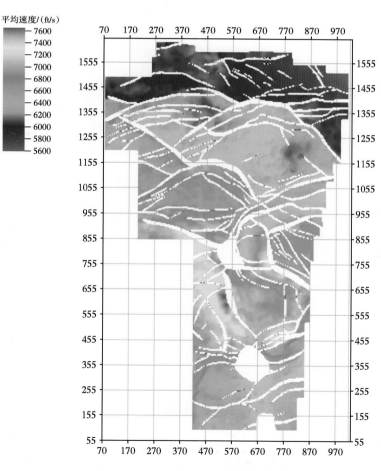

图 7-9　OML123 区块 P-4 层平均速度图

断层曲率减小。平面上泥底辟与断层共同组成放射状和章鱼状断裂体系。泥底辟附近呈放射状，东西向泥底辟之间的断层呈弯曲状，断层靠近泥底辟根部断距大，远离泥底辟处断距小，并逐渐消失。南北向泥底辟之间的断层成直线状，背对背，且相互平行。中部、南部构造样式为断块构造及泥底辟遮挡形成的断鼻圈闭。

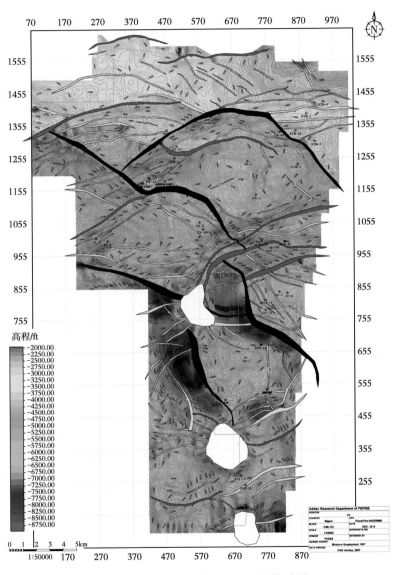

图 7-10   OML123 区块 P-4 层顶面构造图

第三节   多约束条件下复杂断块油气藏地质建模

相控建模是广泛使用的属性建模方法，包括沉积相相控建模和岩相相控建模两种不同的方法。沉积相相控建模以地质体刻画结果为基础，利用确定性方法构建忠实于地质描述

的油藏模型，其缺点在于精度较低，亚相及微相三维刻画难度大。岩相相控建模基于岩相
划分，能在地质统计学指导下高精度地描述储层三维展布特征，其缺点是模型多解性强，
岩相划分难度大，无法准确反映地质认识。沉积相和岩相模型各自的局限性影响了相模型
和属性模型的准确性，此次研究形成了包括地质体刻画、沉积相模型、岩相模型和物性参
数精确解释的多级控制建模方法，地质模型精度提高，为储量评估、油田开发及调整方案
设计提供了可靠依据[3]。关于复杂断块油气藏精细地质建模可见参考文献 [4] 第十二章第
三节，这里不再累述。

第四节　剩余油分布规律与挖潜技术对策

一、剩余油分布模式

尼日利亚 OML123 区块已投入开发的大部分油田均已进入中后期（中—高含水阶段），
有四个油藏因为高含水、气窜严重等因素已停产，部分井因为污染、射孔位置不佳导致关
井停产，但仍存在大量的剩余油亟待挖潜。本节根据前期地质、地震、测井、油藏动态分
析及数值模拟的研究成果，分析了影响尼日利亚老油田剩余油分布的控制因素，总结了不
同控制因素下的剩余油分布模式，并提出了针对每个分布模式下可行的剩余油挖潜措施，
以改善老油田的开发效果，提高原油采收率。

控制剩余油分布的影响因素较多，总的可归纳为两类：地质因素和开发因素[5]。地质
因素主要包括沉积微相、构造、断层及油藏非均质性等；开发因素主要包括注采系统的完
善程度、注采关系、井网布井及生产动态等。其中，地质因素是内因，开发因素是外因。
各种因素相互联系、相互制约，共同控制着剩余油的形成和分布。它们的综合作用引起
了油田开发后期剩余油分布的普遍性、多样性和复杂性。对尼日利亚 OML123 区块来说，
影响研究区剩余油分布的主要因素有断层、微构造、隔夹层、沉积微相、开发层系、开发
方式、井网井距等，形成的剩余油主要可分为以下五种模式。

（一）断层与构造高部位双层控制下的剩余油较富集

开发初期受地质认识程度和钻井技术以及平台位置等因素的限制，同时为确保钻井成
功率，一般井位设计距断层较远，通常会保持在 200m 以外，开发后期在断层附近生产井
难以控制的构造高部位，形成剩余油富集条带。例如，AKM 油田内部断层发育，构造十
分复杂，断层对油气运移起着决定性的控制作用（小断层也能起分隔油层的作用），众多
小断层在油层间、甚至油层内起着分割作用，开发井与断块边角往往形成局部剩余油富集
区（图 7-11）。

（二）负向微构造存在大量剩余油

尼日利亚 OML123 区块大部分油藏处于中高含水开发阶段，剩余油在空间的分布比
较分散，对油藏进行精细描述尤为必要，这时微构造的形态对剩余油的分布起主导作用，
OML123 区块更多地受到断裂作用的影响，区块内的油气藏形成多个断块、断背斜、断
鼻等复杂的构造类型，因此区块内发育的微构造存在大量剩余油，是挖掘潜力区。例如，
EBNE 油田的 AA-0H 油藏在西南部的负向微沟槽中存在大量剩余油，成为老油田挖潜的
潜力区，见图 7-12 白色虚线圆圈区域，负向微沟槽的油藏剖面图如图 7-13 所示。

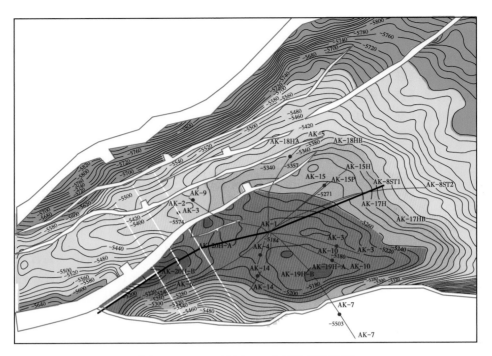

图 7-11　AKM 油田 P-6 砂岩油藏构造图

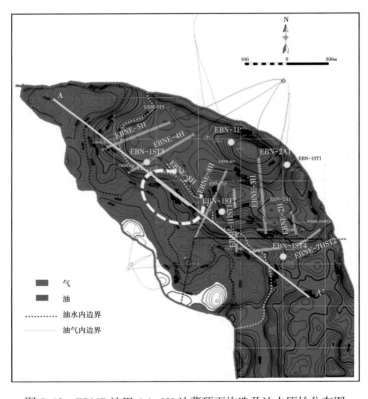

图 7-12　EBNE 油田 AA-0H 油藏顶面构造及油水原始分布图

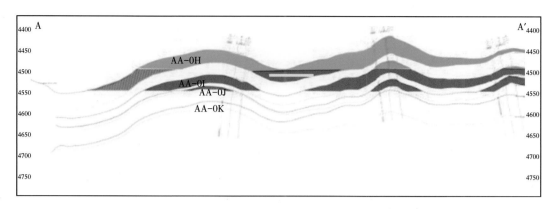

图 7-13　EBNE 油田 AA-0H 油藏负向微沟槽的油藏剖面图

（三）致密隔夹层的存在，致使隔夹层遮挡区域剩余油比较集中，形成"阁楼油"

OML123 区块的主要储层 Agbada 组，在纵向上由几个纵向加积的向上变粗的反旋回单元叠置而成，在纵向上发育多套储层，在同一储层内部发育大量不稳定的泥质隔夹层，储层物性差异大。受到泥质隔夹层的遮挡作用，储层内部原油动用状况很不均匀。例如，AKM 油田 P-4 油层内发育有全区域的、稳定连续的隔层，对油气的运移具有遮挡作用。通过对比 AKM 油田 P4/P5 油藏原始储量丰度（图 7-14）与剩余储量丰度（图 7-15）发现，由于储层内部泥岩隔夹层发育，剩余油主要分布在泥岩隔夹层遮挡上部。其中砂体 P4-1 与 P4-2 剩余油分布比较集中，是下一步挖潜调整的重点。

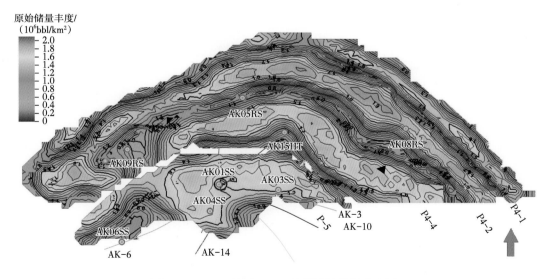

图 7-14　AKM 油田 P4/P5 油藏原始储量丰度图

（四）沉积微相导致储层非均质较强，边底水驱替不到易形成水动力"滞留区"的大量剩余油

尼日利亚 OML123 区块为典型的三角洲沉积，沉积微相控制着储层的非均质性，受

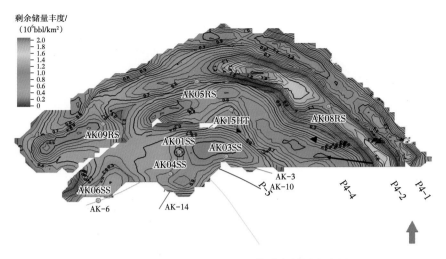

图 7-15　AKM 油田 P4/P5 油藏剩余储量丰度图

　　其影响部分油藏平面非均质性严重，导致低渗部位无法被边底水有效波及，动用程度较低。在整个油藏生产含水达到很高时，低渗透部位依然没有得到有效开发动用，在水动力"滞留区"仍分布有大量剩余油。

　　例如，EBNE 油田 AA-0 油层发育了深水沟道—朵叶体沉积复合体，主要包括了深水水道、沟扇复合体和远端朵叶体沉积，沉积模式如图 7-16 所示。深水水道沉积以发育多

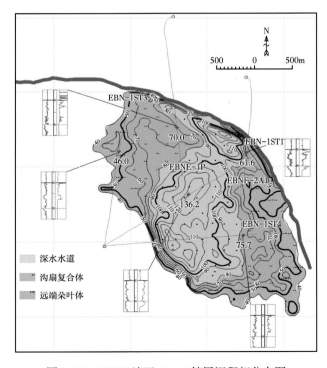

图 7-16　EBNE 油田 AA-0 储层沉积相分布图

期叠合的块状高密度浊流沉积为特征，在其末端和边缘发育砂质朵叶体浊流沉积，水道走向决定了储层平面分布特征。该单个砂体厚度介于 1~13m，叠合砂体厚度最大可达 30m。孔隙度分布范围为 25%~34%，渗透率分布范围为 70~3000mD。水道沉积物具有良好的储层物性，随着向远端朵叶体的转移，储层物性不断变差。这种沉积相变导致储层的平面非均质性很强，在物性较差的部位原油动用程度差，容易在该部位形成剩余油。如图 7-17 所示，EBNE 油田 AA-0H、I、J 三个小层平面非均质比较严重，在渗透性变差部位形成零散分布的剩余油。

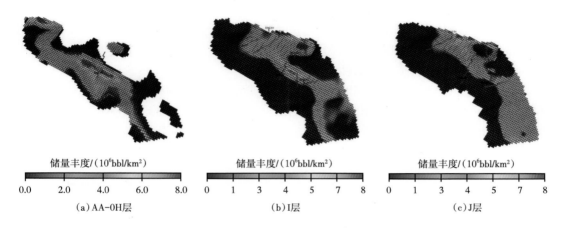

(a) AA-0H层　　　　(b) I层　　　　(c) J层

图 7-17　ENBE 油藏三个小层剩余油分布图

（五）井网不完善区存在大量剩余油

井网不完善区域存在剩余油富集区。一是由于一次布井的局限性，局部区域缺少生产井控制；二是由于 OML123 区块井况问题突出，井况恶化没能修复和更新，破坏了原有的生产井网，进一步加剧了井网不完善。两种情况都造成了大量剩余油富集。例如，AKM油田 P6 油藏在 AK01LS、AK03LS、AK10RS 及 AK14LS 井区（图 7-18），由于井距过大，在井区中间部位存在大量剩余油。

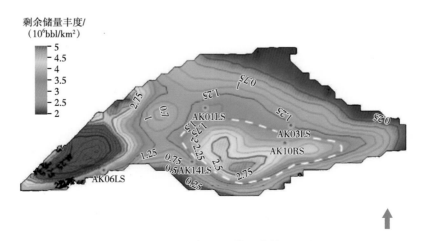

图 7-18　AKM 油田 P6 油藏剩余储量丰度图

二、剩余油挖潜技术对策

针对上述剩余油分布规律和分类分析，对各种类型的剩余油提出了挖潜动用的技术措施和开发策略。

（一）断层与构造高部位双重控制下的剩余油挖潜措施

针对由断层和构造高部位双重控制下的未动用剩余油，且尼日利亚海上区块大部分为薄油藏，对这类油藏开发水平井具有较大优势，因此采取的主要挖潜策略为加密水平井，并开展加密水平井综合优化。

例如，针对 AKM 油田 P6 油藏，设计了 AK20H 水平井，并从水平井水平段长度、水平井产液速度两个方面对加密水平井开展综合优化。

1. 水平井 AK20H 水平段长度优化

分别设置了 300m、350m、400m、450m、500m、550m、600m 及 650m 不同水平段长度（图 7-19）。通过对比十年内不同水平段长度单井累计产油量发现，AK20H 水平井并不是越长越好。当水平井长度超过 500m 后，水平井开发效果基本不变，因此建议 AK20H 最佳长度为 500m。

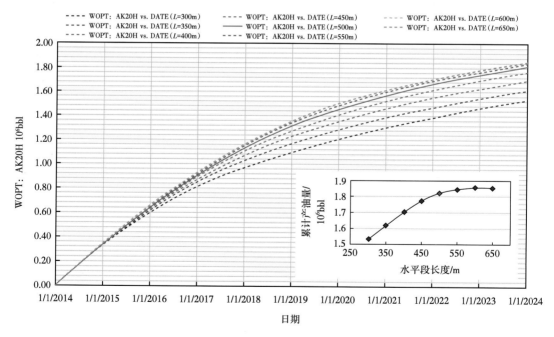

图 7-19　AKM 油田 P6 油藏 AK20H 水平段长度优化曲线

2. 水平井 AK20H 产液量优化

针对 P6 油藏 AK19H 水平井，分别设置了 400bbl/d、600bbl/d、800bbl/d、1000bbl/d、1200bbl/d、1400bbl/d、1600bbl/d 及 1800bbl/d 不同产液速度（图 7-20）。通过对比十年内不同产液速度下单井累计产油量发现，AK20H 单井累计产油量随着初期产液量的增加而增加，但增量在不断减小。AK20H 合理产液速度为 1000~1400bbl/d。

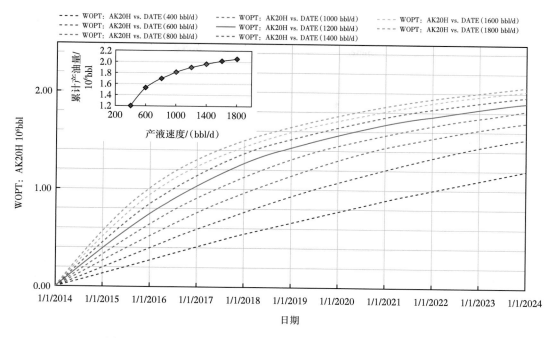

图 7-20　AKM 油田 P6 油藏 AK20H 产液速度与累计产量关系曲线

（二）微构造控制下的剩余油挖潜措施

对于由微构造控制下的未动用剩余油，可以考虑布新井进行挖潜，但针对尼日利亚 EBNE 油田气顶底水油藏（AA-0H）的情况，为防止气顶气和底水的锥进，采取的主要挖潜措施同样为加密水平井，针对加密水平井 EBNE-8H 开展综合优化研究。

主要从水平井水平段长度、垂向位置（距气水界面的距离）、水平方位三个方面对加密水平井开展综合优化。分别对五种水平井长度 250m、350m、450m、550m 和 650m，五种垂向位置 4m、9m、13m、17m 和 21m 以及四种水平方位 110°、135°、160° 和 180° 进行优化，结果如图 7-21、图 7-22 和图 7-23 所示。

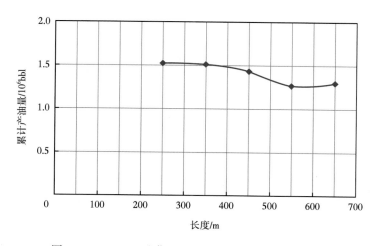

图 7-21　AA-0H 油藏 EBNE-8H 水平井长度优化结果

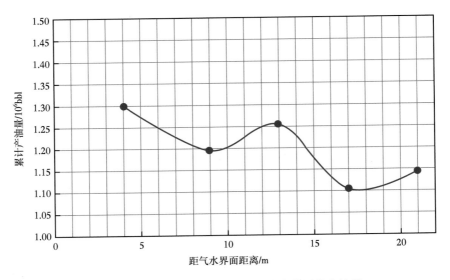

图 7-22　AA-0H 油藏 EBNE-8H 垂向位置优化结果

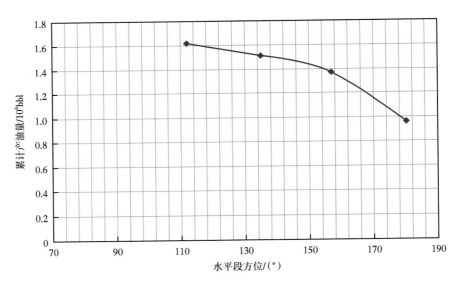

图 7-23　AA-0H 油藏 EBNE-8H 水平方位优化结果

由图 7-21 至图 7-23 可以看出，油藏的垂向非均质性和流体的流动特性对水平井的垂向位置产生较大的影响。由数值模拟结果得到最优的加密水平井各项参数：水平段距气水界面为 13m，水平段长度为 650m，水平方位角为 160°，水平井产量为 600bbl/d。

（三）致密隔夹层遮挡导致"阁楼油"的挖潜措施

针对 AKM 油田 P4、P5 油藏，分别设计水平井［图 7-24（a）］，双分支水平井［图 7-24（b）］，多靶点定向井［图 7-24（c）］三种井型挖潜剩余油。通过对比十年各开发井型的开发效果发现，双分支水平井开发效果最好，多靶点定向井次之，水平井开发效果最差（图 7-25）。因此这种"阁楼油"的挖潜措施是采用双分支水平井。

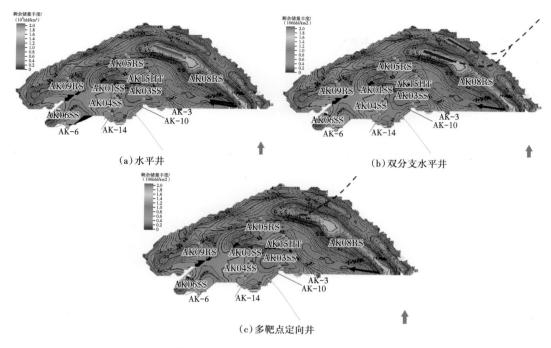

图 7-24　AKM 油田不同井型挖潜方案

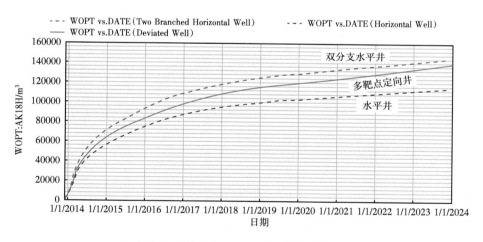

图 7-25　AKM 油田不同井型开发效果对比图

（四）储层非均质性导致的水动力"滞留区"内的剩余油挖潜措施

沉积微相控制着储层的非均质性，受其影响尼日利亚部分油藏平面非均质性比较严重，在渗透率偏低部位动用程度差，易形成剩余油，单一小层剩余油分布规模较小，单层剩余油富集区钻井经济效益差。如 EBNE 油田挖潜剩余油研究过程中提出了多个小碎块零散剩余油"立体组合优化开发"方法。对纵向上多层，而单个小层储量规模小、单独钻井没有经济效益的，可部署立体多靶点定向井，把纵向多个小层"串糖葫芦"，实现最大程度储量动用。

　　EBNE 油田平面上非均质性严重，直接导致平面上剩余油分布零散。针对平面上相邻各层都存在一定厚度，但规模较小的剩余油富集区，分别打水平井效益差，可设计跨层水平井，让相邻各层剩余油"人工连片"（图 7-26），实现效益开发。

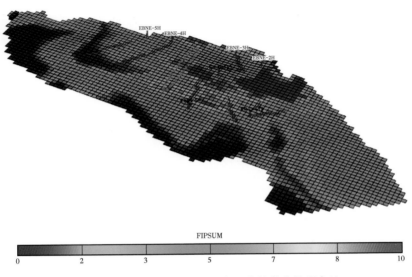

图 7-26　EBNE 油田多目标水平井挖潜分散剩余油

（五）井网不完善导致剩余油的挖潜措施

　　井网不完善导致的剩余油有两种情况：一是由于一次布井的局限性，局部区域缺少生产井控制；二是井况恶化没能修复和更新，破坏了原有的生产井网，进一步加剧了井网不完善。

　　针对第一种情况，当剩余油分布比较集中时，采取的主要挖潜策略为完善开发井网，侧钻水平井（AK19H），开展侧钻水平井三维空间轨迹（长度、水平方位、垂向位置）以及工作制度优化，如图 7-27 所示。

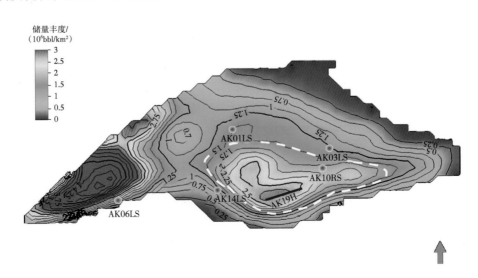

图 7-27　AKM 油田 P6 油藏侧钻水平井挖潜井间剩余油储量丰度图

　　主要从水平段长度、平面方位角度、垂向位置、水平井产液速度四个方面对侧钻水平井 AK19H 开展综合优化。

　　（1）侧钻井 AK19H 水平段长度优化。针对 P6 油藏侧钻井 AK19H，分别设置了 210m、280m、350m、420m、490m 以及 560m 不同水平段长度（图 7-28），通过对比十年内不同水平段长度单井累计产油量发现，侧钻井 AK19H 并不是越长越好。当水平井长度为 350m 时，开发效果最好，因此建议侧钻井 AK19H 最佳长度为 350m。

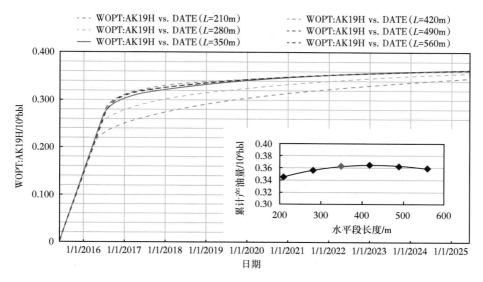

图 7-28　AKM 油田 P6 油藏 AK19H 水平段长度优化曲线

　　（2）侧钻井 AK19H 平面方位角度优化。针对 P6 油藏侧钻井 AK19H，分别设置了 270°、292.5°、315°、337.5° 以及 360° 不同平面方位角度（图 7-29），通过对比十年内不同平面

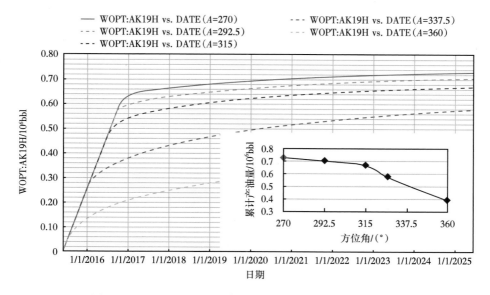

图 7-29　AKM 油田 P6 油藏 AK19H 平面方位角度优化曲线

方位角度单井累计产油量发现。当平面方位角度为270°时，开发效果最好，因此建议侧钻井 AK19H 最佳长度为270°。

（3）侧钻井 AK19H 水平段垂向位置优化。针对 P6 油藏侧钻井 AK19H，分别设置了不同的垂向位置（图7-30），通过对比十年内不同水平段垂向位置单井累计产油量发现。水平段越靠近油层顶部，水平井开发效果越好。

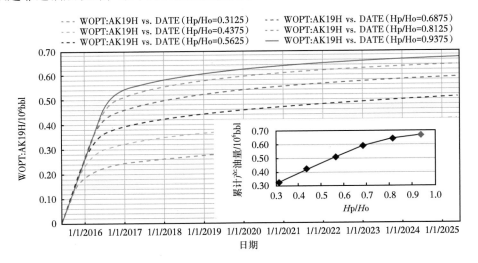

图 7-30　AKM 油田 P6 油藏 AK19H 垂向位置优化曲线

（4）侧钻井 AK19H 产液量优化。针对 P6 油藏 AK19H 水平井，分别设置了 400bbl/d、600bbl/d、800bbl/d、1000bbl/d、1200bbl/d、1400bbl/d、1600bbl/d 以及 1800bbl/d 不同产液速度（图7-31），通过对比十年内不同产液速度下单井累计产油量发现，侧钻井 AK19H 单井累计产油量随着初期产液量的增加而递增，但增量在不断减小。AK19H 无水产油期随着初期产液量的增加而不断缩短（图7-32）。因此，选择了累计产油量曲线与无水产油期曲线的交点 700bbl/d 作为 AK19H 的合理产液速度（图7-33）。

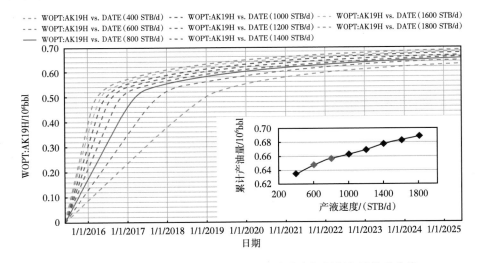

图 7-31　AKM 油田 P6 油藏 AK19H 产液速度与累积产量关系曲线

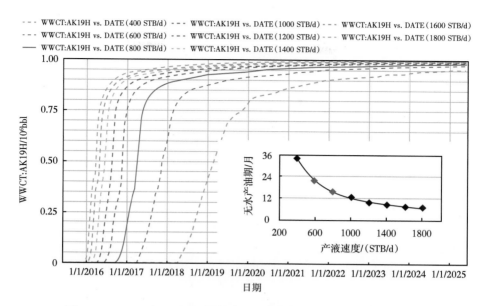

图 7-32　AKM 油田 P6 油藏 AK19H 产液速度与无水产油期关系曲线

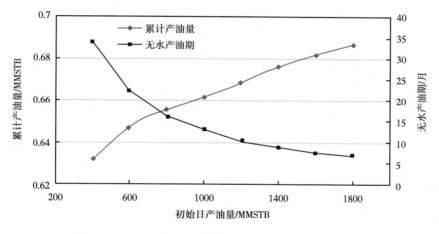

图 7-33　AKM 油田 P6 油藏 AK19H 产液速度优化曲线

　　此外，还有一类是分布零散且规模较小的剩余油，一般位于井控程度低的构造相对高点，这类剩余油通过加密钻井的方式挖潜剩余油可行性较小，可以进行补孔挖潜。针对井况损坏引起的井网不完善区，可以通过解堵、侧钻、修井等手段，恢复和完善井网，提高储量动用程度。

第五节　油藏群—井筒—管网一体化优化技术

　　海上油田/区块产量的最优化，不仅取决于油藏产能的高低，往往还受海工设施输送和处理能力的限制。针对海工设施关键节点，开展油藏群—井筒—管线—平台—FPSO 的一体化数值模拟，在系统集输／处理能力极限范围内进行生产优化计算，最大程度地开发油藏，实现产量和效益的最大化。

一、油藏—井筒—管网一体化模型建立

油藏—井筒—管网一体化油藏开发技术考虑了海上 FPSO 的油、气、水处理能力、气体压缩能力、注水能力等限制，模拟的生产制度更加科学严谨。如图 7-34 所示，对于一个油田群整体开发而言，由于多个油藏、多个井组共用一套管网，势必产生产量的竞争关系，单井（单油藏）模拟与整体模拟结果差别较大，影响决策部署，因此开展一体化模拟是解决生产瓶颈的有效手段[6]。

图 7-34　油藏—井筒—管网一体化模拟示意图

一体化优化技术在油田管理方面发挥重大作用，但模型模拟过程复杂、多参数繁琐的调参过程不但要求模拟人员具有一定的理论基础，同时还要求对油藏的储层特征、生产情况、海底管线及设备等都非常了解，只有对专业和油田实际进行多方面了解，模拟结果对油田开发方案的制定与调整才具有指导意义。

运用一体化油藏数值模拟软件，将 OML123 区块的油藏模型、井筒模型、管网设施耦合起来，以温度、压力、流量为纽带，进行油藏、井筒和海工设施的一体化数值模拟，实现油藏、井筒、管线、平台、分离器、FPSO 等关键节点的协同计算，并对整个油田生产系统进行优化及预测。图 7-35 为 OML123 区块油藏群—井筒—管网一体化模型。

由于 OML123 区块管网复杂，直接进行一体化研究比较困难且容易出错，因此根据 OML123 区块实际油藏分布和生产管线布置情况，按照同一生产管网相近原则，将区块划分为 ADNH、KTM、EBNE、NOR 和 ADAN 五个小区块，通过对每个区块进行单井气举优化、井口压力优化，然后进行区块气举及井口压力优化，进行注水优化，从而得到每个区块的最佳注气量、单井的井口压力优化值及注水强度，为整个区块一体化优化提供基础支撑（图 7-36）。

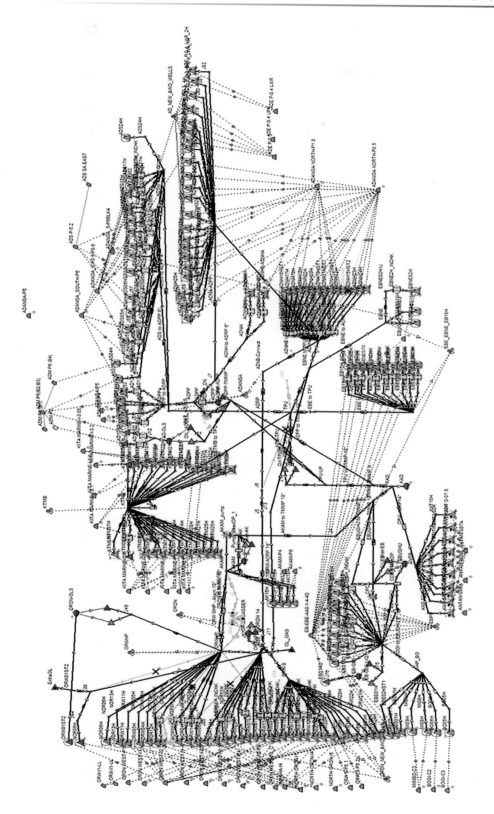

图 7-35　OML123 区块油藏群—井筒—管网—体化模型

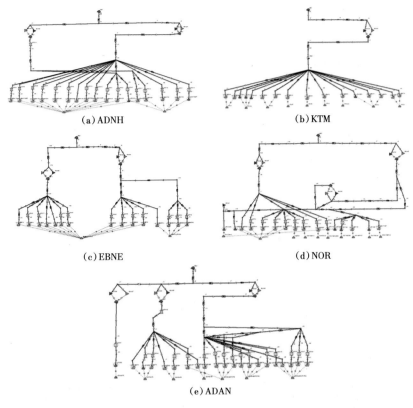

(a) ADNH　　　　　　　　　(b) KTM

(c) EBNE　　　　　　　　　(d) NOR

(e) ADAN

图 7-36　不同区块生产管网

二、油藏—井筒—管网一体化模型应用

一体化生产优化技术在 OML123 区块取得了较好的现场实施效果，在分区域系统优化的基础上，同时考虑气举、井口油嘴大小、注水补充油藏压力这三种系统优化方法，对 OML123 区块一体化模型进行总体优化计算，确定了 OML123 区块最佳生产参数。

（一）流动保障问题识别

通过一体化模型可以识别流动保障问题，通过对 OML123 区块 ADS 油藏到分离器沿程的温度和压力变化情况进行计算，结果如图 7-37、图 7-38 所示，系统的温损主要发生在海底管线。由于原油流动性好、含蜡量低，沿程流体温度保持在 85°F（30℃）以上，全程无结蜡和水合物等流动性次生灾害形成风险。系统的压力损失主要发生在井筒（68%）和油嘴（24%）。随油藏压力降低和含水率上升导致的井筒压损增大，当井口压力低于管线入口回压时将无法继续生产，需适时引入人工举升。

（二）生产制度优化

在当前管线集输、分离器处理以及气源井产量等综合限制条件约束下，通过优化不同油井的气举气配注量，达到系统整体最优化的产量方案。通过系统优化，改变了 13 口油井的生产制度。如图 7-39 所示，五口井停止气举，三口井减少气举量，两口井增加气举量，三口井启动气举。通过气举量的一体化优化配置，在气举气注入总量控制在气源井供气量 $7×10^6\mathrm{ft}^3/\mathrm{d}$ 的条件下，可实现系统增产原油 2763bbl（图 7-40）。

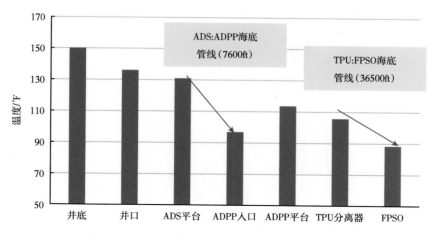

图 7-37 ADS 油藏从井底到 FPSO 沿程温度变化

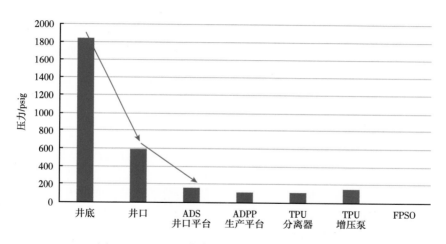

图 7-38 ADS 油藏从井底到 FPSO 沿程压力变化

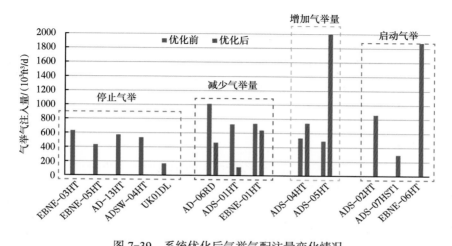

图 7-39 系统优化后气举气配注量变化情况

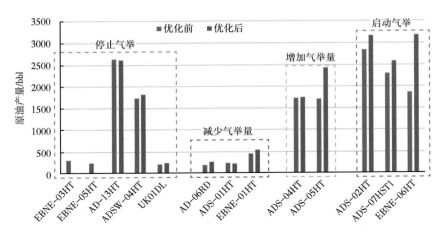

图 7-40　系统优化后原油产量变化情况

（三）开发方案优化

为了将 ADPP/TPU 生产平台的产液量控制在集输处理能力范围内，设计了四个方案，并对方案的产量进行预测，优选出平台集输处理能力限制下的最优开发部署方案。产能部署方案设计如下：

方案一——瓶颈期（2019—2024 年）开井时率降低至 85%；

方案二——关闭含水率大于 90% 的生产井；

方案三——放弃预期产量较低的新井 10 口；

方案四——优化新井投产顺序（集中投产变为按优化顺序投产）+ 控制高含水井生产（含水率大于 95% 时关井）。

通过对四个方案产液量和优化前产液量的对比，结果显示：四个方案的产液量均满足平台集输处理能力要求（图 7-41）。

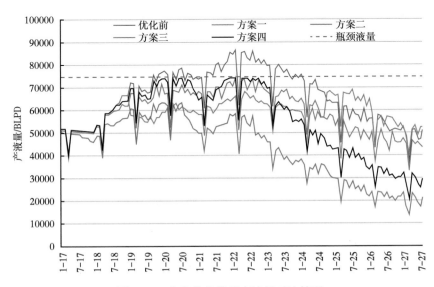

图 7-41　方案优化前后产液量对比情况

　　通过对比四个方案产油量，优选出最佳部署方案。结果显示：除原方案外，方案四的累计产油量最高，仅比无限制下减少 2.8×10^6bbl（图 7-42），因此优选方案四作为最优开发部署方案，即最优部署方案为：新井投产方案由集中投产变为按钻井顺序逐月投产，另外控制高含水井生产，单井含水率超过 95% 即采取关井措施。

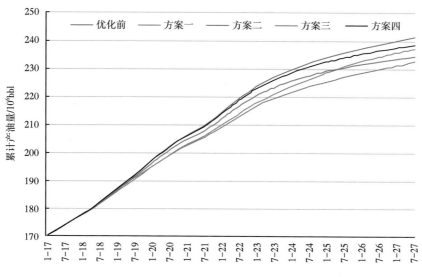

图 7-42　方案优化前后累计产油量对比

　　为了在这四个开发部署方案中选择最合适的方案，根据 OML 123 区块的合同条款，以在产老井开发为基础方案建立经济评价模型，测算各产能建设方案的经济指标用于效益分析与优选。据评价假设及评价基础数据，在基准油气价格假设情景下，该项目的投资经济效益相关指标计算见表 7-1。

表 7-1　各方案主要评价参数

经济指标	累计现金流 / MM$	净现值 / MM$	投资回报率
优化前原方案	269	201	1.30
方案一	171	151	1.23
方案二	233	167	1.26
方案三	191	180	1.40
方案四	126	205	1.36

　　各方案的未来累计现金流预计情况与比较如图 7-43 所示。可以看到，尽管优化后各方案累计现金流均低于原方案，但方案四通过优化新井投产顺序可以实现更高的项目净现值和投资回报率，经济效益相对原方案有所提高。而减少新井工作量虽然总产量和净现值有所减少，但同时因为大幅缩减投资，其投资回报率最高。而降低开井率，关停高含水井等措施（方案一、方案二）尽管满足了处理能力的限制，但总成本减少不明显，经济性相对较差。优化各方案虽然效益高低不同，但侧重点不一样，为项目实际经营过程中按照不同的经营目标选择未来开发优化部署工作提供依据。

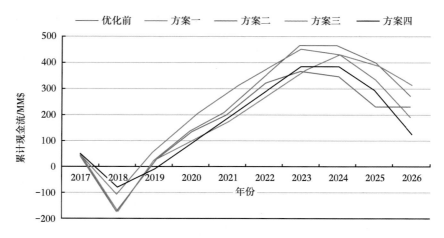

图 7-43　各方案预计未来累计现金流图

参 考 文 献

[1] Otevwemerhuere J，Nwosu C，Olare J，et al. Log technology advances and novel data analysis in integrated approach unlock full potential of a peculiar LRLC reservoir offshore Nigeria［C］. Abu Dhabi International Petroleum Exhibition and Conference. Abu Dhabi UAE：SPE-177487-MS.

[2] 苏玉山，陈占坤，李曰俊，等 . 南大西洋东岸尼日尔三角洲大型重力滑动构造东南缘的断裂和泥构造 ［J］. 地质科学，2020，55（2）：615-625.

[3] 王桐，王光付，陈桂菊，等 . 基于三维地质模型的地质储量不确定性分析：以西非尼日尔三角洲盆地 P 油藏为例［J］. 石油地质与工程，2017，31（6）：74-77.

[4] 段太忠，王光付，廉培庆，等 . 油气藏定量地质建模方法与应用［M］. 北京：石油工业出版社，2019.

[5] 廉培庆，李琳琳，程林松 . 气顶边水油藏剩余油分布模式及挖潜对策［J］. 油气地质与采收率，2012，19 （3）：101-103.

[6] Davis E，Subhayu B. OML-XYZ Production System Debottlenecking Using IPM［C］. SPE Nigeria Annual International Conference and Exhibition，Lagos，Nigeria，2014，SPE-172438-MS.

第八章 安哥拉深海浊积岩油藏
精细表征与开发优化

深海浊积水道迁移叠置关系复杂，相变快，加上钻井少，砂体间接触关系描述不清，导致地质模型不确定性大，开发方案制定难。本章主要以西非下刚果盆地安哥拉18区块的 PU、GA、PT 等油田为例开展深海浊积岩油藏精细表征与开发优化研究，通过油藏储层定量表征、井位及井网优化设计、提高采收率实验及开发中后期注采结构优化调整等重点攻关，形成深水浊积油藏高效开发技术。

第一节 深海浊积岩油藏地质概况

安哥拉18区块位于下刚果盆地南部，位于非洲西海岸，距海岸160km，水深1200~1800m，含油面积140.5km^2，地质储量22×10^{8}bbl，主要包括5个油田。研究区 PU 油田分布位于东北部（图8-1），发育构造—岩性复合圈闭，油田由底部到顶部发育4套储层，分别为中生

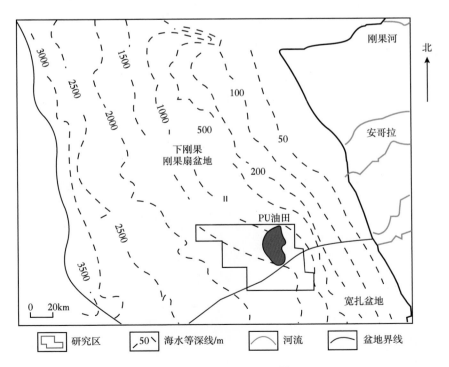

图 8-1 研究区位置图[1]

界始新统 O76、O74、O73 及 O71 层，储层孔隙度为 22%~30%，平均为 26%，气测渗透率为 300~3000mD，平均为 408mD。地层压力为 33MPa，地层温度为 85℃，地层原油黏度为 0.52~0.79mPa·s，地面脱气原油密度为 0.85~0.86g/cm³。目前采用 5 注 6 采井网开发，其中一口注水井 PU-IF 井已转为注气井，当前油井综合含水率为 59%。

安哥拉 PU 油田主力含油层系为渐新统 O71~O73 砂层组，综合岩心分析认为，该区 O71~O73 砂层组为典型的深海浊积水道沉积。该区主要发育水道和天然堤微相类型，其中水道砂为主要储集层，属高孔高渗、底水驱动的岩性构造油藏。受后期盐底辟活动影响，该区构造变形强烈，导致砂体结构复杂。研究区浅层同样为一套浊积水道砂体沉积，后期未受到盐构造影响，形态保存完整，地震分辨率高。深层与浅层水道具有相似的沉积背景，利用浅层水道的形态特征建立训练图像指导研究区多点地质统计建模。

研究区浅层地震均方根振幅属性地层切片能清晰地反映出水道的平面形态，结合工区测井资料对浊积水道定量化解释（图 8-2），认为浊积水道体系内部是多个弯曲的单一浊积河道侧向迁移与叠置形成的，推测浊积水道宽度为 850~2500m，其中单一水道砂体厚度为 8~23m，宽度为 91~305m，砂体结构复杂，非均质性严重。选取了 8 条典型单一水道作为样本，测量样品点 52 个，建立了水道宽度和深度之间的关系，$h=0.0697w+1.7105$（h 为深度，w 为宽度），相关系数达到 0.8 以上，可以作为该地区的经验公式[2]。

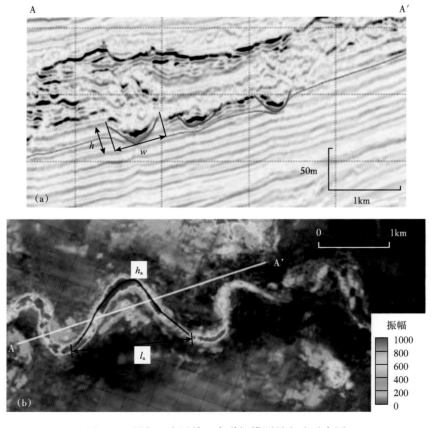

图 8-2　研究区浅层单一水道规模测量方法示意图

第二节　深海浊积岩储层水道构型表征

一、深海水道构型级次划分

Pickering 等指出，在所有的深海体系中，不是所有的构型级次都会出现，因此，构型级次划分方案仅具有指导性。本研究根据之前积累的经验将深海水道构型级次从 0~8 级分为 9 个级次（表 8-1）。

表 8-1　本课题组构型级次划分方案

构型级次	构型单元名称	时间跨度	厚度	宽度	地下识别资料	与 Vail 层序对应关系
0 级	岩层内均质段	数分钟~数小时	数厘米~数十厘米	数十米~数百米	岩心	
1 级	岩层	数天	数厘米~数米	数十米~数百米	岩心（测井）	
2 级	岩层组	数天~十年	数米级	数十米~数百米	测井	
3 级	次级水道单元	10~100 年	数米~数十米	数十米~数百米	测井	
4 级	单一水道	0.1~1 千年	数米~数十米，多为 10~50m	数十米~数百米，多为 100~500m	测井（地震）	
5 级	复合水道	1~10 千年	数十米，多为 20~80m	数百米~数千米，多为 500~1000m	地震	5 级
6 级	复合水道系列	10~100 千年	数十米~数百米，多为 40~100m	数百米~数千米，多为 1000~5000m	地震	4 级
7 级	水道体系	0.1~1Ma	数十米~数百米，多为 100~300m	数千米	地震	3 级
8 级	复合水道体系	1~10Ma	数百米	数千米~数万米	地震	2 级
9 级	海底扇群	可达 100Ma	几千米~几十千米	数万米~数十万米	地震	1 级

二、深海水道储层构型表征

下面以地震剖面解释结果和储层构型要素识别特征为基础，分别从水道体系、复合水道系列、复合水道、单一水道四个层次来介绍研究区深海水道沉积的地下储层构型表征[3]。

（一）水道体系层次

深海水道体系类型多样，本研究区主要发育半限制性包络式水道体系（水道体系Ⅱ）和非限制性下切式水道体系（水道体系Ⅲ），如图 8-3 所示。水道体系Ⅰ被水道体系Ⅱ切割严重，水道形态不够完整，故本次研究不对水道体系Ⅰ进行表征。

以半限制性—非限制性水道体系构型模式为指导，在井—震标定的基础上，利用均方根振幅地震属性（图 8-4），完成研究区水道体系层次的构型表征。

通过对图 8-3 和图 8-4 的分析和统计可知：水道体系Ⅱ在剖面上显示出一个大 U 形，底部较为平坦。平面形态为顺直形，走向近东西向。其宽度分布不均，在井区附近宽度较大，平均为 1800~4000m，在近物源方向相对较窄，而且宽度较为平均，约为 1.5km，井区附近地层厚度介于 100~300m。水道体系Ⅱ中包括水道（砂质）、天然堤及深海泥岩沉积，水道内部砂体大致由北东向南西方向连续展布，偶有同时期泥岩沉积出现［图 8-4（a）］。

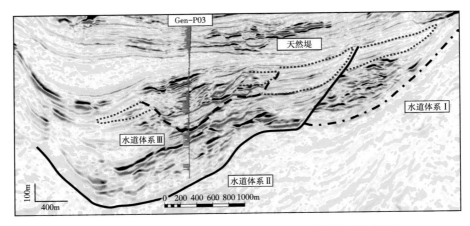

图 8-3　研究区不同水道体系类型的地震响应特征及模式图

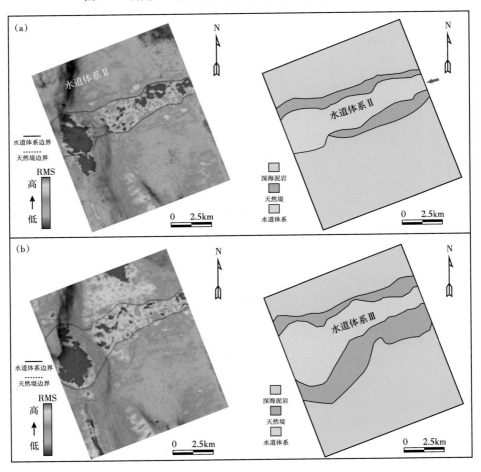

图 8-4　水道体系Ⅱ（a）和水道体系Ⅲ（b）均方根振幅属性图及沉积相图

　　水道体系Ⅲ在剖面上显示出一个近似Ⅴ形，底部较为突出。平面形态及走向均与水道体系Ⅱ相似。宽度分布不均，在井区附近宽度较大，平均为 2500~4000m，在近物源方向相对较窄，平均为 1200~2000m。井区附近厚度较大，介于 100~320m。水道体系Ⅲ中包括水道（砂质）、天然堤及深海泥岩沉积，水道内部砂体大致由北东向南西方向连续展布，偶有同时期泥岩沉积出现［图8-4（b）］。

　　造成水道体系Ⅱ和水道体系Ⅲ在展布样式、规模及内部砂体分布等方面出现差异的原因各有不同。两期水道体系分别属于两个完整的海平面升降。水道体系Ⅱ受水道体系Ⅰ的影响，属于相对宽泛的半限制环境，底部相对平坦，加之海平面上升，物源供给减弱，水道下切能力减弱，而侧向迁移能力较强，在剖面上呈大U形，横向上水道及内部砂体分布规模较大，垂向上砂体厚度较小，当海平面达到最高时，水道体系Ⅱ被废弃。之后海平面快速下降，又快速上升，形成一套深海泥岩层。水道体系Ⅲ在沉积初期，处于海平面缓慢上升期，海平面依然较低，物源供应充足，水道下切能力增强，导致在底部出现V形，随着海平面逐步升高，物源供给减弱，加之地形限制性减弱，侧向迁移能力增强，水道宽度变大，直到被废弃。

（二）复合水道系列层次

　　水道体系内部包含多期复合水道系列，各复合水道系列主要有孤立式、叠加式和切叠式三种类型，且在研究区内均有发育。

　　本次研究以单井构型解释结果和复合水道系列构型模式为指导，根据井—震标定的结果以及各层均方根振幅属性，从而完成研究区内部复合水道系列层次的地下储层构型表征。例如M4层，同层单期复合水道系列的边界识别是由地震剖面上不同复合水道系列边界处振幅发生变化［图8-5（a）］和连井剖面上的砂体高程差［图8-5（b）］共同控制。根据复合水道系列构型解剖结果表明，研究区水道体系内部共发育8套复合水道系列（图8-6），其中研究区下部主要呈孤立式、中上部主要呈叠加式、偶有切叠式发育，这可能是由不同期沉积物供给类型、构造运动差异造成。

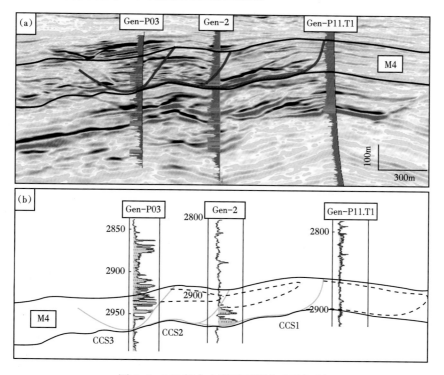

图8-5　M4复合水道系列侧向边界识别

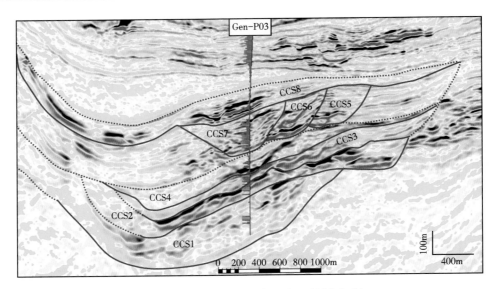

图 8-6　研究区复合水道系列地震层位解释

通过分析统计地震剖面图和均方根振幅属性图，各复合水道系列表征如下：

（1）M1+2 层发育 1 套复合水道系列 CCS1（CCS，composite channel series），因为前文已经说明 M1 层不计入研究计划，所以只包括 M2 层。CCS1 在地震剖面上呈顶平底凸的 U 形，内部地震同相轴表现为相对杂乱的非连续反射特征（图 8-6）。平面形态为顺直形，走向近东西向。其宽度变化不大，平均为 1000~2000m，厚度（井上）为 80~200m。主要包括砂质水道和深海泥岩等构型要素，井区附近水道内部砂体大致沿近东西向呈串珠状分布，偶有同时期泥岩发育（图 8-7）。

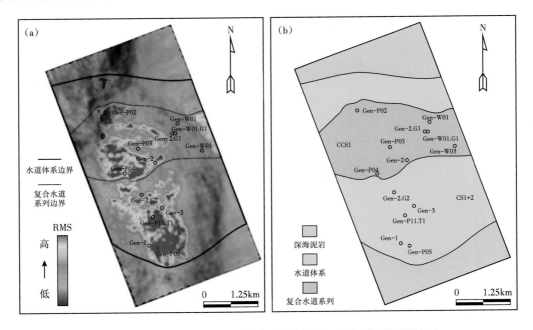

图 8-7　M1+2 层 CCS1 均方根振幅属性图（a）及成沉积相图（b）

（2）M3_1层发育1套复合水道系列CCS2，地震剖面外部形态呈长条U形，平面形态与CCS1相似。其顺水道方向，宽度变化不大，在1400~2200m之间，厚度相对M1+2层有所减小，为50~100m。同样包括砂质水道和深海泥岩等构型要素，但水道两侧发育大型天然堤，其中井区附近水道内部砂体分布较连续，偶有同时期泥岩发育（图8-8）。

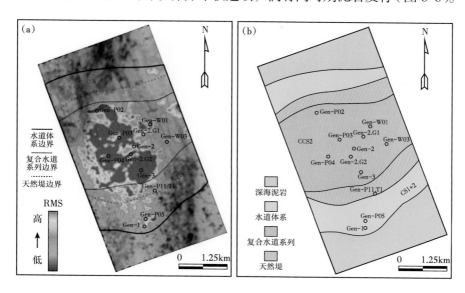

图8-8　M3-1层CCS2均方根振幅属性图（a）及成沉积相图（b）

（3）M3_2层发育1套复合水道系列CCS3，地震剖面外部形态呈长条U形，平面形态与CCS2相似。其顺水道方向，宽度变化不大，在1200m左右，厚度相对M3_1层有所减小，为30~60m。同样包括砂质水道和深海泥岩等构型要素，但水道两侧发育大型天然堤，其中井区附近水道内部砂体分布较连续，偶有同时期泥岩发育（图8-9）。

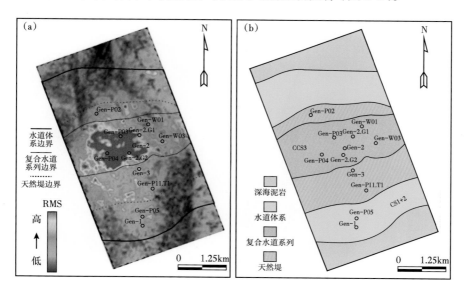

图8-9　M3-2层CCS3均方根振幅属性图（a）及成沉积相图（b）

（4）M3+ 层为大型水道下切的底界面，发育 1 套复合水道系列 CCS4。地震剖面形态为扁 U 形，平面形态呈顺直形，其宽度为 1200~1800m，厚度（井上）为 20~80m。主要包括泥质水道和深海泥岩沉积，砂体在水道中零星分布，规模极小（图 8-10）。

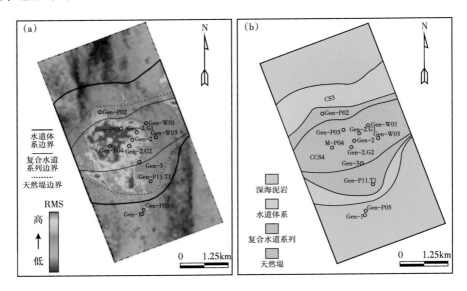

图 8-10　M3+ 层 CCS4 均方根振幅属性图（a）及成沉积相图（b）

（5）M4 层共发育 3 套复合水道系列 CCS5、CCS6、CCS7，且互相切叠。地震剖面外部形态呈小 U 形，但 CCS5 和 CCS6 被 CCS7 严重切割，导致其剖面形态不完整，平面形态均为顺直形。CCS5 平均宽度约为 200m、CCS6 平均宽度约为 500m、CCS7 平均宽度约为 700m，厚度（井上）相差不大，为 100~150m。系列中包含砂质水道和深海泥岩，而且水道周围还发育大型天然堤，井区范围水道内部砂体连片分布（图 8-11）。

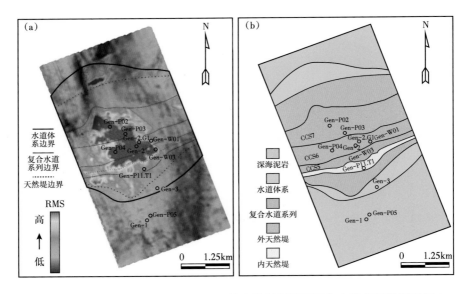

图 8-11　M4层 CCS5、CCS6 和 CCS7 均方根振幅属性图（a）及成沉积相图（b）

（6）M5+6层发育1套复合水道系列CCS8，地震剖面外部形态呈丘形，平面展布形态为手掌形。发育规模最大，宽度平均在3km左右，厚度（井上）相对较薄，为50~90m。内部发育水道化朵叶、砂质水道、决口水道和深海泥岩，北侧砂质水道内砂体分布比较连续，中部水道化朵叶内部砂体连片分布，南侧分支水道中砂体分布偶有间断，各水道中均有深海泥岩沉积，但规模较小（图8-12）。

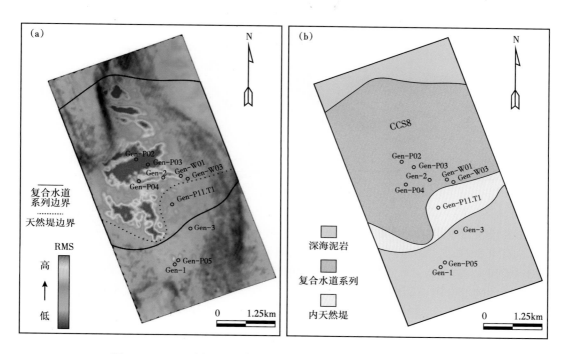

图8-12　M5+6层CCS8均方根振幅属性图（a）及成沉积相图（b）

（三）复合水道层次

复合水道是复合水道系列的构成单元，复合水道之间在垂向和侧向上的叠置关系包括拼接式和加积式两种。垂向叠置关系主要受控于异旋回作用，侧向叠置关系多体现为相变，主要受控于自旋回作用。因此，可通过垂向分期和侧向定位来表征复合水道层次的各构型单元。

1. 垂向分期

一般通过井—震联合解释进行，即在单井上对复合水道进行期次划分、在地震剖面上对小层进行横向追踪，在此基础上以复合水道构型模式为指导，进行复合水道垂向分期。

不同的复合水道垂向叠置模式具有不同的地球物理响应特征（图8-13）。拼接式叠置的两期复合水道在侧向上继承发育，侧向迁移并拼接，地震剖面上同相轴在边界位置错断明显；加积式复合水道下切能力较强，具有明显的下切侵蚀面，先期水道的上部往往被后期水道侵蚀掉，保存下来的是一个不完整的旋回，自然伽马测井曲线有回返现象，地震剖面上同相轴强弱不一，侧向可追踪性差。

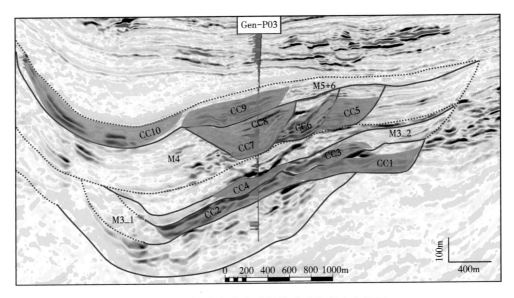

图 8-13　不同期复合水道间的地球物理响应特征

在上述复合水道垂向叠置模式的指导下，对本研究区开展了复合水道层次的地震层位追踪，如图 8-14 所示的垂向分期结果表明，研究区复合水道系列内部复合水道可分为十期（CC1~CC10），垂向上，不同复合水道系列中的复合水道具有一定的叠置规律，沉积早期半限制环境中的复合水道间主要为拼接式，沉积后期非限制环境中的复合水道间主要为加积式，这可能是由于沉积物源供给导致的侵蚀和加积程度不同和限制环境的程度不同造成。

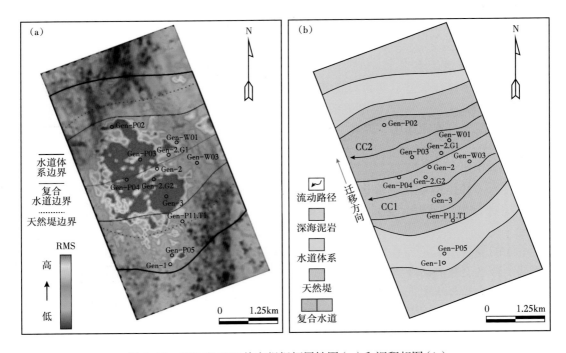

图 8-14　CC1 和 CC2 均方根振幅属性图（a）和沉积相图（b）

2.侧向定位

侧向定位是指在侧向相变模式的指导下，根据构型单元井—震划分标志，识别井间构型单元。侧向定位也包括两个步骤：首先，在垂向分期的基础上（即地震小层追踪解释），提取小层均方根振幅属性平面图，再结合测井相，对构型单元平面展布进行预测；其次，以构型模式为指导，利用平面、剖面互动的方法，刻画各构型边界，从而完成侧向定位。在同一垂向期次中，可能同时发育多个复合水道，此时便需要根据复合水道边界特征，依据上述方法进行侧向划界。

结合垂向分期和侧向定位两个方面，复合水道层次构型单元表征结果如下：

（1）M3_1小层（CCS2）共发育CC1和CC2两条复合水道，CC1发育在南侧、CC2发育在北侧。不同复合水道间存在侧向迁移的现象，其迁移方向向北，叠置模式为拼接式。地震剖面上均呈扁平状（图6-21），平面形态为低弯曲状，CC1的宽度介于650~900m之间，厚度（井上）为40~60m，主要包括砂质水道和深海泥岩沉积，砂体大致沿东西向连片分布（图8-14）。CC2的平均宽度介于500~1200m之间，厚度（井上）相对变化不大，平均约为50m，构成要素、砂体展布方向与CC2基本一致。

（2）M3_2小层（CCS3）共发育CC3和CC4两条复合水道，CC3发育在南侧、CC4发育在北侧。不同复合水道间存在侧向迁移的现象，其迁移方向向北，叠置模式同样为拼接式。地震剖面上均呈透镜状，平面形态均为顺直状。两条复合水道宽度和厚度大致相同，平均宽度为500~700m，厚度（井上）为18~43m，均包括砂质水道和深海泥岩沉积，砂体都大致沿东西向连片分布（图8-15）。

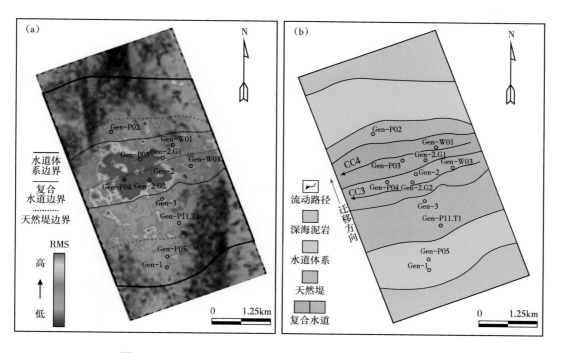

图8-15　CC3和CC4均方根振幅属性图（a）和沉积相图（b）

（3）M4 层（CCS5、CCS6 和 CCS7）内共发育 4 期复合水道，分别是：

① M4_1 小层发育 CC5、CC6、CC7 三条复合水道，不同复合水道间存在侧向迁移现象，其迁移方向向北。复合水道 CC5 和 CC6 地震剖面上呈楔形，平面几何形态呈顺直状。CCS5 平均宽度约 300m、CCS6 平均宽度约 400m，厚度相差不大，均在 30~70m 之间。均包含砂质水道和深海泥岩沉积，水道中砂体大致沿南东—北西向连片分布；CC7 地震剖面上呈 U 形，平面几何形态呈局部弯曲状，宽度相对较大，平均约 700m，厚度在 30~90m 之间，构成要素、砂体展布方向与 CC5 和 CC6 类似（图 8-16）。

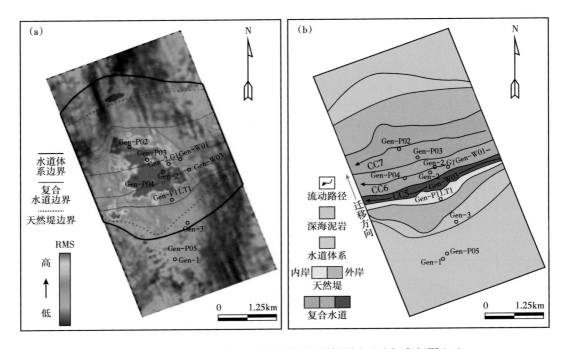

图 8-16　CC5、CC6 和 CC7 均方根振幅属性图（a）和沉积相图（b）

② M4_2 小层发育一条复合水道 CC8，与下伏复合水道 CC7 的叠置关系呈加积式。地震剖面形态为 U 形，平面几何形态呈弯曲状，宽度为 800~1200m，厚度在 35~90m 之间。包括砂质水道和深海泥岩沉积，水道中砂体大致沿东西向分布，但不完全连续（图 8-17）。

（4）M5+6 层（CCS8）内共发育 2 期复合水道，分别是：

① M5+6_1 小层贫砂型水道化朵叶体中发育的复合水道 CC9，发育位置靠北。地震剖面上呈透镜状，平面几何形态呈顺直状。宽度平均均为 900~1200m，厚度在 55~95m 之间。包括砂质水道、决口水道和深海泥岩沉积，砂质水道中砂体大致沿北东—南西向连续分布（图 8-18）。

② M5+6_2 小层发育的一条复合水道 CC10，由三条明显的单一水道组成，其发育位置在最北边。地震剖面上均呈扁平状，平面形态为低弯曲状，水道宽度在 1000~1500m 之间，厚度为 40~90m，包括砂质水道和深海泥岩沉积，水道中砂体大致沿南东—北西向连续分布（图 8-18）。

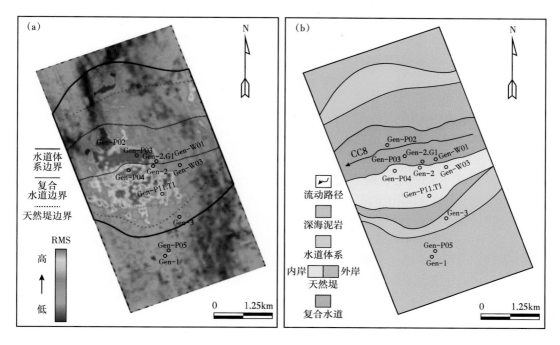

图 8-17 CC8 均方根振幅属性图（a）和沉积相图（b）

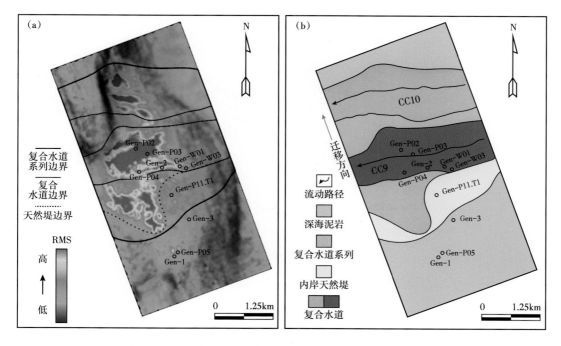

图 8-18 CC9 和 CC10 均方根振幅属性图（a）和沉积相图（b）

（四）单一水道层次

单一水道是复合水道内部的成因单元，也是水道沉积的最基本成因单元。垂向上，其顶底在单井中比较容易识别，但是海上地区井网比较稀疏，导致在平面上很难控制其外部边界。鉴于此，本次采用井—震结合、平—剖互动结合野外露头综合方法手段对单一水道进行表征。

1. 剖面构型解剖

同期复合水道内的单一水道存在侧向迁移和垂向叠置。侧向迁移单一水道内部砂体侧向排布，砂体厚度一般不会超过水道深度，而垂向迁移单一水道内部砂体呈上下叠置关系，砂体厚度一般稍大于水道深度。

由于单一水道受到迁移模式和内部砂泥关系的影响，其井—震响应特征极为明显（图 8-19）。地震剖面上，由于单一水道边界处砂泥含量变化，使得地震振幅突变，即强 / 弱振幅交替，会出现一个明显的突变点。而且水道侧向和垂向迁移都会使水道呈一定的叠置关系，在地震剖面上出现较强振幅之间的叠瓦状反射特征，这些都是识别单一水道边界的重要依据。在测井曲线上，如果该单一水道砂体厚度较大，则表现为小的钟形，如果砂体厚度较小，一般表现为锯齿形。

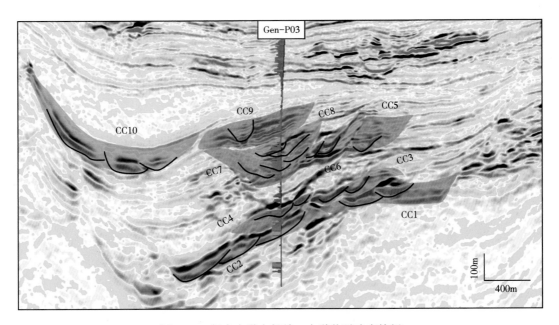

图 8-19　复合水道内部单一水道井震响应特征

2. 平面构型解剖

在各小层剖面构型解剖的基础上，以单一水道平面迁移模式为指导，利用基于小层提取的均方根振幅属性图，开展小层内部单一水道平面构型解剖。

平面构型解剖结果一般受控于水道在剖面的叠置关系。水道侧向迁移会导致在平面上显示出流动路径并排（斜交古流向）的现象，垂向迁移则会导致流动路径在平面上显示叠合（沿古流向）的现象，若两者兼有则流动路径可能出现交叉，其砂体也会沿着各自的流动路径进行分配。

由于单一水道也存在迁移现象，那么就会出现在同一小层内部不同等时面上的水道位置会有所不同。因此，为了精确刻画单一水道的空间展布关系，现基于各小层均方根振幅属性图、利用平—剖互动的方法开展单一水道平面构型研究，以确定其侧向边界。

结合平面、剖面构型解剖结果，单一水道层次构型表征结果如下：

（1）CC1 发育 3 条规模相对较大的单一水道，均为连通型单一水道。其迁移方向有变化，一开始单一水道向北单向迁移，但随后由于其地形条件和物源供给等发生改变单一水道转为向南迁移。单一水道的平均宽度约为 500m，平均深度约为 20m，砂体走向大致为北东—南西向，厚度与水道深度相当，局部稍大于水道深度（图 8-20）。

（2）CC2 发育 2 条规模相对较大的单一水道，均为连通型单一水道。其迁移方向一致向北（单向迁移）。单一水道的宽度约为 350m，平均深度约为 25m，砂体走向大致为北东—南西向，厚度与水道深度相当（图 8-20）。

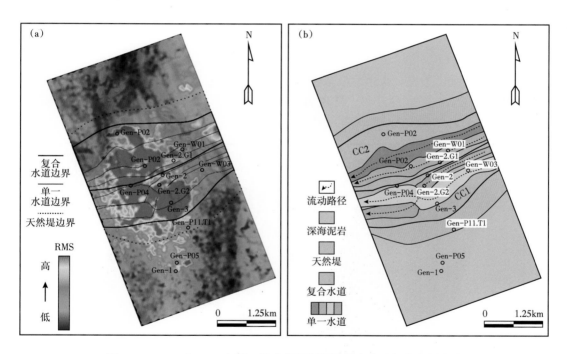

图 8-20 CC1 和 CC2 内部 C 均方根振幅属性图（a）和沉积相图（b）

（3）CC3 发育 2 条单一水道，均为半连通型单一水道。这几期单一水道向北单向迁移，平均宽度约为 250m，深度为 25~30m，砂体走向大致为东西向，厚度与水道深度相当（图 8-21）。

（4）CC4 发育 2 条相对规模较小的单一水道，均为半连通型单一水道。这几期单一水道向北单向迁移，平均宽度约为 200m，平均深度约为 18m，砂体走向大致为东西向，厚度与水道深度相当（图 8-21）。

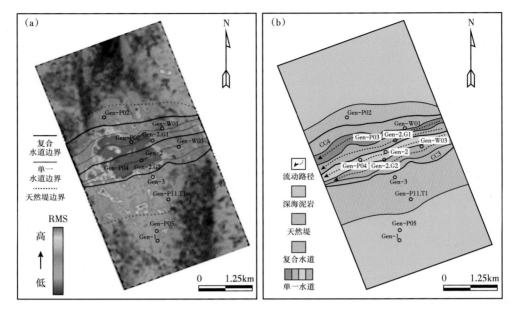

图 8-21　CC3 和 CC4 内部 C 均方根振幅属性图（a）和沉积相图（b）

（5）CC5 发育 1 条单一水道、CC6 发育 2 条单一水道、CC7 发育 3 条单一水道，均为连通型单一水道。一致向北迁移，宽度为 100~200m，平均深度约为 20m，砂体走向大致为北东—南西向，厚度约为 12m（图 8-22）。

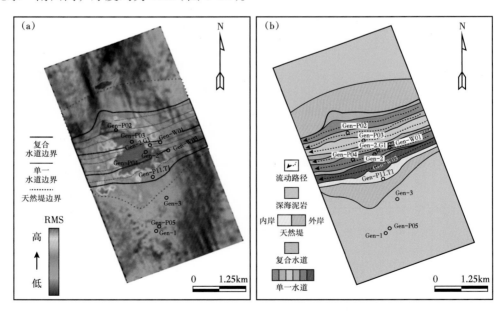

图 8-22　CC5、CC6 和 CC7 内部 C 均方根振幅属性图（a）和沉积相图（b）

（6）CC8 发育 2 条单一水道，均为非连通型单一水道。这几期单一水道一致向北迁移，宽度为 120~250m，平均深度约为 22m，砂体走向大致为北东—南西向，厚度约为 18m（图 8-23）。

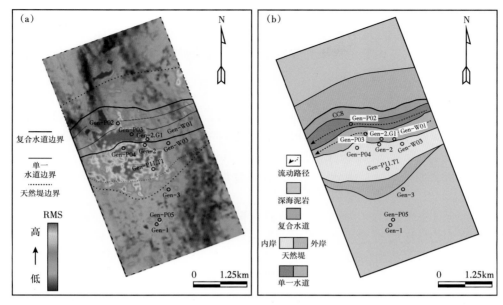

图 8-23　CC8 内部 C 均方根振幅属性图（a）和沉积相图（b）

（7）CC9 北部发育 1 条明显的单一水道，为半连通型单一水道。宽度在 150~200m 之间，平均深度约为 30m，砂体走向大致为北东—南西向，厚度约为 15m；南部发育 2 条小型决口水道，其宽度为 80~120m（图 8-22）。

（8）CC10 发育 3 条单一水道，均为半连通型单一水道。这几期单一水道一致向北单向迁移，宽度在 60~150m 之间，平均深度约为 25m，砂体走向大致为南东—北西向，厚度约为 10m（图 8-24）。

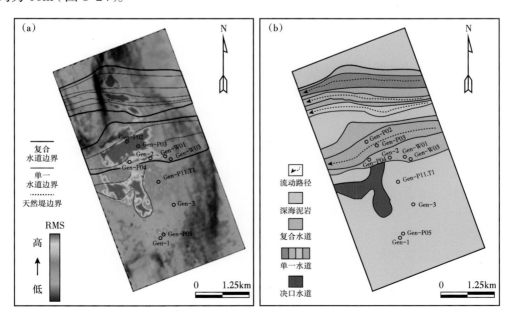

图 8-24　CC9 和 CC10 内部 C 均方根振幅属性图（a）和沉积相图（b）

（五）水道内部岩相

对于浊积砂岩储层，成岩作用较弱，岩相能够反映水道储层储渗能力的差异，基于岩心分析描述在单一水道内部进一步细分岩相特征，可为提高浊积岩油藏建模精度提供重要基础。

1. 岩相类型及特征

通过研究区以及相似地区大量的取心资料分析，并结合野外露头及相似研究区特征，对单一水道内部划分了 8 种主要的岩相类型，对其特征进行了详细描述（图 8-25）。

（1）低密度浊流砂质沉积：以细砂岩为主，其形成往往与沉积牵引构造有关，偶有平行层理或波状层理，相当于鲍马序列 T_c，孔隙度近 20%，渗透率大于 200~1000mD，原生粒间孔发育。

（2）低密度浊流粉砂质沉积：层状或波状粉砂质沉积为主，与薄层细砂岩往往成互层出现，相当于鲍马序列的 T_d；通常易受浊流滑塌影响造成二次搬运，导致层理不清晰或层理角度与地层正常沉积序列相反的现象。其孔隙度近 18%，渗透率大于 100mD。

（3）高密度浊流砂砾混合沉积：无明显的沉积构造，分选较差，主要由较粗的泥质碎屑或砂质砾岩组成，角砾形状不规则，呈块状，直径从毫米级—厘米级不等，主要形成于重力流水道侧向迁移过程中对水道两侧的冲刷过程；磨圆通常为棱角角状—次圆状，这也是浊流短时间发生的侵蚀、搬运和再沉积作用造成的。受非均质性影响，其孔隙度为 20%~25%，渗透率大于 100mD。

（4）高密度浊流砂质沉积：厚层块状中—粗砂岩，无明显沉积层理，偶有部分泥质碎屑裹挟其间，主要形成于高密度浊流快速沉积过程中。孔隙度近 30%，渗透率大于 1000mD，原生粒间孔较发育。

（5）贯入砂岩沉积：浊流沉积中较为常见的一种现象。通常表现为块状无明显层理及沉积序列，与围岩呈现突变接触的砂岩侵入特征，其侵入规模差异较大，从厘米到千米级不等，大型的砂岩侵入可以成为较好的储层；其形成往往与同沉积构造及断裂活动控制有关。该类沉积体的孔、渗特征与母岩的相一致，通常呈现为中高孔渗特征。

（6）碎屑流沉积：以粉砂岩为主，交错纹层状，具有厘米级别的层理，受周围滑塌沉积影响，偶有变形构造，其属于低密度浊流沉积的延续，能量逐渐减弱的过程。关于其成因当前存在争议，可能为低密度浊流与深海底流交互作用结果。孔隙度为 16%~20%，渗透率大于 100mD。

（7）泥质浊流沉积：泥质粉砂为主，无明显层理，形成于浊流沉积末期，沉积流体能量最弱，常见如浊流废弃水道，其往往成为复合浊积砂体内部的隔夹层，是油气田开发过程中不可忽视的因素。

（8）半远洋沉积：富含泥质沉积，厘米级的水平层理常见，偶夹有粉砂质泥岩薄层甚至有孔虫足迹，主要形成于较为安静的半深海环境，通常可作为沉积盖层出现。

从岩相描述结果来看，区分的主要依据在于颗粒粒度以及泥质含量，反映到储层物性上表现为孔、渗的差异。从不同岩相的孔隙度—渗透率交会图中可以看出（图 8-26），孔、渗较高的岩石相包括高密度、低密度砂质沉积，以及贯入砂岩沉积。砂质沉积主要由粒度分选较好的中—细砂岩组成，泥质含量较低，表现为较好的物性特征；而贯入砂岩的性质主要决定于母岩（大套的块状砂岩），基本能够保持母岩的原始孔、渗分布。因此，这两类是最主要的储层。相对物性逐渐变差的依次为低密度流砂质、粉砂质沉积，泥质浊流沉积等，均因泥质含量增加，孔、渗明显呈变小趋势。

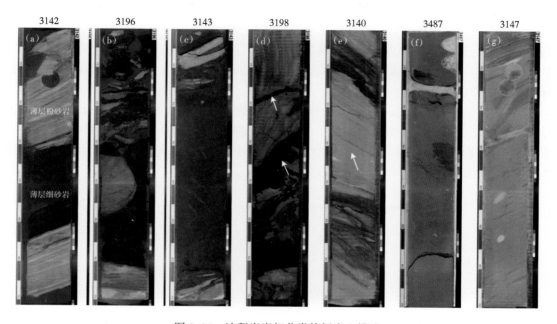

图 8-25 浊积岩岩相分类特征岩心描述

(a) 低密度浊流砂质、粉砂质沉积；(b) 高密度浊流砂砾混合沉积；(c) 高密度浊流砂质沉积；
(d) 贯入砂岩沉积；(e) 碎屑流沉积；(f) 泥质浊流沉积；(g) 半远洋沉积

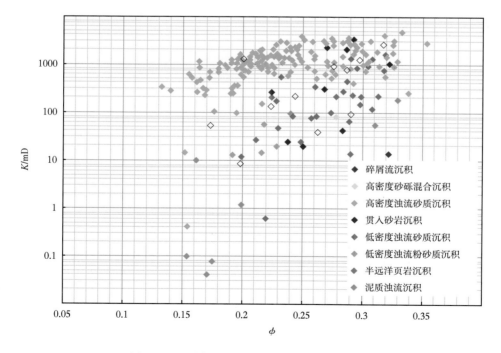

图 8-26 不同沉积岩相孔隙度—渗透率交会图

2. 岩石类型划分

浊积岩储层研究中引入岩石类型的例子较少，岩石类型更多的意义体现在储层的渗流特征差异。本次研究主要基于不同岩相特征，根据其孔、渗分布进一步分类，主要原因有两点：（1）浊积岩本身成岩作用弱，原生孔、渗保留程度高，岩相与岩石类型之间具有较好的一致性，划分依据合理；（2）岩石类型的划分主要为进一步建立反映流体分布特征的三维地质模型，为精确油藏数值模拟奠定基础，因此，岩石类型的划分不宜过多，能够表征出储集体渗流差异即可。

基于以上分析，通过将浊积岩岩相归类划分为 5 种岩石类型（rock type，简称 RT）。结合孔隙度—渗透率交会图（图 8-27），对其特征进行分类描述（表 8-2）。可以看出，孔、渗基本可以将储层大体划分为 4 类（RT1~RT4），另外有 1 类非储层（RT0）因缺少取心数据未在图中呈现，它也不作为地质建模关注的重点。

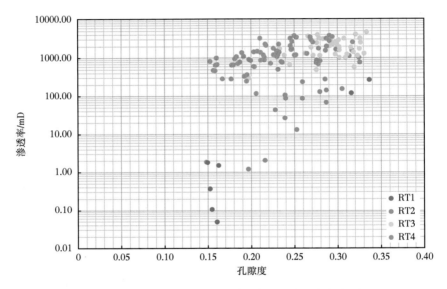

图 8-27　储层不同岩石类型孔隙度—渗透率交会图

表 8-2　浊积岩岩石类型划分及特征描述

岩石类型	特　征　描　述	说明
RT0	孔隙度低于截断值，孔隙度小于15%，渗透率小于1~2mD，主要沉积类型分布于水道间、废弃水道、隔夹层及深海泥岩	非储层，本次未取岩心数据
RT1	薄层粉砂岩，属于低密度浊流沉积，低孔低渗储层，平均孔隙度16%，平均渗透率14mD	较少作为储层
RT2	富砂质薄层细砂岩，属于低密度浊流沉积，属于中孔、中渗储层，平均孔隙度21%，平均渗透率120mD	较重要储层
RT3	均质块状细—中粒砂岩，含少量粗粒及砾石成分，属于高密度浊流沉积，高孔、高渗储层，平均孔隙度25%，平均渗透率2400mD	最重要储层
RT4	非均质粗碎屑砂，含较高成分的粗砾，高密度浊流沉积类型，孔渗交会图中表现为中孔、高渗，平均孔隙度23%，平均渗透率1050mD	重要储层

第三节　构型约束下深海浊积岩油藏精细地质建模

一、三维训练图像获取及优选

研究区浅层地震均方根振幅属性地层切片能清晰地反映出水道的平面形态，结合工区测井资料对浊积水道定量化解释，认为浊积水道体系内部是多个弯曲的单一浊积河道侧向迁移与叠置形成的，推测浊积水道宽度为850~2500m，其中单一水道砂体厚度为8~23m，宽度为91~305m，整体砂体结构复杂，非均质性严重［图8-28（a）］。对地震数据中的浊积水道进行截取［图8-28（b）］，建立网格模型（130×195×37）。采用改进的Alluvsim算法建立了三个训练图像（120×190×20）［图8-28（c）—（e）］，包括泥岩、河道和天然堤三种沉积相。其中，图8-28（c）所示训练图像中水道的分布与地震属性不符，图8-28（d）所示训练图像与地震属性较为相似，而图8-28（e）所示训练图像中水道的弯曲度和水道分布特征与地震属性存在较大差异，因此，可以预期图8-25（d）所示训练图像与实际地质体具有较高的相似性。

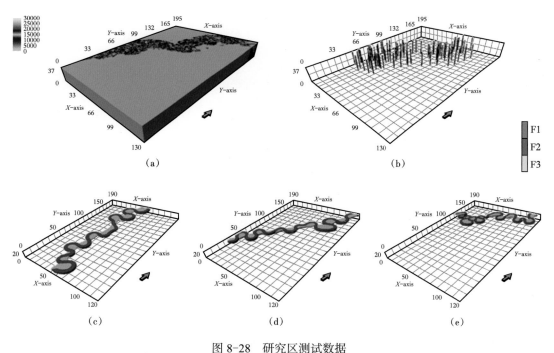

图8-28　研究区测试数据

（a）提取的地震属性体（处理过）；（b）92口井条件数据；（c）训练图像T1；（d）训练图像T2；（e）训练图像T3

利用第四章提出的优选方法对以上三个训练图像进行优选，设置搜索模板为11×11×3，对条件点个数为6的数据事件进行重复概率统计分析，得到数据事件重复概率方差［图8-29（a）］及数据事件无匹配率［图8-29（b）］，其中训练图像T2的数据事件重复概率方差及无匹配率最低，表明训练图像T2是最优的，优选结果符合预期与地质实际。

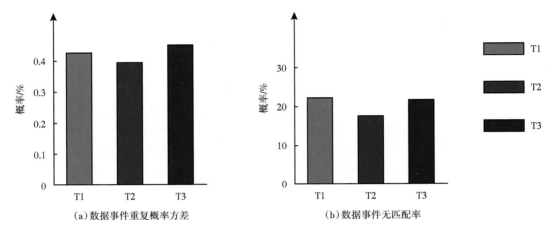

（a）数据事件重复概率方差　　　　　（b）数据事件无匹配率

图 8-29　数据事件重复概率统计特征

为了验证优选结果的正确性，进一步采用多点地质统计 Arcpat 算法在相同的参数环境下建模，获得了三个不同训练图像产生的地质模型，如图 8-30 所示。模拟结果显示，通过训练图像 T2 获取的地质模型的变差函数与地震属性体的变差函数最接近，表明利用训练图像 T2 的模拟结果最优（图 8-31）。新设计方法能够准确完成训练图像优选。

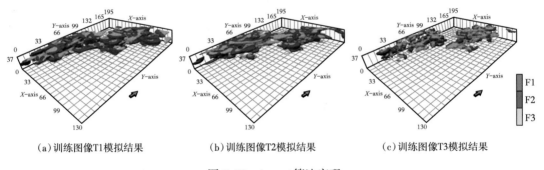

（a）训练图像T1模拟结果　　　　（b）训练图像T2模拟结果　　　　（c）训练图像T3模拟结果

图 8-30　Arcpat 算法实现

数据事件的整体重复概率通过相对兼容性与绝对兼容性对训练图像整体的模式进行优选，能够反映训练图像中地质模式整体对于条件数据的匹配度。较高的相对兼容性与绝对兼容性从总体上对训练图像进行了评价，然而忽略了数据事件空间结构差异，缺少单个数据事件对条件数据的可信度评价，会出现个别显著数据事件对整体重复概率做的增优效应，使得不忠实于条件数据的训练图像也被选中，数据事件重复概率则能弥补整体重复概率对数据事件空间结构差异描述的不足，能对数据事件分布的稳定性进行评价。

二维和三维理论模型测试表明，在条件数据较多情况下，整体重复概率和数据事件重复概率指标均能够有效优选训练图像。而在条件数据点较少情况下，整体重复概率不能够确定最优训练图像，数据事件重复概率指标能够有效优选最优训练图像。在实际区测试中也能筛选出较好的训练图像，能够服务于实际油藏多点建模。

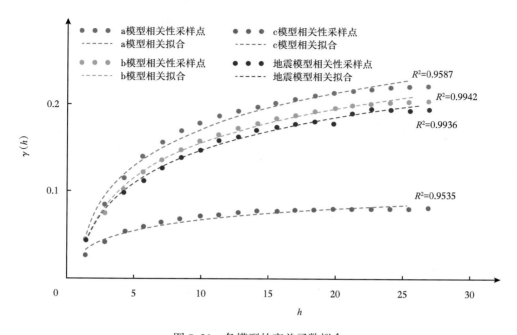

图 8-31　各模型的变差函数拟合
a 模型—训练图像 T1 模拟结果；b 模型—训练图像 T2 模拟结果；c 模型—训练图像 T3 模拟结果

二、多点地质统计学建模过程

将训练图像作为参数输入，提取相应的储层模式。在此基础上，以井资料为硬条件输入，以地震属性作为辅助约束，采用 PSCSIM 算法建立了研究区三维地质模型。平面上，从三维模型中抽取 3 个地层切片 [图 8-32（d）—（f）]，可见复合水道的方向大体一致，近北东向，这与地震属性对应地层切片 [图 8-32（a）—（c）] 的复合水道形态较为相似。剖面上 [图 8-32（h）]，限制性水道体系的形态和位置与地震资料 [图 8-32（g）] 相比也较符合。可见，多点地质统计模拟结果可较好地反映了实际储层分布。然而，模拟结果的水道构型要素难以识别，单一水道和复合水道难以划分。分析原因可能有两点：一是网格大小相对较大，有时单一水道深度小于一个纵向网格；二是本节训练图像仅划分有水道相和非水道相，其中可适当加入天然堤微相，使得相模拟过程中能更好再现水道以及水道与天然堤间的空间结构与几何特征[4]。

最后，采用定量方法进行模型检验。由于该区地震分辨率较高，其整体特征能够反映地质储层实际。因此将实际地震资料计算的变差函数与模型计算的变差函数进行了比较。图 8-33（a）是研究区顺物源方向变差函数比较，两者基台值均为 0.2，块金常数分别为 0.03 和 0.035，变程分别为 2688m 和 1920m；图 8-33（b）为研究区垂直物源方向变差函数比较，两者基台值也均为 0.2，块金常数分别为 0.025 和 0.03，变程分别为 3472m 和 2520m。从图 8-33 中可以看出，两者基台值、拱高以及变程相近，形态相似，具有较高的匹配性，相关系数达到 0.93，说明建立的模型能够反映地下实际，具有较高的精度。模型可以服务于后期地质以及油藏工程方面研究。

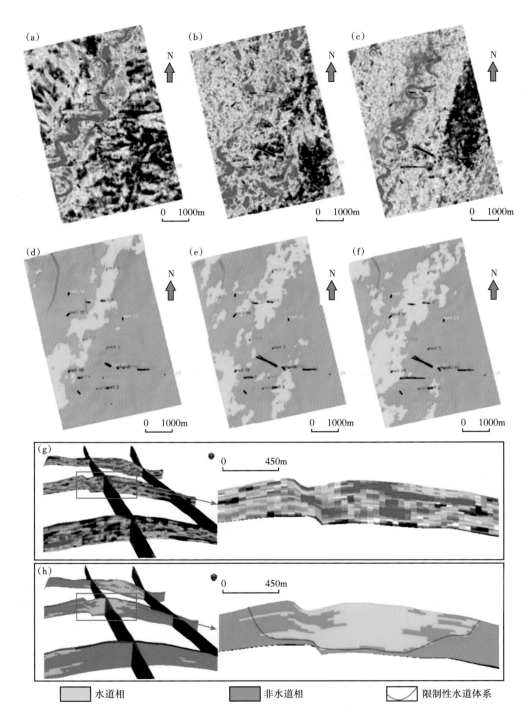

图 8-32　安哥拉地区地震属性和多点地质统计模拟结果对比

（a）地震属性地层切片 2；（b）地震属性地层切片 12；（c）地震属性地层切片 17；（d）多点地质统计模拟结果地层切片 2；
（e）多点地质统计模拟结果地层切片 12；（f）多点地质统计模拟结果地层切片 17；（g）地震属性剖面图；
（h）多点地质统计模拟结果剖面图

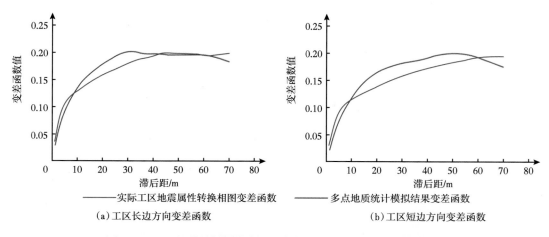

（a）工区长边方向变差函数　　　　　　　　（b）工区短边方向变差函数

图 8-33　地震属性转换相图和地质统计不同方向变差函数图比较

三、深海浊积砂岩地质建模技术应用

以深海浊积砂岩储层构型模式为指导，采用上述建模方法，针对深海浊积水道储层开展三维地质建模技术应用，通过刻画水道内幕结构，揭示内部连通关系[5]。

浊积水道内部不同岩性的孔、渗关系存在较大差异，为细化内部非均质性认识，需要在地质建模过程中进一步考虑储层渗流特征的岩石类型模型。以安哥拉 A 油田作为实例，首先基于多点地质统计学方法建立浊积水道分布模型，然后在浊积水道控制下进一步建立三维岩石类型模型。从不同水道微相内岩石类型的统计特征来看（图 8-34），水道主体内

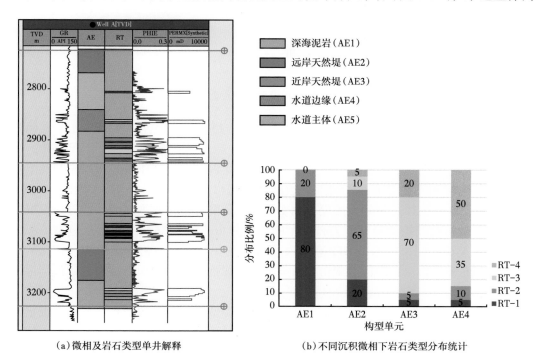

（a）微相及岩石类型单井解释　　　　　　　（b）不同沉积微相下岩石类型分布统计

图 8-34　A 油田沉积微相及岩石类型单井分析及分类统计结果

以 RT3、RT4 岩石类型为主，水道边部及天然堤以 RT1、RT2 岩石类型为主，显然水道主体的储层性质较天然堤储层的物性好。

根据以上建模思路和原则，首先采用多点统计建模方法建立 A 油田各层的水道分布模型 [图 8-35（a）]，其结果尊重原始井震分析结果，各个水道之间接触关系和规模变化符合地质规律；然后，在水道模型约束下，以统计的岩石类型百分比为基础，调整该地区变差函数（基于地震属性分析以及参考邻区密井网分析），采用序贯指示模拟的方法建立岩石类型模型 [图 8-35（b）]。从模拟结果可以看出，岩石类型在各水道单元内的分布与井上统计的规律保持一致，且形态也具有受水道分布约束的特点。

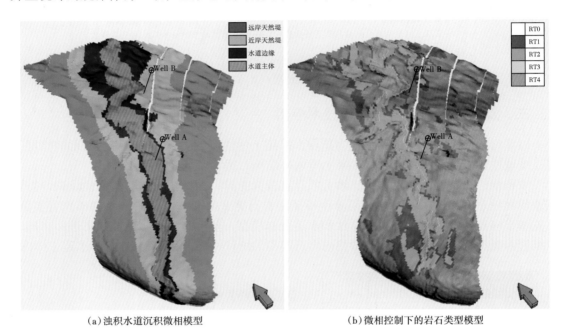

（a）浊积水道沉积微相模型   （b）微相控制下的岩石类型模型

图 8-35　A 油田沉积微相模型及岩石类型三维模拟结果

对 A 油田三维岩石类型模型结果进一步分析，判别其合理性，从以下几个方面进行分析。

（1）模式的对应性及控制作用：浊积水道沉积受古地形控制作用强烈，先期的下切谷在重力流快速堆积下往往形成中间厚、边部薄的沉积结构，从图 8-35（a）和图 8-36（a）的结果来看，水道主体过渡到天然堤，相变的过程伴随着砂体厚度减薄；此外，根据相控原则，不同微相类型控制着不同岩石类型的比例分布，图 8-36（b）显示水道主体部分以 RT3 和 RT4 类型为主，边部以 RT2 和 RT1 为主，与单井统计分析的规律相一致。从栅状图的纵向剖面来看，水道内部呈现出岩石类型的韵律性变化，体现出从底部到顶部逐渐变差的过程。

（2）岩石类型三维分布统计特征：对最终岩石类型模型及对应的孔、渗模型进行交会图分析，如果所建三维模型的岩石类型比例以及统计关系与单井统计分析规律相一致，说明地质模型可靠性较高。从图 8-37 与图 8-38 对比来看，不同岩石类型的孔、渗关系保持原有的统计规律，充分体现了相控约束的特点。

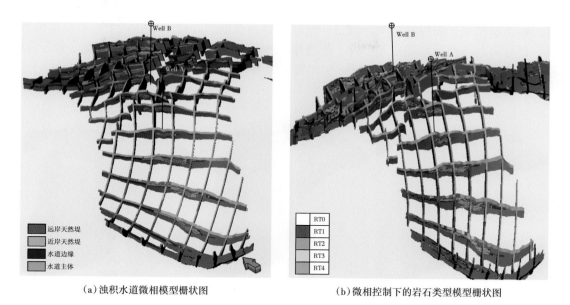

(a) 浊积水道微相模型栅状图　　　　　　　(b) 微相控制下的岩石类型模型栅状图

图 8-36　A 油田微相模型及岩石类型三维模拟结果

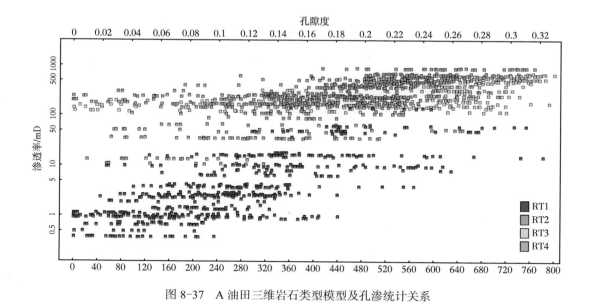

图 8-37　A 油田三维岩石类型模型及孔渗统计关系

（3）不同岩石类型控制下的物性分布特征：在岩石类型模型控制下，结合反演数据体，根据不同岩石类型的属性分布区间分别建立了孔隙度、渗透率模型，从模拟结果对比（图 8-38）来看，岩石类型、孔隙度、渗透率互为约束，孔、渗较高的部位主要集中在RT3、RT4 两种岩石类型。

当前，地质模型越来越多的应用于指导油田滚动评价和开发生产，开发工作者也越来越意识到，地质模型的作用不仅仅局限于计算地质储量，即储集能力；而应更多体现在能够反映实际油藏的流体流动特征，即将流动单元的特性体现出来。通过岩心及实验分析，将岩石类型按照孔渗特征分类，通过一系列的预测和模拟方法先建立三维岩石类型模型，然后再分岩石类型分别建立孔隙度、渗透率、饱和度等参数模型，实现以"储、渗"为核心的建模理念，对油藏开发方案设计和产能预测至关重要。

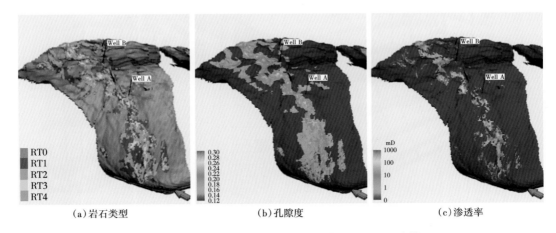

| (a) 岩石类型 | (b) 孔隙度 | (c) 渗透率 |

图 8-38　A 油田三维岩石类型模型及其控制下的孔渗模型

第四节　深海浊积岩油藏提高采收率实验研究

深海浊积岩油藏由于浊积水道砂体切叠关系复杂，在平面和纵向上具有非均质性特点，根据渗透率分布和渗透率级差变化范围，并结合水驱后优势通道识别成果（包括优势通道发育规模、位置等），建立非均质浊积砂岩岩心模型。首先开展注水驱替实验，达到油藏当前含水率后，开展气水交替驱替实验，探索扩大波及体积、动用常规水驱后剩余油的可能性，为不同非均质条件下剩余油挖潜提供理论指导。

一、岩心驱替实验

基于 PU 油田中部渗透率较高、边缘渗透率较低、高渗条带宽度占比变化大等地质特征，设计制作代表不同平面非均质性的岩心模型，开展室内岩心驱替试验，研究渗透率级差和高渗条带宽度占比对 PU 油田提高采收率效果与驱油动态特征的影响[6]。

（一）实验材料及试验设备

由于深海浊积岩油藏天然岩心钻取困难，本试验设计制作标准尺寸人造方岩心（4.5cm×4.5cm×30cm）代替天然岩心。根据上述地质背景部分描述的 PU 油田储层物性及分布特征，设计了两类人造方岩心模型（图 8-39），平均孔隙度均为 26%。考虑到 PU 油田高渗条带宽度占砂体整体宽度的 1/6~1/3，两类平面非均质岩心的高渗条带宽度占比分别取上、下极值。其中，PU-1 型岩心渗透率级差为 2.08，模拟浊积水道储层非均质性较弱的情况：高渗条带的宽度占比为 1/3，条带渗透率为 624mD；两侧低渗条带的宽度占比均为 1/3，条带渗透率均为 300mD。岩心模型平均渗透率为 408mD，模拟 PU 油田的中部或西部浊积水道。PU-2 型岩心渗透率级差为 3.16，模拟浊积水道储层非均质性较强的情况：高渗条带的宽度占比为 1/6，条带渗透率为 948mD；两侧低渗条带的宽度占比均为 5/12，条带渗透率均为 300mD。岩心模型平均渗透率为 408mD，模拟 PU 油田的东部浊积水道。

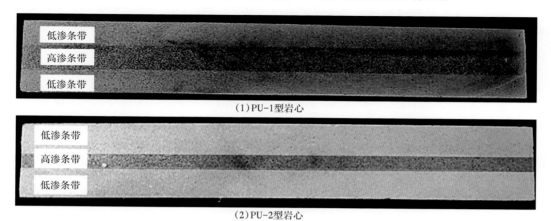

（1）PU-1型岩心

（2）PU-2型岩心

图 8-39　非均质岩心实物图

两类非均质岩心模型的各条带渗透率和孔隙度均符合油藏实际地质认识。人造方岩心选用不同粒径的天然石英砂胶结而成，从而使各条带满足浊积岩油藏不同区域的渗透率要求，并且不同条带间直接接触、相互连通，以模拟平面非均质油藏的条带间复杂连通性。

采用原油 85℃下黏度为 0.472mPa·s 的原油进行模拟实验，该黏度与地层原油黏度一致。采用地层水矿化度为 133000mg/L，由蒸馏水和氯化钠（NaCl）配制而成。氮气泡沫驱所用的泡沫液采用蒸馏水配制而成，发泡剂选用十二烷基硫酸钠（SDS），质量浓度为 4000mg/L；稳泡剂选用部分水解聚丙烯酰胺（HPAM，相对分子质量 1200×10^4，水解度 17%，工业品），质量浓度为 800mg/L。气水交替驱和氮气泡沫驱所用氮气纯度为 99.95%。气水交替驱或氮气泡沫驱的岩心驱替试验装置主要由 ISCO 泵（驱替液体）、LF485-FD 型气体质量流量控制器（控制注气流速）、压差变送器及数据采集模块、DHZ-50-180 型自控恒温箱、高压中间容器、方岩心夹持器（适用岩心规格 4.5cm×4.5cm×30cm）、气液分离装置、六通阀、试管、量筒、管线若干组成（图 8-40）。

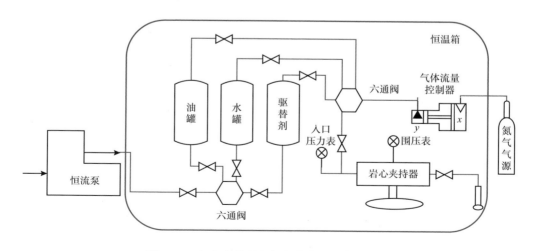

图 8-40　气水交替驱和氮气泡沫驱试验装置图

（二）实验流程

试验进行气水交替驱和氮气泡沫驱试验前，首先，根据 PU 油田注水井的实际注入量，计算油水井中部的线性渗流速率，得到试验条件下的注入体积流量，计算公式为

$$q_v = \frac{10Q_i}{144\pi hD} \times L^2 \qquad （8-1）$$

式中，q_v 为岩心尺度的注入体积流量，mL/min；Q_i 为典型井 PU-IJ 实际注入量，m^3/d；h 为油层厚度，m；D 为单井控制直径，即油水井距，m；L 为人造方岩心截面宽度，cm。

PU 油田中部典型井 PU-IJ 的日注入量为 4770m^3，油水井距为 2000m，油层厚度为 7.3m，注入水在油水井中部的线性渗流速率为 0.104m/d，利用式（8-1）计算出岩心尺度下的注入体积流量为 0.146mL/min。

1. 气水交替驱试验步骤

（1）岩心抽真空、饱和水。将岩心放入抽真空、饱和水的密封钢桶中，用真空泵将压力降至 -0.1MPa 条件并持续抽真空 24 小时；将模拟地层水注入钢桶中，待压力稳定后，利用手摇泵继续向钢桶加注模拟地层水，直至压力达到 10MPa，饱和 24 小时。

（2）测定岩心孔隙度。根据岩心抽真空、饱和水前后的质量之差以及地层水密度，计算得到岩心孔隙度。

（3）测定饱和油及含油饱和度。用双缸恒流泵以 0.05~0.3mL/min 的变流速从岩心夹持器两端反复注入配制好的模拟油，直至出口端产油率达到 100% 且模拟油注入量达到 10 倍孔隙体积以上。根据驱替出的水相体积，计算岩心含油饱和度。

（4）开始注水驱替试验，设计注入体积流量为 0.146mL/min，驱替至岩心出口端含水率达到 PU 油田当前综合含水率（即 59%）后转为气水交替驱试验；气水交替驱时，气、水注入体积流量均为 0.146mL/min，每个交替注入轮次的注气段塞尺寸为 0.3 倍孔隙体积、注水段塞尺寸为 0.1 倍孔隙体积。

（5）当岩心出口端含水率达到 95% 时，停止试验。

2. 氮气泡沫驱试验步骤

（1）岩心抽真空、饱和水及饱和油，具体操作过程与气水交替驱试验相同，在饱和油完全后进行后续试验。

（2）以注入体积流量 0.146mL/min 开始注水驱替试验，待岩心出口端含水率达到 59% 后，转为气、泡沫液交替注入的氮气泡沫驱试验；氮气泡沫驱时，气、泡沫液的注入体积流量均为 0.146mL/min，每个交替注入轮次的注气段塞尺寸为 0.3 倍孔隙体积、注泡沫液段塞尺寸为 0.1 倍孔隙体积。

（3）当岩心出口端含水率达到 95% 时，停止实验。

在气水交替驱和氮气泡沫驱实验过程中，实时记录各时间段的产液量、产油量和驱替压差等产出参数，并计算瞬时含水率与原油采出程度。

二、实验结果分析

（一）弱非均质条件对驱替效果的影响

选用 PU-1 型岩心模型开展弱非均质条件气水交替驱及氮气泡沫驱实验，岩心渗透率

级差 v_k 为 2.08，所用的岩心编号、注入方式及驱油结果见表 8-3。分析可知，采用气水交替驱或氮气泡沫驱均可有效提高采出程度，且氮气泡沫驱效果略优于气水交替驱，对比提高了 5.22%。对于气水交替驱，注入水后，孔隙中的水相饱和度增加，气相相对渗透率降低，可以在孔隙尺度减缓气体窜逸，同时注入氮气段塞可以在水驱基础上进一步扩大波及体积；由于泡沫具有洗油和调驱双重功能，氮气泡沫驱既能提高洗油效率，又能有效封堵高渗条带并提高波及系数，采出程度提高幅度较大。

表 8-3　不同注入方式提高采出程度结果（v_k=2.08）

岩心编号	初始含油饱和度 / %	注入方式	采出程度 / %	
			前期水驱	最终
X-1-1	59.65	气水交替驱	45.75	57.20
X-1-2	59.40	氮气泡沫驱	44.16	62.42

图 8-41 至图 8-43 为 PU-1 型岩心气水交替驱和氮气泡沫驱实验的采出程度、驱替压差和出口端含水率随注入体积变化曲线。由图 8-41 可知，在前期水驱结束后，气水交替驱和氮气泡沫驱在注入体积小于 0.7 倍孔隙体积时，采出程度曲线几乎一致，且上升较为缓慢。这是由于两者在首轮次（将一个注气段塞与一个注水或泡沫液段塞的组合视为一个注入轮次）中均为先注入氮气，再注入水或泡沫液。第一个轮次注入氮气过程中，气相为连续相，与水驱过程相近，采出程度上升幅度较小。但在 0.7~0.9 倍孔隙体积期间，二者的采出程度出现明显跃升。随着注入体积的增加，气水交替驱和氮气泡沫驱的贾敏效应提高了相对低渗条带的原油动用程度，该部分原油逐渐被驱替至出口端，产油量明显上升。由于氮气泡沫驱的贾敏效应更强，且兼具表面活性剂的洗油作用，其采出程度的上升幅度更为明显。

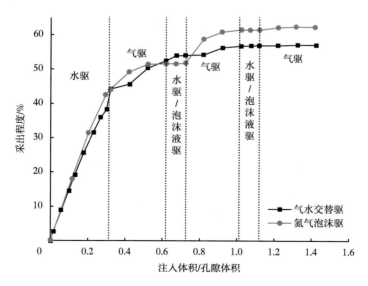

图 8-41　不同注采方式的采出程度随注入体积的变化关系（v_k=2.08）

由图 8-42 可知，气水交替驱过程中，注气时驱替压差先上升后迅速下降，注水时驱替压差保持平稳，与前期水驱接近。这是由于注气时，贾敏效应的存在使驱替压差大幅度提高，扩大了驱替剂的波及范围；但随着气体继续注入，气流通道形成，气体变为连续相，贾敏效应减弱，出现气窜现象，驱替压差迅速下降。后续注水时，注入水主要流入气窜大孔道，填补地层能量，驱替压差变化较小。氮气泡沫驱过程中，驱替压差随注入轮次逐渐上升。当泡沫液注入后，由于其黏度较高，驱替压差上升，随后注气在岩心中形成氮气泡沫，封堵高渗条带。此外，第二轮次及第三轮次注入泡沫液时后续气驱驱替压差均明显高于气水交替驱，表明氮气泡沫封堵高渗条带的效果优于气水交替驱。

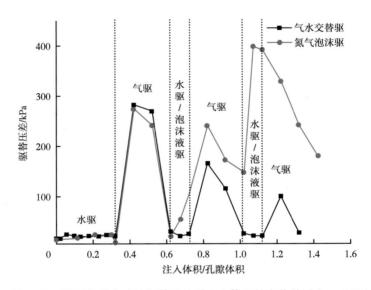

图 8-42　不同注采方式的驱替压差随注入体积的变化关系（v_k=2.08）

由图 8-43 可知，气水交替驱和氮气泡沫驱过程中，岩心出口端含水率曲线的整体变化趋势基本一致，且在注入体积小于 0.7 倍孔隙体积时，出口端含水率继续上升，在 0.7~0.9 倍孔隙体积时，含水率明显下降，呈现漏斗形。结合图 8-42 中的驱替压差分析，对于气水交替驱，由于驱替压差上升，非均质岩心中相对低渗条带的部分原油被动用，产油量增加，导致出口端含水率降低；但在后续注入轮次中，随着驱替压差下降，相对低渗条带的原油动用逐渐困难，出口端含水率逐渐上升。对于氮气泡沫驱，其驱替压差上升幅度较大，调驱效果明显，且泡沫可以提高洗油效率，产油量大幅度上升，出口端含水率明显降低。但由于平面非均质性较弱，氮气泡沫驱过程中所形成的泡沫沿前缘地带均匀推进，未能有效封堵高渗条带，在后续轮次中，氮气突破泡沫封锁，发生气窜，出口端含水率逐渐上升。

在气水交替驱和氮气泡沫驱的前两个注入轮次，氮气泡沫驱稳定出口端含水率的效果明显优于气水交替驱。但随着注入轮次的增加，两种方法在第三轮次的效果均明显下降，表明该平面非均质条件下气水交替驱和氮气泡沫驱的增油期主要集中在前两个注入轮次。

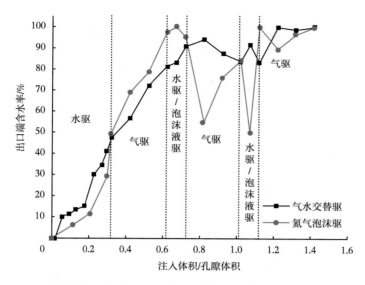

图 8-43　不同注采方式的岩心出口端含水率随注入体积的变化关系（v_k=2.08）

（二）强非均质条件对驱替效果的影响

选用 PU-2 型岩心模型开展强非均质条件气水交替驱或氮气泡沫驱实验，渗透率级差为3.16，所用的岩心编号、注入方式及驱油结果见表 8-4。分析可知，氮气泡沫驱提高原油采出程度的效果明显优于气水交替驱，对比提高了 31.87%。这是因为 PU-2 型岩心高渗条带宽度较窄且渗透率更高，平面非均质性更强。气水交替驱虽能提高波及系数，但其调整储层非均质能力有限，难以有效控制强平面非均质条件下的气体窜逸，使得最终采出程度大幅度降低。然而，氮气泡沫驱对于非均质油藏的适用性更强，可以延缓强非均质条件下高渗条带中的气体窜逸，使相对低渗带的原油得到有效动用，同时泡沫可以提高洗油效率，最终采出程度显著提升。对比表 8-3 和表 8-4 发现，气水交替驱较为适用于弱非均质条件，但在强非均质条件的适用性较差，而氮气泡沫驱可同时适用于弱非均质和强非均质条件。

表 8-4　不同注入方式提高采出程度结果（v_k=3.16）

岩心编号	初始含油饱和度 / %	注入方式	采出程度 / %	
			前期水驱	最终
X-2-1	52.91	气水交替驱	28.66	41.46
X-2-2	53.27	氮气泡沫驱	29.25	74.33

图 8-44 至图 8-46 为 PU-2 型岩心气水交替驱和氮气泡沫驱实验的采出程度、驱替压差和出口端含水率随注入体积的变化曲线。

由图 8-44 可知，当注入体积小于 0.6 倍孔隙体积时，气水交替驱和氮气泡沫驱的采出程度曲线变化几乎一致，其原因与图 8-41 相同。在后续注入轮次中，气水交替驱的采出程度仅在第二轮次有明显提升，整体提高幅度较小；氮气泡沫驱每个注入轮次的采出程度均呈现明显提高，效果显著。当平面非均质性较强时，气水交替驱在高渗条带中的气窜现象较为明显，提高采出程度的效果降低；而由于强非均质条件下高渗条带的孔隙半径较大，氮气泡沫的稳定性增强，延缓窜逸效果更优，使得低渗条带得到有效动用，因此采出程度明显提高。

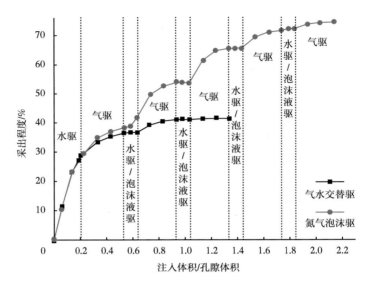

图 8-44　不同注采方式的采出程度随注入体积的变化关系（v_k=3.16）

由图 8-45 可知，气水交替驱过程中，驱替压差波动较小，且在两个注入轮次后迅速下降，表明在强平面非均质条件下，气水交替驱的波及范围主要集中在高渗条带，相对低渗条带难以被波及，因此提高采出程度的效果较差；氮气泡沫驱过程中，驱替压差随注入轮次逐渐上升，表明在强平面非均质条件下，氮气泡沫可以有效封堵高渗条带的大孔隙，迫使后续注入流体转向并波及低渗条带，从而提高低渗条带的原油动用程度。

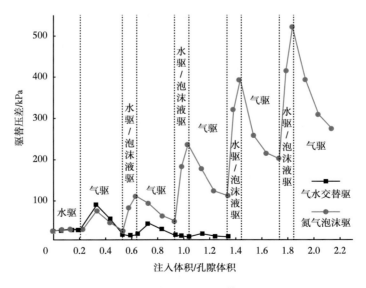

图 8-45　不同注采方式的驱替压差随注入体积的变化关系（v_k=3.16）

由图 8-46 可知，气水交替驱和氮气泡沫驱的出口端含水率曲线呈现明显差异。在气水交替驱的前两个注入轮次，岩心出口端含水率先明显降低后迅速上升，表明强非均质条件下气水交替驱可以降低出口端含水率，但稳定性较差，仅能维持一个注入轮次；在氮气泡沫驱过程中，出口端含水率先下降至 0，后稳定在 50% 附近，低含水阶段能够持续四个注入轮次，说明氮气泡沫驱降低并稳定岩心出口端含水率的效果显著。这是由于随着注入体积的增加，岩心中泡沫含量增加，封堵高渗条带大孔道的效果提升，氮气泡沫驱波及范围逐渐从高渗条带延伸到相对低渗条带，从而降低并稳定了岩心出口端含水率。

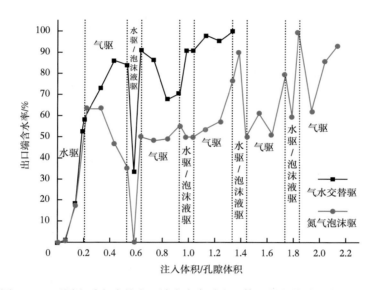

图 8-46 不同注采方式的出口端含水率随注入体积的变化关系（v_k=3.16）

三、气水交替驱/氮气泡沫驱数值模拟研究

由于岩心驱替实验难以可视化描述注入介质在岩心中的波及规律，因此，在岩心实验基础上开展气水交替驱或氮气泡沫驱的数值模拟研究。以强非均质岩心为例，建立岩心尺度的数值模拟模型，其中的模型尺寸、孔渗物性以及初始含油、含水饱和度均与岩心实验参数保持一致；通过调整油—水、油—气相对渗透率曲线和毛细管力曲线等，实现气水交替驱或氮气泡沫驱实验结果的历史拟合，进而通过分析驱替过程中不同渗透率条带的含油饱和度变化特征，揭示不同提高采收率方法的提高采收率机制。

利用数值模拟软件进行岩心尺度数值模拟。模型选用正交网格，i、j、z 方向网格数分别为 32 个、3 个、1 个，i 方向网格尺寸为 1cm，j 方向三个网格尺寸分别为 1.875cm、0.75cm 和 1.875cm，z 方向网格尺寸为 4.5cm。各条带渗透率分别为 300mD、948mD 和 300mD。设定模型左侧为注入端，添加一口注水井、一口注气井，右侧为出口端，添加一口生产井；岩心数值模型尺寸、孔隙度、含油/含水饱和度、渗透率分布均与实验参数保持一致。模型初始压力设定为 33MPa，生产井井底流压设定为 33MPa，以模拟岩石实验的围压和出口端回压条件。

选用机理法进行氮气泡沫驱数值模拟，泡沫的生成和破灭的反应式分别为

$$0.99993660682H_2O + 6.3393184583 \times 10^{-5} Surfact + 1.0N_2 \longrightarrow 1.0Lamella + 1.0N_2 \tag{8-2}$$

$$1.0Lamella + 1.0N_2 \longrightarrow 0.99993660682H_2O + 6.3393184583 \times 10^{-5} Surfact + 1.0N_2 \tag{8-3}$$

反应式（8-2）中，左侧表示在模型中水、表面活性剂与氮气的反应，右侧表示反应形成液膜，即泡沫。其中，反应式左右两侧均含有氮气，左侧氮气表示氮气作为反应物参与反应，右侧氮气则表示生成的泡沫具有氮气的组分特性。

根据气水交替驱或氮气泡沫驱的岩心实验步骤，先注水驱替 300 分钟，然后开始气水交替驱或氮气泡沫驱。每个注入轮次均为先注 375 分钟的氮气再注 125 分钟的水或表面活性剂溶液，以此循环往复的注入方式进行，驱替至 2175 分钟停止模拟运算。气水交替驱和氮气泡沫驱采出程度的数值模拟历史拟合结果如图 8-47 所示，可以看出，氮气泡沫驱的开发效果远优于气水交替驱。

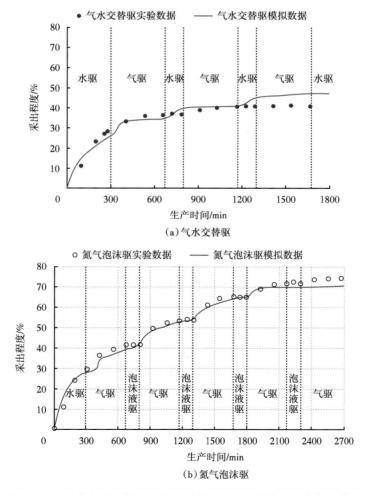

图 8-47　气水交替和氮气泡沫驱采出程度的数值模拟历史拟合结果

由 8-47（a）可以看出，对于气水交替驱，除了第三轮次（1200 分钟以后）外，前两个轮次拟合效果均较好，表明该数值模拟结果可用于研究气水交替驱的提高采收率机制。利用该岩心尺度数值模型，对比开展注水驱替数值模拟。在水驱和气水交替驱过程中，不同渗透率条带的含油饱和度变化特征对比如图 8-48 所示。水驱过程中，注入水主要波及高渗条带［图 8-48（a）中的岩心模型中间层网格］，导致含油饱和度降低，但即使继续注水驱替，低渗条带［图 8-48（a）中的岩心模型上、下两层网格］的含油饱和度变化仍未受到明显影响，表明注入水主要沿高渗条带低效循环，需要进行液流转向措施。对于气水交替驱，在气水交替注入的初始时刻（$t=300min$），高渗条带的含油饱和度较低，剩余油主要赋存在低渗条带。随着不同轮次的气水交替注入，低渗条带含油饱和度逐渐降低，且降低幅度比水驱方案大［图 8-48（b）］。实验结果表明气水交替驱在平面非均质岩心模型中发挥了扩大波及体积的作用，能够有效启动剩余油。

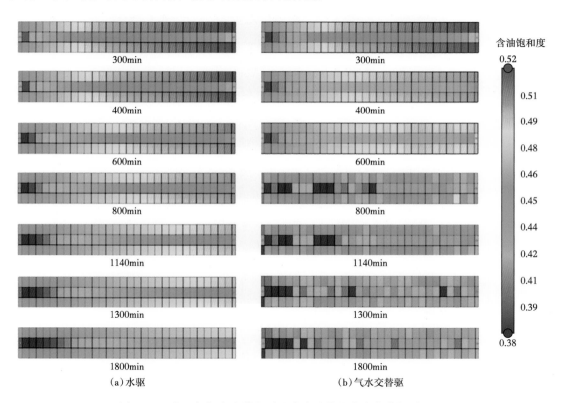

图 8-48　水驱与气水交替驱过程中含油饱和度变化特征对比图

由图 8-47（b）可以看出，氮气泡沫驱整个驱替过程的采出程度曲线拟合效果非常好，表明该数值模拟结果可用以研究氮气泡沫驱的波及规律。水驱和氮气泡沫驱过程中不同渗透率条带的含油饱和度变化特征如图 8-49 所示。对比注水驱替数值模拟［图 8-49（a）］，氮气泡沫驱在初始时刻（$t=300min$）高渗条带［如图 8-49（b）中的岩心模型中间层网格］含油饱和度较低，剩余油主要赋存于低渗条带［图 8-49（b）中的岩心模型上、下两层网格］。随着氮气泡沫驱的进行，高渗条带含油饱和度基本不变，表明氮气泡沫发挥了堵大不堵小、堵水不堵油的性能，迫使后续注入介质进入低渗条带。由低渗条带含油饱和度变化特征分析可知，氮气泡沫在低渗条带近乎呈现活塞式驱替，将低渗条带中的剩余油采出，因此能够大幅度提高采收率，这与岩心驱替实验的分析结果基本一致，表明氮气泡沫驱可以作为平面非均质油藏剩余油挖潜的有效手段。

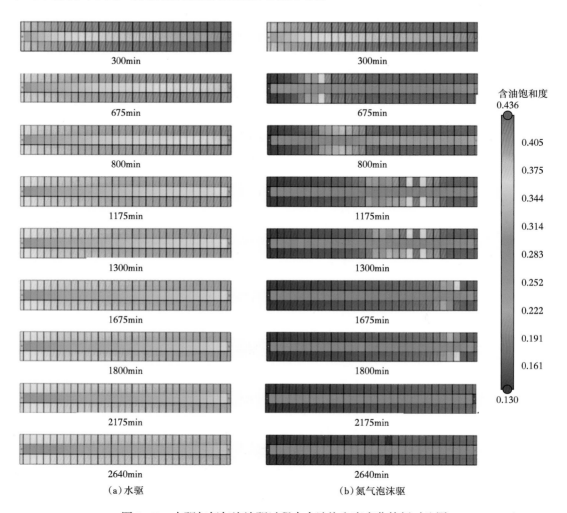

图 8-49　水驱与氮气泡沫驱过程中含油饱和度变化特征对比图

第五节　深海浊积岩油藏开发中后期生产优化

深海油田单井钻完井费用达上亿美元，作业成本高，通常采用"少井高产"的开发策略和注水保压自喷生产的开发方式。此外，受限于深海工程设施，油田后期调整受限。因此，针对深海浊积砂岩储层油藏，在受限的工程设施条件下如何立足现有井网，实现"低成本"的高效快速开发是保障深海油田经济效益最大化的关键点[7]。

一、四维地震辅助动静态模型更新

基于第四章第三节确立的四维地震驱动油藏模型更新方法，以西非安哥拉 18 区块 PU

油藏开展应用研究。PU 油田地层压力与温度都没有明显变化，油藏采取水驱、气驱混合开发方式的油藏，油藏流体的主要变化是含水饱和度与含气饱和度的变化。

（一）资料基础

PU 油藏主力开发层系为渐新统，储层类型为深水浊积水道砂岩。该油藏自 2007 年投产至今，共投产 18 口采油井和 17 口注水（气）井，累计采出程度近 40%，含水率 40% 左右。采用海上等浮拖缆方式，在该油田共进行了 4 次四维地震资料采集，包括在 2000 年采集了一套基础地震数据（Base），2006 年正式投产，经过 3 年的高速开采在 2009 年采集了第一套四维地震监测数据（Mon1），2011 年采集了第二套监测数据（Mon2），2013 年采集了第三套监测数据（Mon3）[8]。通过叠后互均化处理提高了四维地震资料的可重复性和信噪比，采取地震差异振幅属性分析油藏开发过程中油水界面变化、注入水驱替前缘波及范围、油藏内压力的升高、断层封堵性判断等。通过与油藏模型预测结果进行比较，助力模型更新，从而实现对剩余油分布的准确认识和加密井位的优化。

（二）模型更新及结果分析

本研究中的 PU 油藏模型主要基于已有钻井数据及 Base 地震数据建立，需要根据生产过程中的监测信息对模型进行更新。

（1）通过监测地震数据减去基础地震数据（Mon 1-Base）得到反映流体驱替变化的平面分布范围。以四维地震属性的正负波形为标定，采用"平剖互动"的方法，明确了 PU 油藏气驱和水驱的分布范围（图 8-50）。比较四维地震监测与 PU 油藏模型预测结果，两者的水驱前缘位置存在一定的偏差（图 8-51），油藏模型中不同位置的水驱速度存在过快或过慢的现象，需要根据实际情况适度调整油藏模型相关参数，使得水驱前缘位置与四维地震监测结果趋于一致。

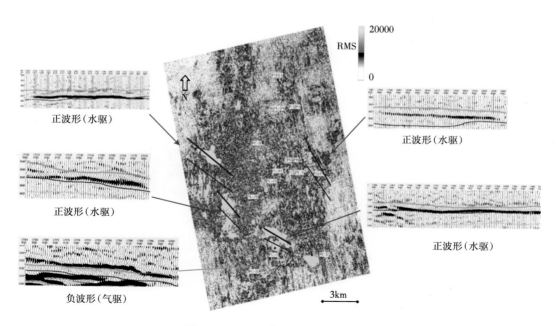

图 8-50　PU 油藏流体驱替范围厘定

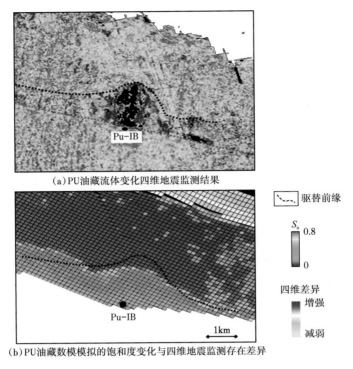

(a) PU油藏流体变化四维地震监测结果

（b）PU油藏数模模拟的饱和度变化与四维地震监测存在差异

图 8-51　四维地震监测流体前缘与油藏模型比较结果存在差异

（2）三维相（沉积相、岩相等）模型决定了储层及各类物性参数的分布，也是模型更新的重点。PU 油藏模型受基础地震资料品质的限制（上覆盐岩遮挡），储层预测难度大，对浊积水道砂体的延伸长度较难判断。通过动态监测的差异性认识，认为水道砂体应该延伸到更远端且具有一定的连通性，因此，在模型中对水道砂体展布进行了延伸长度的调整，图 8-52 中虚线框内为本实例中扩大的相范围。

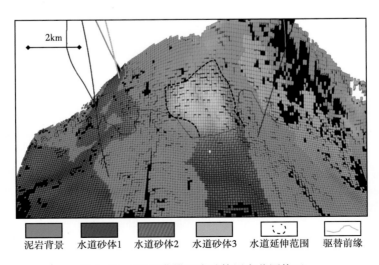

图 8-52　PU 油藏模型中砂体展布范围修正

（3）根据比较差异开展 PU 油藏模型参数更新工作。PU 油藏模型的修改包含多个方面，其中断裂是调整的参数之一。单纯依靠静态数据难以直接判定断层的连通情况，通过四维地震监测流体运动方向，可直观发现该处断层具备较强的传导性。图 8-53 为两次地震监测流体变化数据，可以看出油藏中断层［图 8-53（b）中虚线］处于连通状态。因此，在油藏模型中对该处断裂传导率属性进行了动态调整，动态传导率由先前的 0.01 提高到了 0.6，以增强其传导能力，使其与四维地震监测认识趋于匹配。

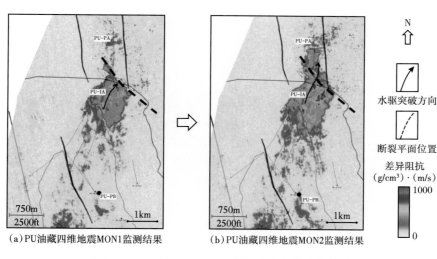

图 8-53 PU 油藏不同监测阶段流体变化响应结果

另外，泥岩夹层也是储层中影响流体运动的主要屏障，影响驱替效果。PU 油田的泥质夹层主要是泥质水道相互切叠造成，分布较为随机，预测困难。PU 初始油藏模型中对泥质夹层的分布比例设置偏低，连通性过好，导致模型预测水驱速度过快。本次调整考虑夹层可能存在的位置，通过增大夹层的比例，在油藏模型中适度增加了夹层的个数，实现抑制模型预测水驱过快的情况（图 8-54）。同时，储层物性（孔隙度、渗透率等）也需要

图 8-54 PU 油藏模型局部隔夹层分布位置及数量调整

随着泥质含量的变化进行调整，PU 油藏水道末端部位往往由于沉积供给不足而导致泥质含量增加，物性也会有所减弱。因此，在油藏模型修正中需要对远端水道的孔隙度参数适度降低其分布中值，操作方式为圈定调整范围（图 8-55 中虚线范围），整体乘以缩放因子（Multiplier），使其更符合地质趋势。

图 8-55　PU 油藏模型局部孔隙度参数调整

最后，根据以上步骤，系统更新了 PU 油藏三维模型，通过再次数值模拟并与四维地震监测信息对比，四维地震监测结果与油藏数模预测流体变化结果基本一致（图 8-56），认为此油藏模型更加逼近地下实际，对剩余油及最终采收率的预测更具指导性。

(a) PU 油藏四维地震监测结果　　　　(b) 更新后 PU 油藏模型预测流体变化结果

图 8-56　更新后的 PU 油藏模型预测结果与四维地震监测结果趋于一致

二、PU 油田剩余油分布特征及挖潜措施

（一）PU 油田剩余油分布特征

PU 油田发育由海岸沿斜坡向下（北—南）3 条浊积水道及席状砂体系（图 8-57）。河

道储层由 2 部分砂体构成，中部高净毛比砂岩构成高渗条带，与边缘砂体呈现显著的物性差异。水道中心轴线以中粗砂为主，物性较好。O72 层部署 6 采 5 注（PUIF_G 为 PUIF 转注气），平面水道砂体形成的强烈非均质性，引起的注水效率不高和水窜问题亟待解决。从平面上来看，井网部署采取高部位采油、低部位注水，从位置上可分为东、中、西三块，纵向上 4 个小层合采。

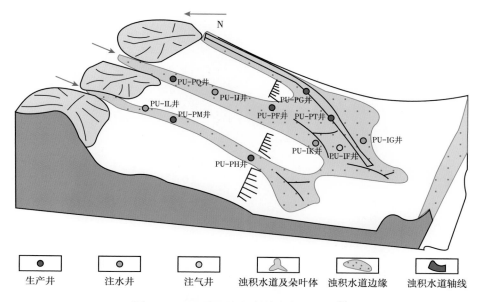

图 8-57　PU 油田浊积水道分布示意图[6]

在平面砂体分布基础上，经过综合地质分析，研究区主要划分出 4 种主要沉积微相（表 8-5）。结合四维地震监测和数值模拟结果研究了目前剩余油储量和原始储量的对比关系，绘制了研究油田剩余油分布模式图。剩余油主要受沉积相、储层非均质性、注采对应关系及构造的控制，形成了井网不完善、注采系统不完善、构造高部位的水动力"滞留区"三类剩余油聚集，主要分布在三个区域（图 8-58）：

表 8-5　PU O72 油田沉积相类型表

沉积微相类型	环境	成因	岩性特征	测井相特征	物性特征
水道轴	浊积水道轴心部位	浊流和碎屑流水道充填	高净毛比砂岩	箱形为主，少量钟形，能量足	物性最好
席状砂（朵叶体）	水道末端	水道下部变缓形成的漫流沉积	较为纯净砂	低幅箱形为主	物性较好
水道边缘	水道上部边缘	天然堤、决口扇及废弃河道沉积	砂泥互层	指状或是锯齿状	物性较差
水道间湾泥	水道边缘以外	水道间广泛发育海洋泥质	泥页岩	低幅平滑	物性较差

区域 1——PU-PQ 井北部，受重力作用，PU-IJ 井向上游驱替速度较缓，形成注采不完善和水动力"滞留区"控制的剩余油。

区域 2——中东部水道交汇处 PU-PT 井以南朵叶体区域，PU-IJ 井、PU-IF 井仅控制南部区域；受重力作用 PU-IG 井向上游驱替速度较缓，形成水动力"滞留区"剩余油；

区域3——西部浊积水道末端。由于 PU-IL 井离末端过远，PU-PH 井在相对构造高点，形成构造和注采不完善控制剩余油。

PU 油田目前采出程度近 70%，注水造成的高含水矛盾突出，如何有效采出剩余油成为关键。

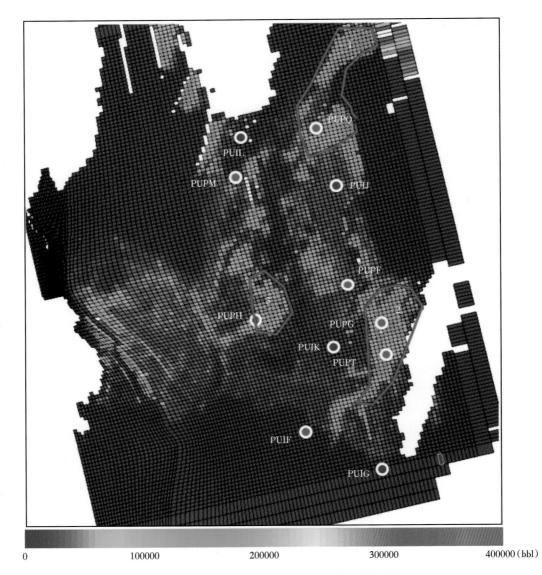

图 8-58　2020 年底 PU O72 油藏剩余储量分布

（二）PU 油田气水交替及氮气泡沫驱数值模拟

为了进一步挖潜剩余油，开展了气水交替及氮气泡沫驱数值模拟。在历史拟合结束后，将井 PUIB、COIB、PUIK 转为气水交替（WAG）井，气水交替注入 18 个周期，考虑到基础案例的注入量限制，气水比设置为 3∶1，工作制度安排如图 8-59 所示。

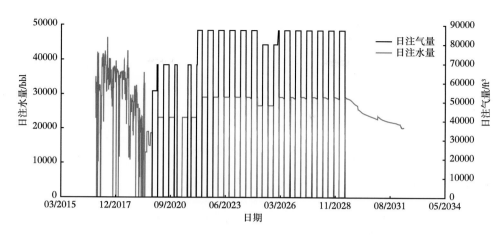

图 8-59　气水交替注入的工作制度安排

　　基础方案为保持原制度继续生产，对比 WAG 与基础方案产气产水效果，得到图 8-60 区块日产油产水量对比曲线，图 8-61 为累计产油产水量对比曲线。气水交替注入方案的累计产油量大于正常生产方案，而累计产水量却小于正常生产方案，验证了气水交替可利用贾敏效应提高波及系数，提高驱油效率。气水交替的注入方案对提高波及系数，提高采收率有显著效果。数值模拟的最终时刻对应的油藏含油饱和度整体下降，仅在部分边缘地带分布有少量剩余油。

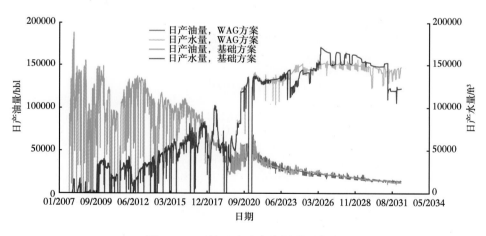

图 8-60　区块日产油产水量对比曲线

　　PU 油田 O72 油藏发育浊积水道形成的席状砂，砂体分布稳定，砂体内部无断层遮挡，连通性较好，单井压力波及半径达 2~3km，平面非均质性较为显著，存在高净毛比的高渗条带。PU 油田 O72 油藏可采储量采出程度 76.9%，累积注采比 0.9，综合含水率 59.5%。剩余油主要分布在 PUPQ 井附近由于平面水窜引起的剩余油，PUPG、PUPT 井附近由于气窜引起的剩余油，以及 PUPH 井附近于构造高部位水动力滞留区引起的剩余油。对油藏 PU 油田油藏 O72 采用气水交替注入 18 个周期，气水比 3∶1 的方案，可以有效提高波及系数，提高采收率（图 8-62）。

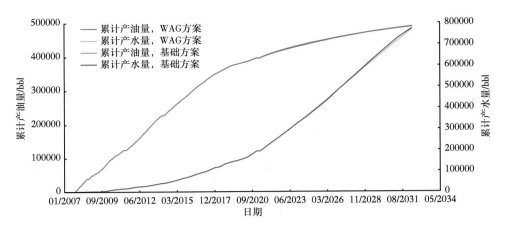

图 8-61 累计产油产水量对比曲线

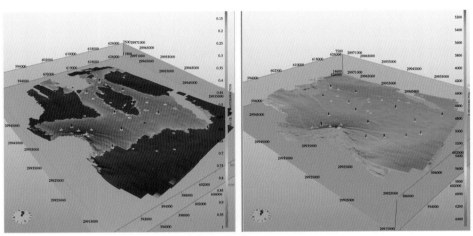

（a）初始含油饱和度和压力

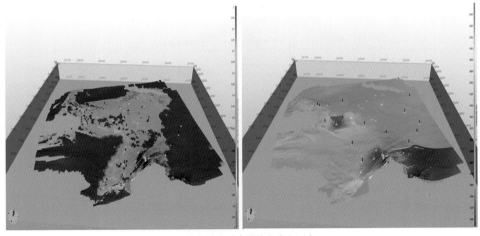

（b）生产结束时含油饱和度和压力

图 8-62 气水交替注入下的剩余油分布

PU 油田 O72 油藏为中孔中高渗储层，且由于浊积水道的分布导致剩余油受到主流线、边缘沉积及朵叶体等不同流动单元控制，表现出较为明显的平面非均质性特征，高低渗区域的存在符合气水交替措施动用低渗区域剩余油的条件；渗透率极差较大，平面非均质性较强，符合氮气泡沫驱机理当中具有较明显高低渗区域差异的特征。

气水交替及氮气泡沫驱实验研究表明，对于 PU 油田 O72 油藏平面非均质较弱储层，选择气水交替驱，通过贾敏效应增加孔隙压力，提高可动用孔隙体积，提高最终采收率；对于 PU 油田 O72 油藏平面非均质较强储层，选择氮气泡沫驱。氮气泡沫驱可以有效封堵气窜，且较高的注采压力可以扩大波及体积，提高中、低渗储层的原油动用率，达到提高采油速率和降低含水率的目的。

三、浊积岩油藏井位自动优化和生产制度优化

应用井位自动优化及生产制度优化技术，基于油藏的地质和流体参数，对深海浊积岩油藏开展井位及生产制度优化。

（一）井位自动优化技术应用

利用井位井型自动优化技术对实际 GA 油田进行优化设计。GA 油田位于安哥拉 18 区，为断背斜构造，开发层系 O71、O73、O74 和 O76 层合层开采[9]。GA 油藏开发方案设计井网为 3 采 3 注，采油井为 GAPA、GAPB、GAPC、GAPD、GAPE，注水井为 GAIA、GAIB、GAIC、GAID、GAIE。所建数值模拟模型的原始网格规模为 92×117×173＝1862172。平面网格步长约为 50m×50m，纵向网格步长 2m。根据分层数据对该油藏模型的网格进行粗化处理。粗化后的网格规模为 92×117×25，即 269100 个网格。图 8-63 为 GA 油田主力油藏的孔隙度模型。

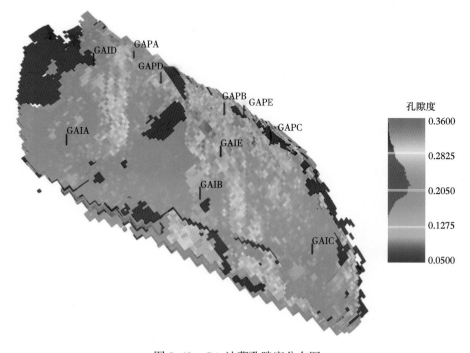

图 8-63　GA 油藏孔隙度分布图

为进一步挖潜剩余油，计划在该油藏部署两口加密井。以改进的粒子群算法为优化算法，设置 20 个粒子 30 次迭代对 GA 主力油藏的井位、井型进行优化，优化前后的井位和剩余油分布如图 8-64 所示。与原始布井方案相比，优化设计后的布井方案能更好地控制剩余油的分布。图 8-65 为 GA 油田累计产量与 NPV 变化曲线，在迭代过程中，目标函数 NPV 随着迭代次数增加而增大。与初始方案相比，最终优化方案可增产 $16 \times 10^4 \text{m}^3$，NPV 提高了 2.18 亿元。

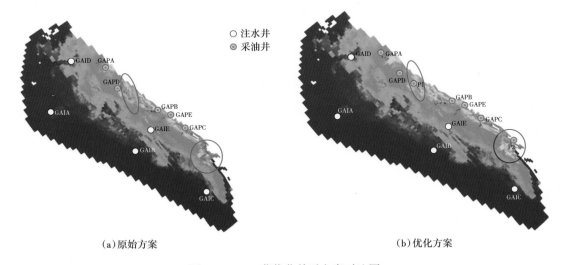

(a) 原始方案   (b) 优化方案

图 8-64　GA 藏优化前后方案对比图

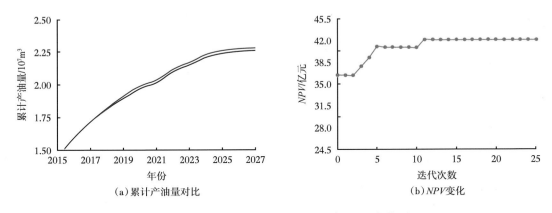

(a) 累计产油量对比   (b) NPV 变化

图 8-65　GA 油藏累计产油量对比与 NPV 变化图

（二）基于深度学习的生产制度优化技术应用

计划对安哥拉 32 区块 LOU 油田设计一套生产动态方案，使得该油藏在该生产方案下持续生产 20 年后目标函数 NPV 达到最大值。LOU 油田目前处于开发初期，有生产井 3 口，注水井 2 口。

应用第五章建立的基于深度学习的生产制度优化技术，首先对生产数据进行清洗，去除噪声点，如 PRO-01 井处理前后如图 8-66 所示。按照第五章的步骤进行归一化，建立样本空间[10]。

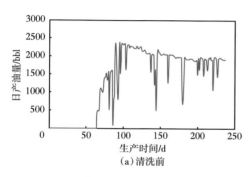
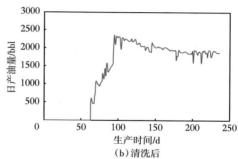

图 8-66 数据清洗前后对比

将单井生产动态分为训练集和验证集,二者之比 0.8∶0.2。以生产动态训练集数据为主输入,以饱和度场数据为辅助输入,基于 LSTM 深度学习神经网络,构建生产动态预测模型。采用验证集数据进行测试,生产动态预测总精确度达 0.92,通过加入饱和度场数据,生产动态曲线预测更符合实际生产情况,如图 8-67 所示。

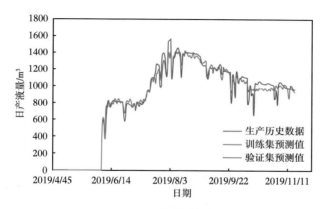

图 8-67 生产动态预测模型训练集预测结果

通过建立的生产动态预测模型,预测 LOU 油藏生产动态。以常规数值模拟方案为基础方案,即保持最后一个时刻的生产动态不变、持续生产 20 年,其生产制度如图 8-68 所示,其中每口井的生产动态见表 8-6。

图 8-68 基础方案生产制度

表 8-6　所有井生产动态

井别	井名	日产液量 / m³	日注水量 / m³
采油井	PRO-01	1789.63	
采油井	PRO-02	1598.69	
采油井	PRO-03	1137.82	
注水井	INJ-01		3541.19
注水井	INJ-02		2000.7

　　基于数值模拟模型，绘制了开发初期剩余油饱和度场图，如图 8-69 所示。3 口生产井位于高部位，2 口注水井位于低部位。

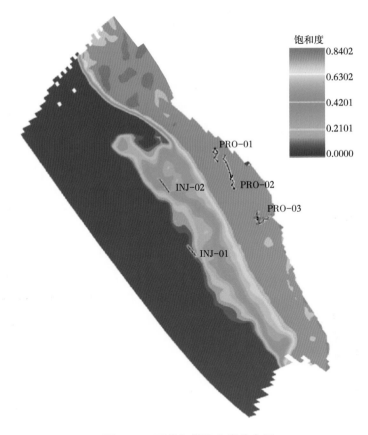

图 8-69　开发初期饱和度分布图

　　优化方案为应用建立的多输入深度神经网络生产动态优化方法得到的优化后的最优方案，参数见表 8-7。最优方案的生产制度如图 8-70 所示，需每个时间步（31 天）对日产液量、日注水量调控一次，20 年内共调控 235 次。

表 8-7　油藏工程约束参数

	参数	取值
油藏工程约束参数	最大注入速度 / (m³/d)	4050
	最小注入速度 / (m³/d)	0
	最大产油速度 / (m³/d)	3000
	最小产油速度 / (m³/d)	0
	最大产液速度 / (m³/d)	3000
	最小产液速度 / (m³/d)	0
算法相关参数	递减率 / 无量纲	0.1
	油价 / (美元 /m³)	385
	注水价格 / (美元 /m³)	20
	废水处理费用 / 万美元	40
	总钻井费用 / (美元 /m³)	37500
算法相关参数	预测时长 / d	7300（20 年）
	最大调控次数 / 次	240
	对比方案数 / 个	1000
	数据迭代次数 / 次	5000
	一次样本训练量 / 个	30
	训练集占比 / 无量纲	0.7
	学习率	0.8
	节点丢弃	0.2
	激活函数	ReLU
	优化器	Adam
	长短期记忆层层神经元	32
	全连接一层神经元	32
	全连接二层神经元	64

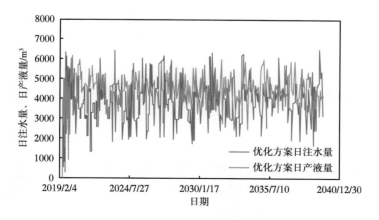

图 8-70　优化方案的生产制度

其优化方案的生产动态结果与基础方案的对比如图 8-71 至图 8-74 所示。NPV 增益 3.4 亿元，累计产油量增加 $290.3 \times 10^4 \text{m}^3$，累计产水量下降 $238.7 \times 10^4 \text{m}^3$，采收率提高 7.7%，含水率下降 4.5%。本技术对比 1000 个方案，共耗时 0.84 小时，平均优化一个方案的时间为 3.02 秒；所有前人的优化方法，如果要对比 1000 个方案，都至少需要 800h，本技术大幅度提高了工作效率。

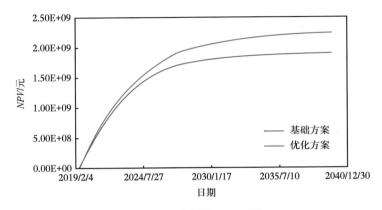

图 8-71 净现值 NPV 对比

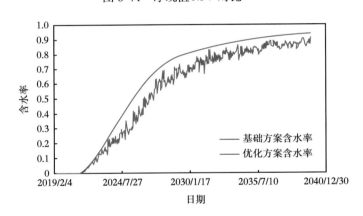

图 8-72 含水率对比

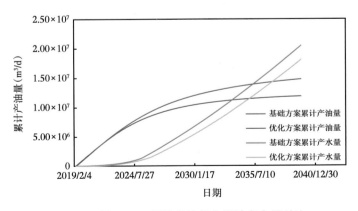

图 8-73 累计产油量和累计产水量对比

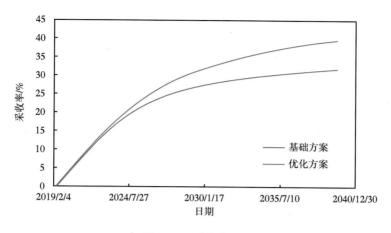

图 8-74　采收率对比

　　从图 8-75 可以看出，优化方案的剩余油等值线比基本方案更平坦，排量更均匀，在生产井附近，特别是 PRO-03 井附近，剩余油饱和度显著降低，表明优化方案可以提高油田开发效果。

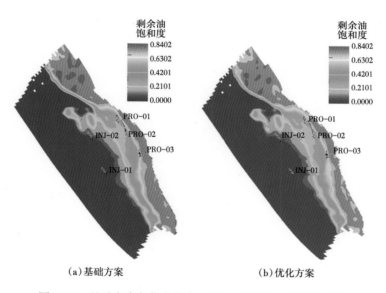

(a)基础方案　　　　　　　　　　　(b)优化方案

图 8-75　基础方案与优化方案生产 20 年剩余油饱和度对比

第六节　深海浊积岩油藏开发方案编制实例

　　本节在第四节和第五节深海浊积岩油藏开发关键技术攻关及实践应用基础上，以安哥拉 18 区块 PT 油田开发方案编制为例，深入阐述深海浊积岩油藏精细表征技术在油田开发中的应用效果。

一、油田概况

PT 油田位于安哥拉 18 区块西部，距离 18 区主体开发区 GTP 油田约 11km（图 8-76）。PT 油田与 GTP 油田群具有相似的油藏特征和开发层系，主力含油层系为 O71 与 O72 层，其中 O71 层以复合浊积水道沉积为主，垂向上两套砂体加积，平面上呈条带状，向南变宽，水道宽度 1000~3100m，厚度 40~140m；O72 层同样为一套复合浊积水道沉积，但受到上部泥质水道侵蚀作用明显，水道砂体的厚度减薄（图 8-77）。

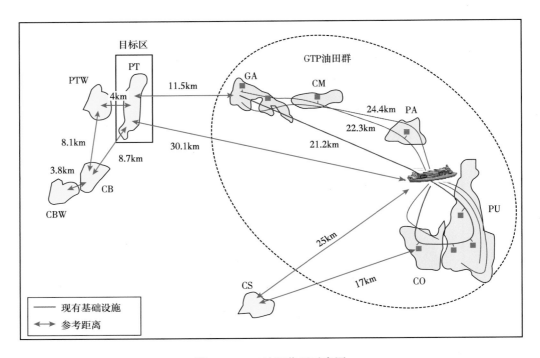

图 8-76　PT 油田位置示意图

PT 油田 O71 层为边水油藏，O72 层为底水油藏，属于常温常压系统，轻质原油（图 8-78）。根据岩心分析，PT 油田孔隙度分布范围为 16%~31%，平均孔隙度 23.7%，渗透率分布范围为 150~3500mD，平均渗透率 1145mD。由于油田整体规模小，浊积水道砂体叠置关系复杂，砂体预测难度大，油田距离主力处理设施远，投资风险大。因此，有必要开展精细开发方案编制，优化井位方案设计，制定合理的开发技术政策，降低投资风险。

二、油藏描述与地质建模

（一）构造解释及构造特征分析

1. 构造解释

PT 油田三维地震面积为 100km²，基于深度域地震数据，开展了精细层位解释、断层组合分析，解释了两套目的层 O71 和 O72 的顶、底构造图，解释线密度为 2km×2km（图 8-79）。

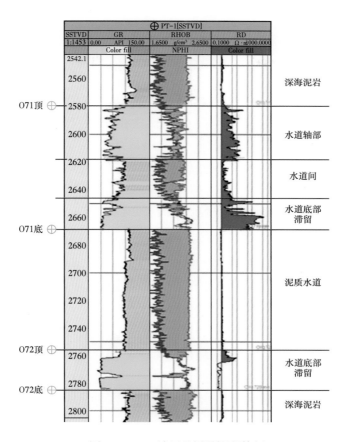

图 8-77　PT 油田地层及沉积特征

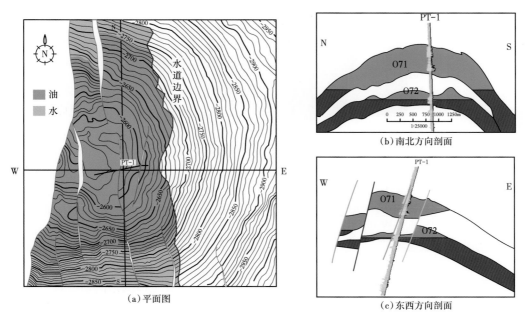

（a）平面图

（b）南北方向剖面

（c）东西方向剖面

图 8-78　含油剖面图

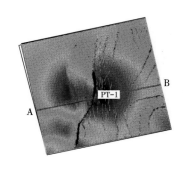
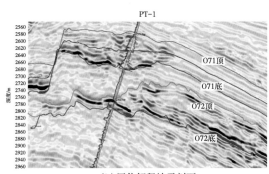

（a）O71层位顶面地震解释结果　　　　　　　（b）层位解释地震剖面

图8-79　PT油田关键层位地震解释

从构造解释结果来看，PT油田构造整体表现为断背斜特征，油藏范围内发育南北走向断层13条，其中F1为边界主控断层，断距77~323m，对油藏起封堵作用，其它断层的规模相对较小，平均断距约20m。根据DST测试分析资料可知，除西部主断层F1封闭外，PT油田内部其余断层均不封闭（图8-80）。

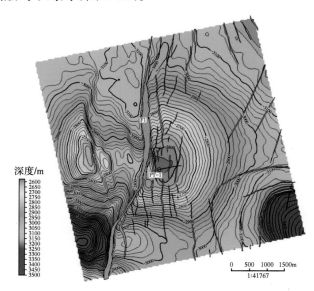

图8-80　O71层顶面构造图

2. 断背斜圈闭特征

PT油田断背斜圈闭面积22km²，O71顶部闭合高度为438m，构造落实程度高（表8-8）。该圈闭与浊积砂体相互匹配，是形成该构造—岩性油气藏的重要地质基础。

表8-8　PT油田O71层构造圈闭要素统计表

砂层组	地质层位	轴向	形态	轴长		闭合面积/km²	闭合幅度/m	高点埋深/（mTVDSS）	溢出点埋深/（mTVDSS）	备注
				长轴/km	短轴/km					
O71	渐新统71顶	南北	断背斜	8.3	4.2	22	438	-2562	-3000	较可靠

（二）浊积砂体储层预测及分布规律

PT 油田地震资料的采集面元为 6.25m×6.25m，地震资料主频为 40Hz，带宽 5~90Hz，目标层段速度为 2600m/s，地震分辨率为 16m，地震资料品质较好，满足砂体预测的需求（目标储层厚 23~40m）。

1. 岩石物理特征分析

PT 油田包含渐新统 O71、O72 两套砂岩储层，测井曲线响应表现为低伽马、低密度、低中子、高电阻的"三低一高"特征。因该地区声波、波阻抗对砂泥岩不敏感，砂岩和泥岩纵波速度叠置范围宽，常规的波阻抗反演难以直接识别储层，而 GR 曲线对于识别砂泥岩具有优势，因此，本次采用分频 GR 反演技术开展储层精细识别研究（图 8-81）。

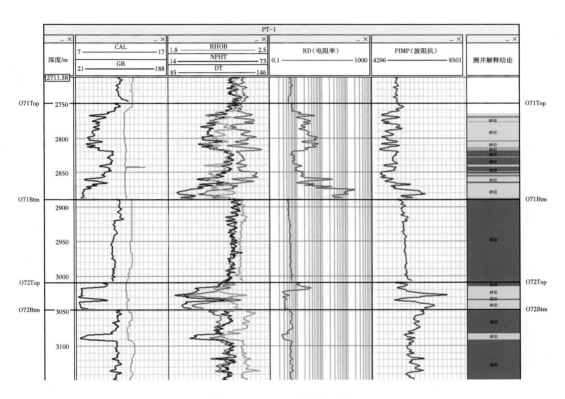

图 8-81　PT-1 井测井响应

2. 浊积水道储层精细反演与三维刻画

基于上述岩石物理特征分析，采用地震与反映岩性特征的敏感曲线 GR 进行耦合，开展 PT 油田储层精细预测研究。关键步骤包括 GR 曲线的标准化分析、GR 曲线与地震分辨率匹配分析、地震资料频谱分解等，利用分频伽马反演技术预测得到了 PT 油田的砂岩分布（图 8-82）。

从地震分频反演结果显示，剖面上 O71、O72 两套浊积水道体系在纵向的分布特征明显。O71 为一套浊积复合砂体，反演结果与单井解释的吻合度高，复合砂体内部除了受小断裂影响外，可见单一浊积砂体的侧向叠置分布，横向连通性较好；此外，O71 复合砂体内部可明显的划分为两个期次，被一套约 10m 厚的泥岩纵向分割，单井曲线的特征也较

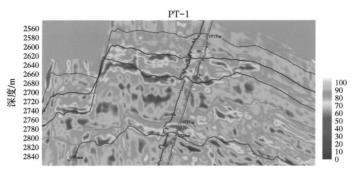

图 8-82　分频反演识别砂岩

为明显。O72 复合水道的规模要较 O71 小，横切水道延伸方向的剖面，可见内部单一浊积砂体之间呈斜列式分布，从顺水道延伸方向的剖面也可对比发现 O72 的延伸长度小于 O71 的规模 ［图 8-83 (a)、(b)］。

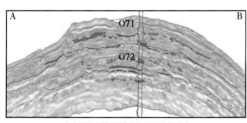

(a) 顺河道反演剖面（近南北）

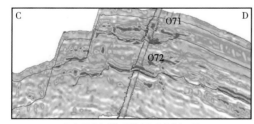

(b) 垂直河道反演剖面（近东西）

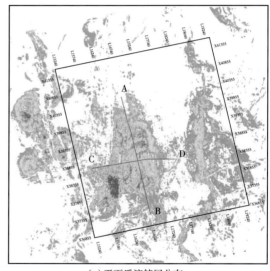

(c) 平面反演储层分布

图 8-83　O71 和 O72 砂层组空间展布预测

从地震反演储层分布平面图来看 ［图 8-83 (c)］，水道砂体最厚的位置位于 PT 油田的中部，也是构造高部位，形成构造–岩性复合圈闭，展布形态呈现近南北向的条带状，体现了 O71、O72 两套复合砂体叠加的特征，是本次开发方案的主力区域。另外，在主力砂体的西部和东部也清晰可见近南北向的浊积水道砂体分布，西部浊积砂体储层具有高弯曲度分布特征，砂体规模中等，是 PT 油田下步滚动开发的潜力区域；东部浊积水道也呈现出明显的南北向分布，弯曲度低，基本呈现顺直形态，且砂体的宽度、厚度等规模均较中部、西部砂体小，从油气潜力来看，该套砂体位于构造的低部位，基本位于油水界面之下。整体来看，在 PT 油田主力层位，平面不同位置共发育三套浊积水道体系，属于

"同期不同位"的砂体分布模式，其中的中部水道体系是油气发育主力区。

（三）三维地质建模

1. 沉积储层模型

首先建立 PT 油田水道沉积微相模拟，基于地震反演属性切片，分析了研究区水道沉积宽度约 1000~3100m，厚度 40~140m，在中部主体区的水道沉积为低弯曲度。采用基于目标的方法，并通过地震反演数据体进行约束得到研究区的水道沉积模型。基于建立的水道沉积微相模型，通过相控约束建模技术建立内部储层分布模型。从地震反演数据

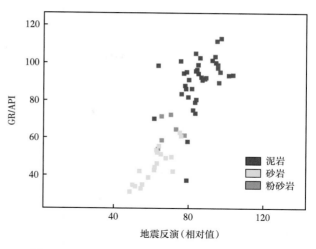

图 8-84　砂泥岩解释结果与地震反演体分布关系

与单井砂泥岩解释的综合对比来看，分频 GR 反演数据对识别储层具有较高的分辨率，储层（砂岩、粉砂岩）具有低 GR 值、低反演阻抗相对值的特点（图 8-84）。

以阻抗反演数据作为砂泥岩分布概率体，以单井统计的各微相内部砂泥岩比例作为输入数据，沉积微相控制，采用序贯指示模拟方法得到 PT 油田储层分布模型。从砂泥岩建模结果来看，砂岩储层在剖面上呈现出水道展布形态，水道主体以砂岩为主，水道边部以粉砂岩为主，水道间为泥岩，砂体间的叠置特征限制在水道体系内部；平面分布来看，砂体厚度图呈南北向条带状展布，复合砂体最厚的位置约 80m（图 8-85）。

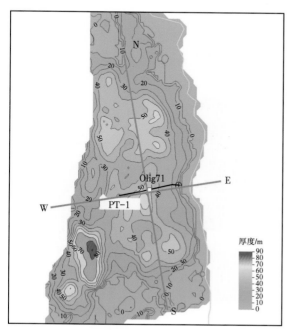

（a）砂岩平面展布

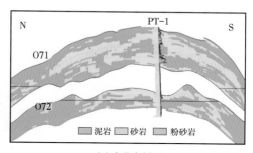

（b）南北向剖面

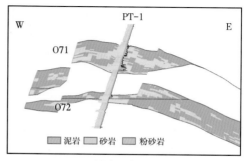

（c）东西向剖面

图 8-85　水道相控砂泥岩建模结果

2. 属性模型

PT 油田孔隙度建模采用相控约束序贯高斯模拟方法，地震波阻抗信息与孔隙度之间具有较好的相关性，基本反映了孔隙度的空间分布；安哥拉地区浊积砂岩的孔隙度与渗透率具有较好的相关性，渗透率建模采用孔隙度约束，采用同位协同克里金模拟得到。基于以上属性建模思路，得到 PT 油田三维属性模型（图 8-86）。孔隙度分布受相控约束，平均孔隙度为 26.3%；渗透率分布受孔隙度约束，平均渗透率为 651mD。

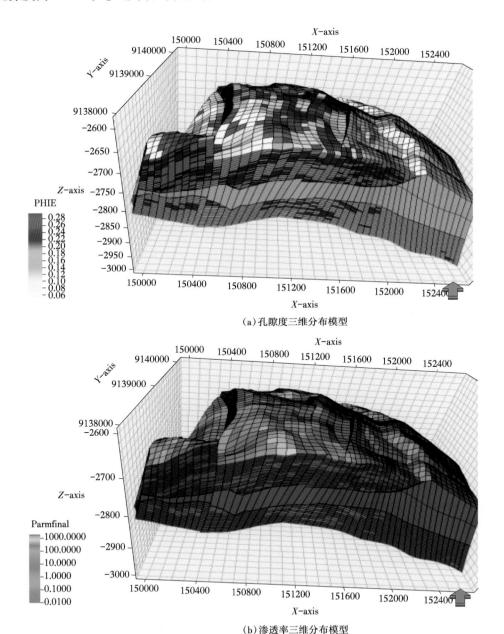

(a) 孔隙度三维分布模型

(b) 渗透率三维分布模型

图 8-86　孔隙度、渗透率三维分布模型

三、开发方案编制

（一）开发技术政策确定

1. 开发原则

（1）储量规模：以 O71 层为主，地质储量为 103×10^6 bbl，O72 层储量规模小，地质储量为 9.4×10^6 bbl，因此采用 O71 单层开发。

（2）油藏类型：O71 层为边水油藏，油层厚度较大，约 20m；O72 层为底水油藏，油层厚度薄，仅剩 7m。

（3）开采方式：采油井位于构造高部位深水水道砂体内，注水井沿水道部署，采用同步边缘注水。

（4）海工成本：海上单次作业成本高，平均每次 700 万 ~900 万美元，含水突破后合采层堵水经济成本高。

2. 井网井型优化

开展定向井和水平井开发优化论证。基于安哥拉 18 区块浊积砂岩油藏中高孔高渗特征。考虑到 O71 层垂向上分为上下两套砂体，受泥岩夹层影响，水平井无法动用两套砂体的储量。进一步参考 18 区东部 GTP 油田的开发实践，采油井为大斜度井，注水井为直井，采油井井距为 800~1000m，油水井井距大于 1500m。

3. 开发井数优化

通过单井可采储量界限评估来确定开发井数。PT 开发井应考虑初期的钻井、完井和井口设施投资（CAPEX），以及发生的直接操作费用和废弃成本（OPEX）。根据开发井（采油井）单井累计产油界限，油价 60 美元 /bbl 时，单井控制可采储量界限 1800×10^4 bbl。结合 PT 油田的储量规模，采油井数设置为 2 口。

4. 新井产能设置

PT 油田与 18 区 GA 油田具有可类比性。GA 油田单井平均初产约为 20000bbl/d，稳产期产量约 10000bbl/d。类比 PT-1 井和 GA-PA、GA-PB、GA-PC 和 GA-PD 井的地层系数和采油指数，认为 PT 油田的单井产能应略低于 GA 油田的单井产能。

（二）油藏工程方案设计

1. 动态模型

根据前文的三维地质模型，建立 PT 油田数值模拟模型（图 8-87），网格数为 $107 \times 130 \times 101 = 1404910$ 个，各方向网格步长为 50m×50m×3m。利用数值模拟方法，在保证其他条件一致的前提下，分别设计对比不同注入井、生产井及注采参数对预测产量的影响，优选最优方案。

2. 能量补充方式

PT 油田整体水体规模小（5-14 倍），水道沿南北走向，东西向受断层和砂体边界控制，南、北向构造低部位发育边水。单采 O71 层，部署 2 口采油井和 2 口注水井，结合地质属性分布及储量分布建立注水井位部署方案（图 8-88），边部同时注水，注采比 1.0，单井产液量 10000bbl/d。

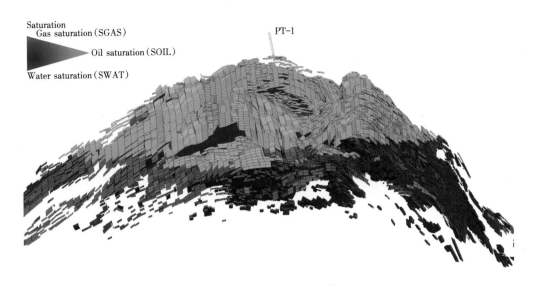

图 8-87　PT 油田数值模拟模型

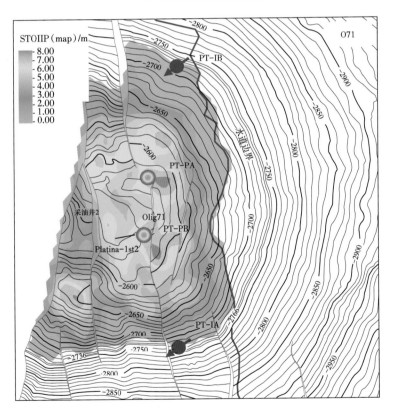

图 8-88　注采井井位设计

数值模拟计算结果表明（图 8-89），衰竭开发 14 年，PT 油田采出程度仅为 12%，同步注水采出程度可提高 32%，累计产油量增加 36.4×10^6 bbl。因此建议该油田投产即注水补充地层能量。

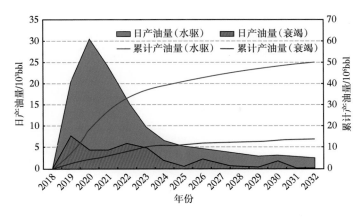

图 8-89　早期同步注水开发和天然能量开发预测结果对比

3. 开采层位

为了对比不同层位的合采效果，采用图 8-88 的 2 采 2 注布井方式，设计三个方案，方案一：单采 O71 层，油藏产液量 24000bbl/d；方案二：O71 和 O72 合采，油藏产液量 22000bbl/d；方案三：单采 O71 层，油藏产液量 20000bbl/d。针对合采的优化方案对比显示（图 8-90），由于下部储层储量较小，合采对开发效果影响不大，但 O72 油层薄，见水速度快，因此建议先动用 O71 层。

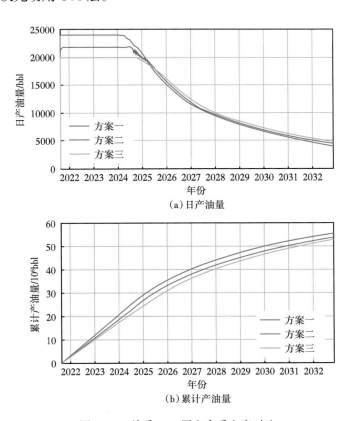

（a）日产油量

（b）累计产油量

图 8-90　单采 O71 层和合采方案对比

4. 注采参数优化

固定地下体积注采比 =1:1，注入量由油藏地下体积亏空程度控制，分别设置六种单井初始产量方案：6000 bbl/d、8000 bbl/d、10000 bbl/d、12000 bbl/d 和 15000bbl/d 和 18000bbl/d，预测结果如图 8-91 和图 8-92 所示，考虑稳产年限和采出程度变化，推荐单井产液 10000~12000bbl/d。

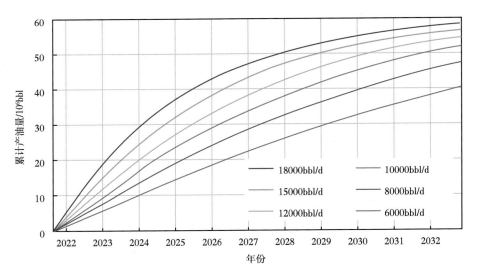

图 8-91　不同日产油量下累计产油量随时间变化

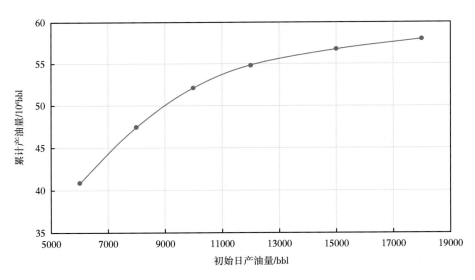

图 8-92　合同期末累计产油量与初始日产油关系

固定单井采液速度 =10000bbl/d，注入量由油藏地下体积亏空程度控制，分别预测四种地下体积注采比：1.1、1.0、0.9 和 0.8。预测结果如图 8-93 和图 8-94 所示，考虑稳产年限和采出程度，推荐注采比 =0.9，合理的注采比有利于充分发挥油藏的天然能量。

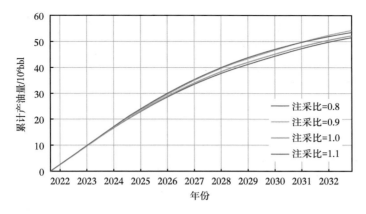

图 8-93　不同注采比下累产油随时间变化

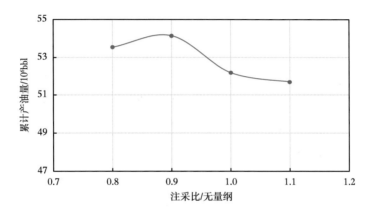

图 8-94　合同期末累产油与注采比关系

（三）方案实施效果

根据分析与对比，推荐 2 采 2 注开发方案，边部同步注水，注采比 0.9，单井产液量 15000 bbl/d，预测合同期末（2032 年末）含水率为 84%，累计产油 54.4MMbbl（778×10⁴t），采收率 52.4%（仅考虑油藏条件）。

按照推荐方案，2021 年 11 月投产 2 口生产井 PT-PA 井与 PT-PB 井及两口注水井 PT-IA 井与 PT-IB 井。其中 PT-PA 井投产后测试最大产量 22000bbl/d，目前稳定在 12000bbl/d；PT-PB 井投产后测试最大产量 18000bbl/d，目前产量同样稳定在 12000bbl/d；PT-IA 井投注后最大注入量 24000bbl/d；PT-IB 井投注后最大注入量 30000bbl/d，单井产量及注入能力均与预期结果基本一致，验证了开发方案的科学性和合理性。

通过对 PT 油田的开发方案实施效果分析，在前述技术手段和油藏精细描述基础上，摸清边际油田的储量规模，制定合理的开发技术对策，并与现有已开发油田设施配套实施，可有效减缓老油区快速递减，实现储量产量有效接替，为安哥拉深水边际油田的经济有效开发提供成功案例。

参 考 文 献

[1] 张文彪，段太忠，刘志强，等．深水浊积水道多点地质统计模拟：以安哥拉 Plutonio 油田为例 [J]．石油勘探与开发，2016，43（3）：403-410.

[2] 张文彪，刘志强，陈志海，等．安哥拉深水水道地质知识库建立及应用 [J]．沉积学报，2015，33（1）：142-152.

[3] 刘飞，赵晓明，冯潇飞，等．基于重力流相的深水水道分类方案研究 [J]．古地理学报，2021，23（5）：951-965.

[4] 胡迅，尹艳树，冯文杰，等．深水浊积水道训练图像建立与多点地质统计建模应用 [J]．石油与天然气地质，2019，40（5）：1126-1134.

[5] 王丙震，张文彪，段太忠，等．深水浊积水道构型及岩石类型划分与三维地质建模：西非下刚果盆地 A 油田为例 [J]．科学技术与工程，2018，18（36）：26-35.

[6] 牟汉生，陆文明，曹长霄，等．深水浊积岩油藏提高采收率方法研究：以安哥拉 X 油藏为例 [J]．石油钻探技术，2021，49（2）：79-89.

[7] 苑志旺，杨莉，杨宝泉，等．深海浊积砂岩油田高效注水策略及实践 [J]．西南石油大学学报（自然科学版），2021，43（2）：117-127.

[8] 陈志海，陆文明，李林地．四维时移地震监测深水浊积岩油藏动态：以西非安哥拉 18 区块深水油田为例 [C]．2014 油气藏监测与管理国际会议论文集，2014：109-119.

[9] 张新春，陆文明，李林地，等．A 油田深水浊积岩剩余油分布研究 [J]．非常规油气，2021，8（4）：26-35.

[10] Tang L，Li J，Lu W，et al. Well Control Optimization of Waterflooding Oilfield Based on Deep Neural Network [J]. Geofluids，2021：88733782.